云南省气候业务技术手册

主　编：王学锋
副主编：晏红明　李　蕊　李　蒙　范立张

气象出版社
China Meteorological Press

内容简介

本书以促进云南省气象及相关部门业务人员掌握开展业务服务所需的气候业务知识和技能为目的，按照省级现代气候业务发展要求，系统介绍了云南省气候业务的具体内容、工作流程、技术方法、技术规范和业务系统等，以及气候变化业务的相关内容。全书共分八章，内容涵盖气候业务的任务、气候背景及特征、气候资料及分析处理、气候监测诊断、气候预测、气候评价和气候服务等。

本书可供气象、水文、农业、地理、能源、环境、规划等部门的业务人员以及大学师生参考使用。

图书在版编目(CIP)数据

云南省气候业务技术手册 / 王学锋主编. — 北京 : 气象出版社，2020.12

ISBN 978-7-5029-7307-0

Ⅰ.①云… Ⅱ.①王… Ⅲ.①气象-工作-云南-技术手册 Ⅳ.①P468.274-62

中国版本图书馆 CIP 数据核字(2020)第 205109 号

云南省气候业务技术手册

Yunnan Sheng Qihou Yewu Jishu Shouce

出版发行：气象出版社

地　　址：北京市海淀区中关村南大街 46 号　　**邮政编码**：100081

电　　话：010-68407112(总编室)　010-68408042(发行部)

网　　址：http://www.qxcbs.com　　**E-mail**：qxcbs@cma.gov.cn

责任编辑：马　可　陈　红　　**终　　审**：吴晓鹏

责任校对：张硕杰　　**责任技编**：赵相宁

封面设计：地大彩印设计中心

印　　刷：北京建宏印刷有限公司

开　　本：787 mm×1092 mm　1/16　　**印　　张**：15.25

字　　数：390 千字

版　　次：2020 年 12 月第 1 版　　**印　　次**：2020 年 12 月第 1 次印刷

定　　价：98.00 元

《云南省气候业务技术手册》
编写组

主　编:王学锋

副主编:晏红明　李　蕊　李　蒙　范立张

成　员:张明达　姚　愚　周建琴　杨鹏武

金　燕　周德丽　马思源　何　群

杨晓鹏　郑建萌　顾本文

前　言

现代气候业务是现代气象业务的核心组成部分，是防灾减灾和应对气候变化的科学基础，主要包括气候监测诊断、气候预测、气候评价和气候服务等业务任务，其显著标志是气候预测的客观化和气候评价的定量化。

现代气候业务在防灾减灾和应对气候变化方面有着不可替代的重要作用。随着经济社会的发展，气候业务越来越显示出其重要性。发展现代气候业务，以气候系统监测、气候动力学诊断分析为基础，综合应用现代气象探测资料，提高气候预测的客观化和气候评价的定量化水平，提升气候风险评估、气候服务和气候变化应对能力，是气候工作者义不容辞的责任和义务。

云南省地处低纬高原，气候环境复杂、气候类型多样、气候资源丰富、气象灾害频繁，气候业务对于经济社会发展和防灾减灾极其重要。经过多年的实践和发展，云南省气候业务取得了长足的进步。按照中国气象局的统一部署，初步建立了切合当地需求的业务流程，开展了技术方法研究，创建指标体系，开发了业务系统，各项业务逐步完善，业务产品日趋丰富，在地方经济建设和社会发展、防灾减灾服务过程中取得了良好的效益。

由于地理环境和影响的大气环流的特殊性，云南省气候业务的技术方法、技术指标、服务重点都具有自身的特点。当前，云南省的现代气候业务处于发展的关键时期，总结过去的气候业务工作，归纳技术方法，建立技术指标，研发业务系统，将有助于气候业务的健康发展。为气象业务服务工作者提供一个了解云南省气候业务的途径，是本书编写的主要目的。

本书较系统全面地介绍了云南省气候业务的任务、气候背景及特征、气候资料与分析处理及气候监测诊断、气候预测、气候评价、气候服务等业务的内容、工作流程、技术方法、业务系统等。除气候业务以外，本书还在最后一章专门介绍了云南省气候变化业务的基本内容及方法。全书分为八章，第 1 章由王学锋执笔；第 2 章由晏红明执笔；第 3 章由姚愚执笔；第 4 章第 1 节由张明达执笔，第 2 节由周建琴执笔；第 5 章由李蕊执笔；第 6 章第 1 节由何群执笔，第 2 节由王学锋执笔，第 3 节由马思源、周德丽执笔，第 4 节由周德丽执笔；第 7 章第 1 节由王学锋执笔，第 2、3 节由范立张、杨晓鹏执笔，第 4 节由杨鹏武执笔，第 5 节由金燕执笔；第 8 章由李蒙执笔。郑建萌、顾本文参加了部分章节的编写和核对。全书由王学锋统稿。

本书初稿完成后，陶云、解明恩、李华宏、段玮、黄中艳、舒康宁等专家进行了审阅，提出了宝贵的修改意见，在此一并致谢。

气候业务涉及面广，本书的许多内容需在发展中进一步完善，加之编者水平所限，不妥之处恳请读者批评指正。

编　者

2020 年 3 月

目　录

第1章 云南省气候业务的任务

现代气候业务是气象业务的核心组成部分之一，是防灾减灾和应对气候变化的科学基础。2011年，中国气象局下发了《现代气候业务发展指导意见》，明确了现代气候业务发展的分工布局、发展方向、目标要求和主要任务，为我国气候业务的发展奠定了良好基础。

云南地处低纬高原，特殊的地理环境、复杂的气候背景造就了独有的气候特征和变化规律，气候业务和服务显得尤为重要。根据《现代气候业务发展指导意见》，结合云南省气候业务的需求及发展实际，梳理气候业务的主要内容、技术流程、技术方法和业务布局，有助于持续推进气候业务的发展。

1.1 气候业务的现状和需求

云南省气候业务工作从20世纪60年代开始起步。从最初的气候资料分析整理，利用多种统计和韵律方法开展气候预测，到逐步开展气候影响评价、气候区划、气候监测诊断等业务，获得了大量的研究成果，并应用到业务和服务中，取得了明显的效益。

2006年业务体制改革以来，按照中国气象局的部署和要求，云南省气象局成立了专门从事气候业务的部门，气候业务进入了快速发展的轨道，逐步形成了较为完善的业务体系。

(1)建立了云南省气候关键期监测指标。参与编制了行业标准《中国雨季监测指标　西南雨季》(QX/T 396—2017)，建立了监测业务系统；逐步完善了倒春寒、八月低温、秋季连阴雨等气候关键期和极端气候事件监测的各项业务；开发了基于国家标准《气象干旱等级》(GB/T 20481—2017)的本地化气象干旱监测业务系统，结合土壤墒情、卫星遥感等监测手段和方法开展气象干旱监测气象服务。

(2)发展了基于多种方法的短期气候预测业务。建立了以多种统计预测方法为基础的气候预测系统，开发了基于数值动力模式产品的解释预报系统，开展了延伸期、月、季、年等多时间尺度的气候趋势预测业务，实现了从延伸期天气预测到月、季、年尺度气候趋势预测的无缝隙连接，预测的精细化和准确率进一步提升；发布气候关键期、气象灾害趋势预测等业务产品，业务服务的范围逐步拓展。

(3)完善了气候评价业务。开展了月、季、年时间尺度的气候影响评价，发布年度气候公报；开展了气候区划工作，气候评价的领域进一步拓展；建立了气象灾害资料历史数据库，开展了气象灾害风险评估、气象灾害防御规划等工作；开展了山洪地质灾害普查和风险区划，为灾害风险预警提供依据。

(4)气候应用服务业务取得进展。开展了水资源、农业、能源等方面的气候服务；编制云南省风电场资源测量和评价的3个地方标准，开展了风能、太阳能资源区划，为风电场风能资源评价、并网光伏电站太阳能资源评价提供了业务支撑；开展了城市暴雨公式编制，大型水电站、通用机场、重点工程等的气候可行性论证工作。面向政府决策和经济社会发展的气候信息的应用与服务能力不断增强，领域不断拓宽。

(5)初步建立气候变化业务。开展了气候变化事实分析、影响评估和趋势预估等工作，编制气候变化影响决策咨询报告，完成未来30年云南省气候变化的预估和影响评估报告。

(6)科研和技术开发成果丰硕。建立了气候业务平台，初步实现气候监测、预测、评价业务的一体化集成并逐步完善。“未来10～30天云南省灾害性天气预报应用技术研究及示范”“云南省气候变化检测、影响评估及对策业务系统”“东亚冬季风与云南夏季旱涝及其年代际异常”“动力模式产品在云南短期气候预测的释用研究”“云南重大气候灾害形成机理研究”“云南省太阳能资源评价”“热带海洋温度变化的相互关系及其气候效应”等多项科技成果获得省部级科技奖；先后出版了《云南省风能资源及其开发利用》《云南重大气候灾害变化特征和成因分析》《云南省延伸期天气预报系统》《印度洋海温异常的特征及其影响》《云南未来10～30年气候变化预估及其影响评估报告》《云南省气候图集》《云南省气象干旱图集》等专著，开发了多个具有自主知识产权的业务系统。

与天气业务相比，气候仍属于国家和社会需求旺盛，但发展相对不成熟的业务。与经济社会发展需求和国内先进水平相比，云南省气候业务技术仍存在较大差距，主要表现在以下几个方面：一是部分气象灾害的动态监测指标适应性不强，需要进一步改进；二是气候预测的准确率和精细化程度还不能满足需求；三是气候影响缺乏客观的评价模型，定量化的评价水平不高；四是应用气候服务领域尚不广泛，潜力未能有效发挥；五是气候变化业务刚刚起步，决策服务水平有待提高。

在全球变暖背景下，气候偏离程度越来越大，极端气候事件越来越多，气象灾害越来越重，气象防灾减灾的形势越来越严峻。经济发展和社会进步对气候业务提出了更高要求，需在以下方面加强气候业务：一是提高气候异常性和极端性的监测水平，增强监测产品的科学性；二是提高气候预测准确率和精细化程度，增强气候预测产品的可靠性；三是提高气候评价的定量化水平，增强气候服务产品的可用性；四是提高气候资源开发利用评估能力，增强气候可行性论证的指导性，拓展服务领域；五是提高气象灾害风险管理能力，增强防灾减灾的有效性。

1.2 气候业务的主要任务

按照现代气候业务发展思路，云南省气候业务主要包括气候监测诊断、气候预测、气候评价、气候服务等任务。气候变化作为一项开始起步的业务，也纳入气候业务的范畴。

1.2.1 气候监测诊断

1.2.1.1 气候要素监测

以国家地面气象观测站资料为基础，充分利用国家天气观测站等区域站点资料，辅以卫星遥感资料、土壤湿度观测资料以及其他气象观测资料，建立月以下时间尺度陆面监测业务，为气候业务和服务奠定基础。

建立气候资料分析处理系统，开展实时气候监测，基本实现监测业务的现代化。

1.2.1.2 极端天气气候事件与重要气候过程监测

建立和完善云南省极端天气气候事件监测指标体系和数据集，开发建立极端天气气候事件监测系统，开展日最高(低)气温、日降水量等极端气候指标的逐日监测，不定期发布监测报告。

建立和完善气候关键期和旱涝、低温、高温等重要气候过程的监测指标体系，完善相应的业务规范和地方标准。建立和完善监测业务系统，提高监测时间分辨率和空间精度，发布监测报告。

1.2.1.3 气候异常诊断归因

在国家级气象部门指导下开展与云南省气候异常有关的大气环流或局地环流、地形影响等精细化诊断归因分析，在常规大气环流要素分析的基础上，加强针对不同气候异常的气候背景分析，为重大气候异常成因分析提供科学依据。

1.2.2 气候预测

1.2.2.1 延伸期—月气候预测

在国家级气候监测产品基础上，从需求出发，建立与云南省有关的关键区大气、海洋、冰雪等的监测和诊断指标体系，为预测奠定基础。

开展基于统计与气候动力模式产品应用相结合的延伸期—月尺度内强降水、强变温(持续性高温、强冷空气)等重要天气过程的预测，建立月内极端天气气候事件预测业务，重点开展降水和温度等要素异常(或极端性)发生时段的预测和持续性干旱、降水事件的转型期预测。开发和完善预测系统，提升预报精细度，降低预测不确定性。

1.2.2.2 季节—年度气候预测

针对干旱、暴雨等重大气象灾害，以雨季开始期和汛期气候预测为重点，以气候数值模式为基础，发展季节气候预测技术和方法，重点是建立以气候动力模式产品解释应用为基础的多因子综合动力统计方法，完善适用于云南省气候特点的季节尺度气候预测客观业务系统。

探索建立季节内极端天气气候事件预测业务，重点开展降水和气温等要素异常(或极端性)发生时段的预测，形成业务产品。

开展月滚动的季节预测业务，发展模式产品解释应用技术，建立多模式产品解释应用集成业务，形成业务产品。

针对暴雨、低温、干旱以及关键农事季节的灾害等开展年度气象灾害展望和年景预评估业务，形成业务产品。

1.2.2.3 年际—年代际气候预测

在国家级旱涝趋势的年际—年代际变率预测业务产品的支撑下，发展气候模式产品的降尺度解释应用技术，探索开展本省年际—年代际预测产品的降尺度解释应用，为政府提供趋势预测咨询服务。

1.2.2.4 气候预测检验业务

加强气候预测业务产品的检验，以气候异常预测产品检验标准为重点，建立省级客观、标准和规范的预测检验评估业务并不断改进完善。

发展针对延伸期预测、冷空气、降水等过程预测产品的检验方法并实现动态检验业务化。

建立省级订正国家级气候预测指导产品的质量评价业务。

1.2.3 气候评价

1.2.3.1 气候异常评价

增强灾害性、极端性气候异常期的基本气象要素定量评价能力。强化高时空分辨率气象资料在气候评价业务中的应用能力，发展气候评价指标体系和定量模型，对全省各测站关键气象要素的异常程度、极端性强度、影响范围和持续时间等指标进行综合定量评价。

发展针对高敏感重点行业的气候影响定量评价业务，重点提高气候对农业、水资源、能源等行业或重大工程影响评价的针对性和定量化水平，开展气候影响展望评价，发布年度气候公报。

1.2.3.2 灾害性气候影响评价

重点开展灾害性气候事件的影响评价业务。依据气候影响指数和评价模型，对异常或极端气候事件所造成气象灾害的发生范围、强度、持续时间、综合灾损等作出客观定量评价，提供及时客观的灾害影响评价产品。

1.2.3.3 精细化气候区划

在国家级确定的指标体系、技术路线支撑下，综合应用基于新气候标准值地面观测和卫星遥感资料，结合云南省实际开展精细化气候区划业务，包括气候资源调查、普查和区划，气候灾害风险普查和区划等。

1.2.3.4 气象灾害风险区划

建立规范的气象灾害调查与灾情信息管理业务。依托气象灾情上报系统收集整理气象灾情，建立重大气象灾害调查业务，充实重大灾害个例库，建立和完善全省气象灾情咨询信息服务系统，实现对全省灾情不同区域和任意时段的查询、统计和分析。

建立云南省气象灾害风险评估与区划业务。应用GIS(地理信息系统)与遥感等先进技术，发展气象灾害风险区划技术和方法，制定综合评估气象灾害危险性、承灾体脆弱性和气象灾害风险的方法与等级标准，逐步开展敏感地区高分辨率(10 km)气象灾害风险区划工作。

建立云南省气象灾害风险识别与预评估业务。建立气象灾害风险评估指标体系及其定量模型，针对不同气象灾害风险的特征开发相应的风险识别产品，建立和开展气象灾害的早期分析识别、预测预警、滚动展望和风险评估业务。

1.2.4 气候服务

1.2.4.1 面向农业的气候服务

提高气候信息在高原特色现代农业产业的可用性。开发和改进干旱、洪涝、低温等关键天气气候灾害对农业影响评估模型，开展月尺度农业气象灾害风险预估和农业气候年景预估业务，特别是干旱、低温、暴雨、连阴雨等对农业生产影响的风险预估。开展农业脆弱区气候资源评估，开展气候变化对农业的影响和适应性分析。探索开展云南省农作物指数保险的气候信息服务业务，通过建立主要农作物气象灾害损失率估算模型和灾害损失评估模型，建立不同气象灾害指标与农作物评估产量的定量关系模型，设计主要农作物类型的气象保险指数，为农业保险提供技术支持和信息服务。

1.2.4.2 面向水资源的气候服务

完善全省干旱监测业务体系。开发基于包括卫星遥感在内的多种技术手段的干旱监测产品，提高综合干旱监测及其影响评估能力；建立滚动的干旱监测评估业务，及时发布受旱范围、受旱程度和灾情损失情况；发展动力与统计相结合的干旱预测技术，开展农业、水利、城市以及社会经济干旱预警业务。开展气候变化对水资源的影响评估业务。

1.2.4.3 面向能源的气候服务

切实履行地方政府赋予气象部门的管理职能，开展风电场风能资源、并网光伏电站太阳辐射资源的观测与评估，建立针对云南省复杂地形下风能和太阳能资源评估的地方标准。稳步拓展服务领域，积极推进水电建设和电网建设气候服务。

1.2.4.4 气候可行性论证

重视气候可行性论证的技术标准和方法研究与应用，积极开展地方标准的编制。建立并稳步推进气候可行性论证业务，稳步推进对城乡规划、国家重点建设工程、重大区域性经济开发项目的气候可行性论证，主要内容是气候适宜性、风险性以及可能对局地气候产生影响等方面的分析与评估。

1.3 气候业务的布局和流程

1.3.1 气候业务布局

云南省现代气候业务由省级、州(市)级和县(市、区)级气象部门共同承担，业务布局及任务见表1.1。

表1.1 云南省现代气候业务布局一览表

主要业务	重点任务	省级	州市级	县区级
气候监测诊断	极端事件和关键过程监测	√		
	气候异常成因诊断	√		
气候预测	延伸期气候预测	√		
	月气候预测	√	解释订正	应用服务
	季节气候预测	√	解释订正	应用服务
	年度气候预测	√	解释订正	应用服务
	气候过程预测	√		
	专项气候预测	√		
气候评价	基本要素影响评价	√		
	气候影响评价	√	√	√
	气候区划	√	解释应用	应用服务
	气候风险管理	√	√	
应用气候服务	行业气候服务	√	√	√
	气候可行性论证	√		

续表

主要业务	重点任务	省级	州市级	县区级
气候资料处理	质量控制和均一性检验	√	√	
	极端天气气候事件数据库	√	√	
	卫星资料应用	√		
气候平台	云南省气候业务平台开发	√		
	CIPAS(气候信息处理与分析系统)的本地化开发	√		

1.3.1.1 省级

在国家级和区域级单位的指导下牵头开展云南省气候业务和服务，在布局中起着骨干作用。其承担的主要职责如下：

(1)开展云南省极端气候事件和干旱等气象灾害的监测业务，诊断气候异常归因，为地方政府提供决策服务。

(2)开展对国家级指导产品的释用订正，发展有云南特色气候预测方法的研究与应用，提高预测准确率和精细化程度。

(3)发展气候影响评估技术，开展云南省气候评价业务，编制气候公报。组织开展气候资源和气象灾害调查，建立气候区划和气象灾害风险区划业务。

(4)开展气候应用服务，组织气候为农业和水资源的服务，推进风能、太阳能资源评估，开拓气候可行性论证业务。

(5)组织开展业务会商，承担指导下级部门工作的任务。

1.3.1.2 州(市)级

州(市)级主要在上级指导产品的基础上开展基础资料收集上报、指导产品解释应用和气候服务工作，在布局中起着基础支撑作用。其主要职责如下：

(1)结合本州市实际，综合应用上级部门的气候业务指导产品，开展年以下时间尺度气候预测的解释订正业务。

(2)开展本地气候影响评价业务，承担本地区气象灾害风险区划。

(3)开展数据的均一化检验业务和极端气候事件数据库建设。

(4)开展本区域的行业气候服务。

(5)负责气候信息的收集和上级指导产品的评估反馈。

1.3.1.3 县(市、区)级

县(市、区)级主要负责针对本区域的气候服务，在气候业务布局中起着基础作用。其主要职责如下：

(1)开展上级业务指导产品的应用服务。

(2)加强与终端用户的衔接和沟通，调查收集、及时反馈本地气候及服务信息。

(3)开展本区域的气候影响评价。

(4)开展本区域的气候服务。

1.3.2 气候业务流程

1.3.2.1 气候业务服务流程

以应用研究为支撑，基于气候系统资料和气候系统模式产品，研发制作监测诊断、预测预警、影响评价、应用服务等产品。通过气候服务平台向政府和各行业用户提供服务，用户将意见反馈至气候信息系统，以进一步改进产品质量和服务水平。

履行气候风险的社会管理职能，建立和完善气候风险的相关指标和管理体系，提高气候相关法规的执行力度，加强与用户的沟通，强化气候风险管理。

1.3.2.2 气候会商与指导业务流程

完善气候业务会商制度，制订年度会商方案。省级业务单位参加国家级和区域级的会商，负责组织云南省范围内的气候业务会商，发挥省级业务单位在会商中的牵头和带动作用，强化州市级的参与，突出会商的互动性，提高气候业务会商尤其是预测会商的科技含量，提高敏感性和主动性，及时开展各类滚动会商和补充会商。建立和农业、林业、水文、统计、民政等部门的联合会商制度。

建立会商效果评估机制，对重要会商的材料准备、发言效果和总结等进行效果互评，不断提高会商质量，同时提高气候业务人员的综合归纳能力。

制定气候业务产品的发布和上报流程。结合服务需求，规范气候业务产品制作发布时间，切实体现上级气候业务单位的指导作用。上级气候业务单位下发气候监测、预测和评价指导产品，下级气候业务单位结合本地气候特点和服务需求，制作本地气候业务产品，对上级产品的订正意见进行反馈，并按时上传本地气候业务产品。逐步形成上级指导有效、下级反馈订正及时的业务流程。在国家级相关文件的指导下，编制《云南省气候监测业务技术规范》《云南省气候预测业务技术规范》《云南省气候评价业务技术规范》等气候业务技术指南。

1.3.2.3 气候业务技术总结制度

完善各类气候业务的技术总结制度，规范技术总结形式，保证技术总结的及时性和针对性。

针对年度重大气候事件的特征、影响和成因以及预测效果进行总结分析，促使科研成果快速应用于业务，提高类似事件的预测准确率、监测客观化和定量影响评价水平。

1.4 气候业务的技术支撑

1.4.1 气候模式

依托国家级气候模式产品，发展降尺度解释应用技术，为云南省开展气候业务提供技术支撑。基于国家级应用于水资源、农业、能源、电力、旅游、生态环境等敏感行业用户的精细化气候影响评价模式，建立验证模式评价效果的评定指标、方法和相关行业影响数据集，支撑定量化的气候影响评价业务和服务。

1.4.2 气候资料

1.4.2.1 气候观测资料

完善国家、省、台站三级气候资料质量控制业务，发展新的气候资料质量控制方法。

开展资料序列均一性分析，建立气候资料序列均一性检验订正方法和气候资料质量控制标准体系，对云南省历史气候资料质量进行评估和均一化检验。

建立全省统一的、经均一性检验和订正的气候数据集。

1.4.2.2 极端天气气候事件数据库

制定日、候、旬、月、季、年尺度的极端天气气候事件监测标准，建立云南省极端天气气候事件数据库。

探索建立小时级的强降水事件监测评估标准及数据库。

1.4.2.3 卫星资料气候应用

加强卫星资料在气候业务中的应用，综合风云气象卫星、高分系列卫星、资源卫星以及国外气象卫星资料，建立一套规范化、时间长和精度较高的卫星资料基础数据集，主要包括海表温度、射出长波辐射、植被指数、积雪覆盖、总云量等气候系统要素，提高卫星资料在气候业务中的应用水平。

1.4.2.4 气象灾害历史和实时数据库

依托气象灾害普查和气象灾情直报系统，建立和完善全省气象灾害及次生灾害个例分析和灾情数据库查询系统，实现对气象灾害的查询、统计、分析等功能，并为气象灾害风险管理提供基础资料。

1.4.3 气候业务平台

在气候信息处理与分析系统(CIPAS)平台的基础上进行二次开发，实现本地化应用，提高气候业务系统的规范化与自动化程度。

根据气候业务需求，集成气候诊断、气候监测、气候预测、气候影响评价、气候变化等业务和功能，以智能化气候分析为目标，建立和完善本省气候业务平台。

第2章 气候背景及特征

2.1 地理环境

云南省地处中国西南边陲，介于北纬 21°08′32″～29°15′8″，东经 97°31′39″～106°11′47″，北回归线横贯南部，全省东西最大横距 864.9 km，南北最大纵距 990 km，面积 39.4 万 km^2，占全国总面积的 4.1%，居全国第 8 位。

云南省是我国的内陆边疆省份，西部和西南部与缅甸接壤，南部与老挝、越南毗邻，东部与广西壮族自治区和贵州省相连，北部同四川省为邻，西北部紧倚西藏自治区，国境线长 4061 km，是我国陆地毗邻国家最多、边境线最长的省份之一（图 2.1）。

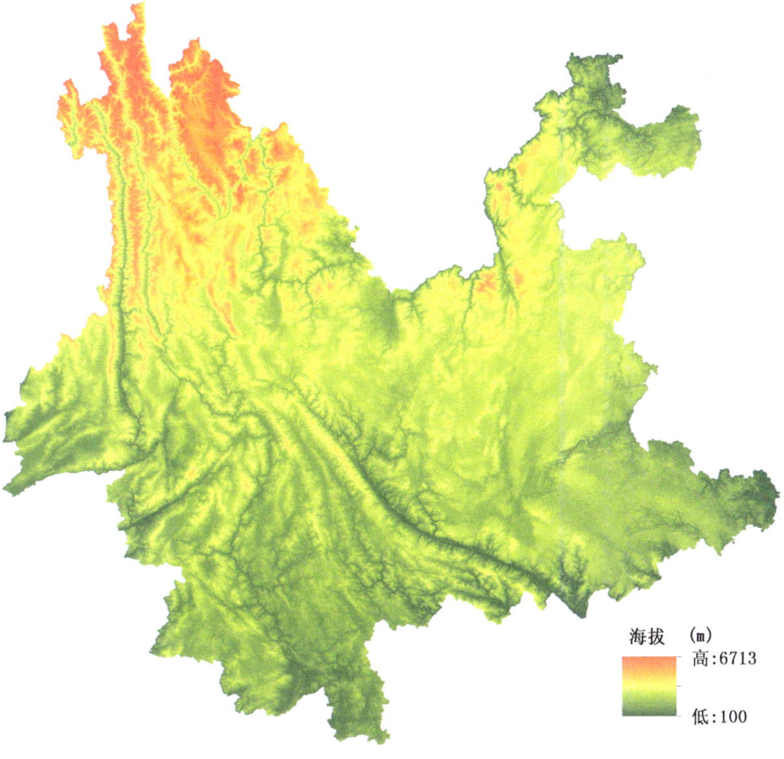

图 2.1 云南省地形图

云南省地貌类型复杂多样，有山地、高原、丘陵、盆地平原（河谷冲积平原）等地貌类型，喀斯特地貌分布广泛。地形以山地、高原为主，约占全省总面积的 94%，山地、高原间分布众多山间盆地（俗称坝子）。省内大致以金沙江—哀牢山断裂带为界，划分为东西两大地形区，东部为高原地形，属云贵高原的西部；西部属横断山区，主要由中高山地组成。

云南省地势总的趋势是西北高东南低，由北向南呈阶梯状下降；西北部属青藏高原东南延伸的山脉，是省内海拔最高的区域，其中位于滇西北德钦县的梅里雪山的主峰卡格博峰海拔 6740 m，为省内最高点；境内最低点位于滇东南东南部河口县红河出境处，海拔 76.4 m，相对高差近6664 m，两地直线距离不足 1000 km，平均每千米下降 6～7 m。

云南省江河纵横，水系十分复杂。全省大小河流共 600 多条，其中较大的有 180 条，多为入海河流的上游，分属长江、珠江、元江（红河）、澜沧江（湄公河）、怒江（萨尔温江）、伊洛瓦底江 6 大水系。

云南省拥有滇池、洱海、抚仙湖、程海、泸沽湖、杞麓湖、异龙湖、星云湖、阳宗海等九大高原湖，面积均在 30 km^2 以上。其中滇池是中国西南地区最大的湖泊，面积 300 km^2；洱海是云南省第二大湖泊，面积 250 km^2；抚仙湖是中国第二深水湖，最大水深 157.3 m，平均水深 87 m，仅次于长白山天池；泸沽湖是中国第三深水湖，最大水深 93.5 m。

2.2 气候特征

云南省地处低纬高原、亚热带季风区和海拔差异大的地理环境，兼具干湿季节分明、四季温差小和垂直变化显著的三大气候特征。

2.2.1 干湿季分明的季风气候

影响云南省的气团冬半年和夏半年性质截然不同，形成冬干夏湿的季风气候。

冬半年，云南省既受来自西伯利亚寒冷而干燥的偏北季风和来自高原的冬季风影响，又受来自西亚南亚大陆干热气团的影响，天气多晴朗干燥，称为干季；夏半年，云南省主要受到来自印度洋的西南暖湿气流和来自南海的东南暖湿气流的影响，水汽充沛，多雨湿润，称为雨季。

干季（11 月至次年 4 月）全省平均降水量 169 mm，约占全年总降水量的 15%；雨季（5—10 月）降水量 917 mm，约占全年的 85%，其中尤以 6—8 月最为集中，降水量 588 mm，约占全年的 54%。昆明站干季降水量 123 mm，约占全年的 12.6%；雨季降水量 856 mm，约占全年的 87.4%，其中 6—8 月 575 mm，约占全年的 58.7%（图 2.2）。

2.2.2 四季温差小、日温差大的低纬高原气候

云南省平均海拔约 2000 m，北回归线从南部穿过，光照好，太阳辐射强，高原气候特征显著。形成了气温年较差小、日较差大、四季不分明的低纬气候。一方面，除河谷地带和南部北热带地区外，最热月平均气温一般均在 24 ℃以下，35 ℃以上的高温一般不出现或出现甚少，大多数地区极端最高气温普遍比我国东部各省低 5～10 ℃。另一方面，除西北和东北高原及少数高寒山区以外，最冷月平均气温多在 8℃以上，极端最低气温普遍比东部各省高 5～10 ℃或以上。以昆明与周边城市成都、贵阳相比，昆明最冷月平均气温为 8.9 ℃，最热月平均气温 20.3 ℃，年较差 11.4 ℃，分别比成都、贵阳低 8.3 ℃和 7.4 ℃（图 2.3），形成了以滇中及滇西南大部地区“冬

无严寒、夏无酷暑”的宜居气候，更造就了以普洱、临沧等地“四季如春”的养生气候。

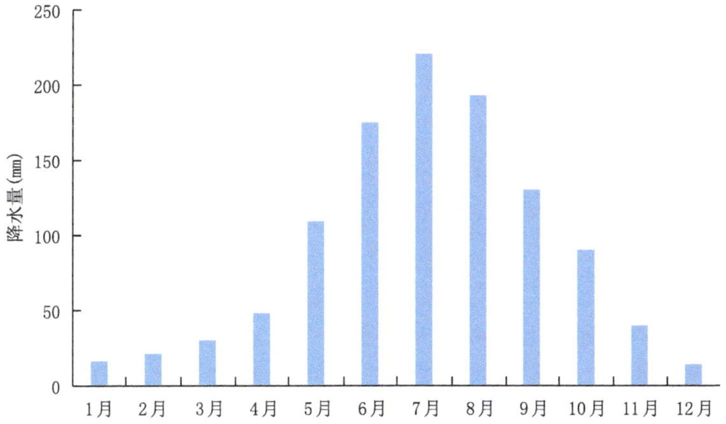

图 2.2 云南省平均月降水量

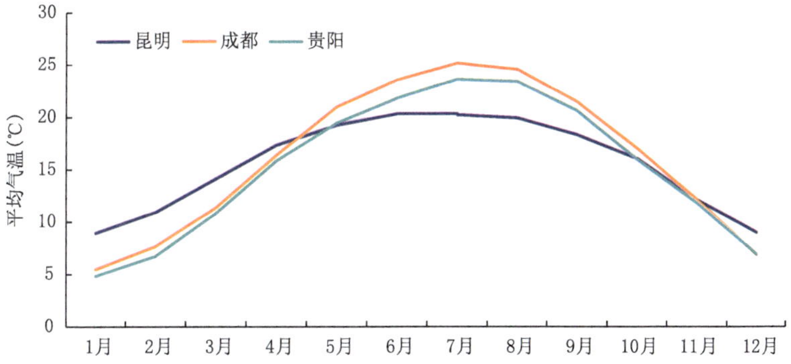

图 2.3 昆明与成都、贵阳逐月平均气温比较

另外，云南省大部地区气温日较差大，早晚凉爽，中午燥热，全年平均气温日较差基本都在10 ℃以上，冬春季节最大气温日较差可达20 ℃以上，一天之中可感受“春夏秋冬”四季的变化。同样以昆明与成都、贵阳相比，昆明年平均气温日较差10.1 ℃，分别比成都、贵阳高2.9 ℃和2.6 ℃，其中冬季平均气温日较差分别高5.8 ℃和5.7 ℃(图2.4)。

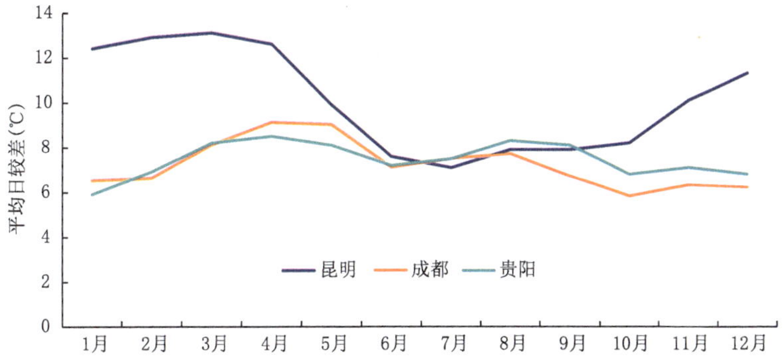

图 2.4 昆明与成都、贵阳逐月平均气温日较差比较

2.2.3 垂直变化显著的立体气候

由于地形地貌复杂，海拔高差悬殊，云南省气候垂直差异十分显著。

云南省各地的气温和降水随海拔高度的分布差异很大，一般呈现出河谷地带气候炎热、降雨量偏少；山腰气候温和、降雨量增多；山顶气候寒冷、降雨量最多。从河谷至山顶往往出现不同的气候类型，有不同的植被和自然景观，喻为“一山分四季，十里*不同天”。

云南省的气候类型多样，最直接体现在气候带的分布上，全省共有7个气候带，基本包含了从黑龙江至海南岛的绝大多数气候类型。按照积温随纬度增加而递减的规律，云南省气候带从南向北呈现从北热带至高原气候区过渡的主流分布趋势。除纬度因素外，影响云南省气候带的另一个主要因素是海拔，且海拔因素的影响甚至超过了纬度因素。在海拔的空间分布上，云南省地势北高南低，也支持了气候带分布随纬度的排列。但由于山地气候特征，气候带的空间分布较为复杂，并不完全按照纬度均匀分布(图2.5)。

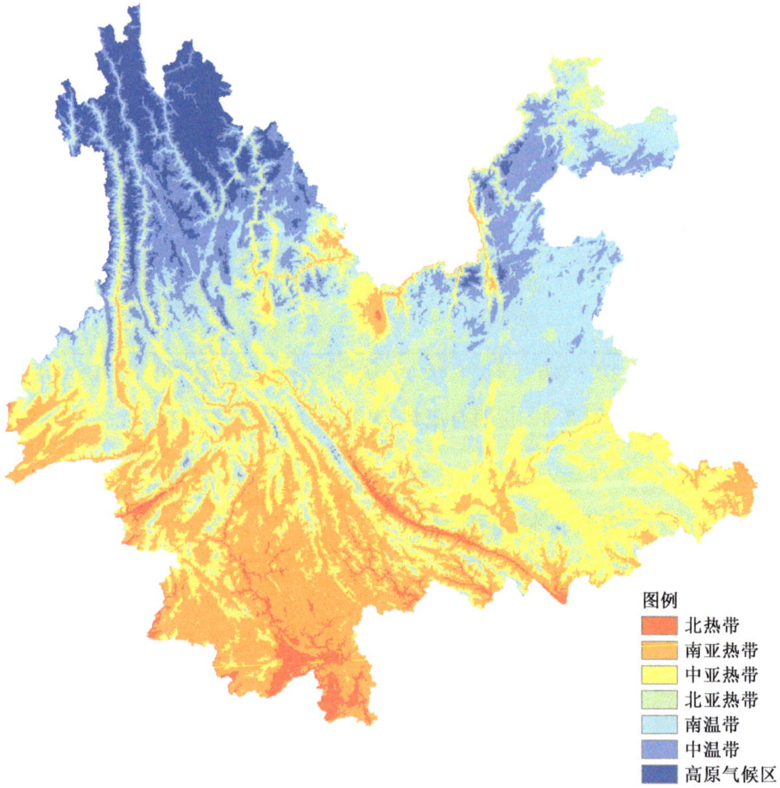

图2.5 云南省气候带分布图

北热带(边缘热带)和南亚热带主要分布于金沙江、红河、澜沧江河谷，以及滇西的德宏州、滇西南的西双版纳州、普洱市等低纬度地区，面积约占全省面积的23.3%；中亚热带和北亚热带主要分布在滇中一带，面积约占全省面积的40.9%；南温带(暖温带)和中温带大部位于滇

* 1里=500 m。

中东部和北部、滇东北地区，面积约占全省面积的 29.5%；高原气候区则主要位于滇西北及滇东北高海拔山区，海拔一般在 2800 m 以上，面积约占全省面积的 6.3%。

云南省气候带分布的另外一个特点是其分散性(气候飞地)。与山地垂直气候密切相关，气候带分布较破碎和零散。在南部的高山中有温带存在，而在北部河谷地区地带也有南亚热带。

2.3 主要气候系统

由于云南位于低纬高原地区，影响云南的环流系统非常复杂，云南不仅受低纬度热带系统的影响，中高纬度环流系统的变化也有十分重要的影响。同时，由于邻近海洋，热带海洋温度通过影响大气的变化，对云南气候也有非常重要的作用。在影响云南的众多气候系统中，季风、南亚高压、西太平洋副热带高压、南支槽、海温异常等是目前短期气候预测中考虑的关键因子，这些因子的相互联系和相互作用形成了云南复杂多样的气候。

2.3.1 亚洲季风

亚洲季风是全球季风系统中最明显、范围最大的季风。它的风场具有显著的季节反向和稳定性，夏半年以西南风或东南风为主，冬半年以西北风或东北风为主。亚洲季风包括南亚季风系统和东亚季风系统两个既相对独立又相互影响的子系统。与世界上的其他季风不同，亚洲季风具有很强的年变化。在亚洲季风年变化中，季风爆发是一个关键的转折点，它标志着亚洲夏季风季节的开始和季风雨的来临。丁一汇等(2013)在综合各研究结果指出，平均而言，亚洲夏季风的爆发过程分为四个阶段：①4 月末或 5 月初夏季风最早在中南半岛中部爆发，而在其以西的海洋地区爆发得更早。在 4 月下旬可追踪到夏季风首先出现在赤道东印度洋，特别是安达曼海地区。②夏季风爆发之后在 5 月中下旬迅速扩张，向北到孟加拉湾，向东到南海地区，孟加拉湾季风和南海季风随之爆发。③6 月中上旬印度夏季风爆发。④7 月上中旬，在南亚，夏季风可向北推进到印度西北部；在东亚，夏季风向北推进到华北、东北、朝鲜半岛和日本中部。7 月中旬以后，西北太平洋夏季风及相关的赤道辐合带(ITCZ)进一步向北推进到 25°N，达到西北太平洋夏季风的盛期，并一直维持到 9 月下旬。

亚洲夏季风的撤退在东亚最早，最迅速，平均在 8 月上旬以后，10 天左右低层西南风即可在长江以南消失，在不到一个月的时间夏季风前沿可从华北南撤至华南，标志着东亚夏季风的结束。9 月以后，夏季风位于南海中北部，但中南半岛的夏季西南季风可一直持续到 10 月末。因此，东亚夏季风的活动时间是从 5 月中至 9 月初，约 4 个月。在印度地区，夏季风的撤退首先开始于 9 月初西北拉贾斯坦邦，到 10 月中，夏季风完全撤出印度次大陆北半部。西北太平洋的夏季风撤退最晚，一般在 10 月末，因此，西北太平洋地区的夏季风活动时间最长，为 6—10 月，大约有 5 个月。

不同区域夏季风的爆发早晚和向北推进对季风区的雨季开始早晚以及夏季雨带位置的变化有非常重要的影响。云南纬度偏低，与孟加拉湾海区相近。近年来的研究表明，孟加拉湾地区的夏季风活动与云南初夏雨季开始期早晚密切联系，孟加拉湾夏季风爆发平均日期为 5 月 10 日，季风爆发偏早有利于云南雨季开始期偏早，爆发偏晚则有利于云南雨季偏晚。但在孟加拉湾季风爆发偏早背景下，云南雨季开始期早晚还与冷空气的活动密切联系，冷空气活动和季风爆发偏早相配合更有利于云南雨季开始期偏早(晏红明等，2003，2018a)。云南位于东亚夏季风和南亚夏季风交互影响的区域，夏季风活动对云南夏季降水的影响较为复杂。因此，在云南夏季气候预测中既要关注东亚季风的演变，又要关注南亚季风的活动。

东亚冬季风是影响我国冬季气候的重要环流系统，主要盛行于11月至次年3月。与夏季风不同，亚洲冬季风的爆发时间并不十分确定，一般将北方第一次强寒潮或冷空气活动的爆发的时间定为冬季风的爆发时间。东亚地区的一次寒潮爆发过程可以影响大范围地区的天气和气候状况，相伴随的低层冬季风在北方以西北或偏北风的形式南侵。当冷空气到达南方时，则以东北风的形式影响印度半岛、中南半岛、南海到菲律宾地区，强冷空气甚至可以到达海洋大陆，包括新加坡、印度尼西亚、巴布亚新几内亚等地区。由于云南位于低纬度地区，并受青藏高原大地形的阻挡，强度偏强和活动位置偏南的东亚冬季风活动对云南冬季气候的影响也非常明显(晏红明等，2007a，2009)。

2.3.2 南亚高压

南亚高压又称青藏高压或亚洲季风高压，是夏季南亚高压上空对流层高层存在的一个庞大的高压系统。南亚高压在100 hPa附近最强，它是夏季100 hPa高度上除极涡以外最强大、最稳定的系统。图2.6给出1981—2010年6—8月30年平均的高度场分布，可以看到，夏季青藏高原上为显著的南亚高压控制。南亚高压的形状和中心位置是变化的，南亚高压常会分裂为两个中心，分别在100°E以东和80°E附近，根据南亚高压主要中心位置和强度可将南亚高压分为西部型、东部型和带状型。西部型的特点是高压中心位于80°E附近，西风槽在90°～130°E；东部型的特点是高压中心位于100°E以东，西风槽在70°～90°E；带状型的特点是高压外形呈带状，有两个以上不强的中心，不太稳定，西风带无大槽。在三种类型中，东部型和西部型比较多见，两种类型一般半个月转换一次，这种转换称为南亚高压的“东西振荡”。带状型为这两类的过渡型，维持时间较短。南亚高压强度异常具有明显的季节持续性，即冬半年位于西太平洋上空的100 hPa副热带高压强度异常，往往可以持续地影响到夏季位于南亚上空100 hPa南亚高压的强度异常，这种季节持续性可以为跨季节的夏季气候预测提供依据。

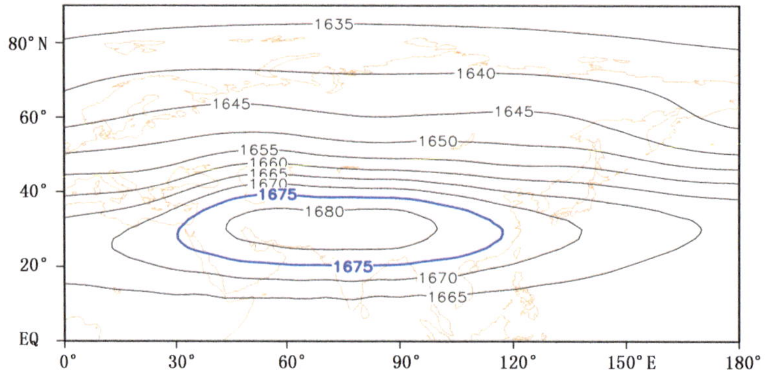

图2.6 1981—2010年夏季(6—8月)30年平均的100 hPa高度场分布
(蓝色标注南亚高压1675 dagpm特征线的位置)

南亚高压不仅与我国东部地区的夏季旱涝密切联系(李永华等，2011)，与云南夏季降水也密切相关。南亚高压强度偏弱和位置偏南时会减弱云南上空的水汽输送，不利于云南降水发生(戴卫帮,2015)。还有研究进一步表明前期5月南亚高压脊线位置的变化与后期夏季南亚高压的强度和范围密切相关,并由此影响云南夏季降水,5月南亚高压脊线位置偏南,云南夏季降水偏少,与此相反,则云南降水偏多(郭志慕等,2014)。

一般而言,云南雨季开始早晚与夏季环流形势建立早晚有关,夏季环流建立偏早,云南雨季开始期也相应偏早,反之则偏晚。南亚高压是亚洲夏季风系统的重要成员,有明显的季节性移动特征,5月中下旬从赤道西太平洋160°E西移至中南半岛100°E附近,5月位于西太平洋地区逐渐向西北方向移动,6月上旬向西北移动到青藏高原上空,其中心大致位于(30°N,90°E)附近,标志着夏季环流形势完全建立。因此,南亚高压建立早晚与云南雨季开始期早晚密切联系(晏红明等,2018b)。

2.3.3 西太平洋副热带高压

西太平洋副热带高压(简称“副高”)是位于西太平洋地区上空的大尺度反气旋环流,在对流层低层比较明显,到了200 hPa高压强度比较弱。在高压区内,一般低层以辐散占优势,但主要偏于高压南部,北部主要为辐合区,尤其集中于高压的西北侧。高层则以辐合为主,在对流层上层,高压中心的西部和北部为辐散,而东部和南部为辐合,而且辐合扩散到高压中心。副高的脊线具有随高度增加而倾斜的特征,这种倾斜特征与冷热的位置有关,高压脊轴在对流层下半部随高度向热源或高温区方向倾斜,当南北温度梯度较小时,倾斜程度较小或接近于垂直。

副高的强度和位置表现出显著的季节性移动。一般而言,副高从冬季到夏季位置北移,强度增大,从夏季到冬季位置南撤,强度减弱。高压在北进和南撤的过程中并不是匀速的,而是表现出稳定少变、缓慢移动和跳跃三种形式。平均而言,6月以前,副高脊线位于20°N以南;6月中、下旬,副高脊线北跳,并稳定在20°～25°N;7月上、中旬,副高脊线再次北跳,摆动在25°～30°N;7月末至8月初,副高脊线跨越30°N,到达一年中最北位置;8月底或9月初,高压脊开始南退;10月以后,高压脊退至北纬20°以南。图2.7分别是6—8月、6月、7月和8月500 hPa高度场分布,以500 hPa 588 dagpm特征线表征副高的位置,可以看到夏季副高高压北移的情况,夏季平均副高脊线约位于25°N附近。

副高对东亚副热带季风区气候有十分直接的影响,其中影响最大的是副高位置的变化,其次是强度变化。副高的季节性南北移动与中国东部各地雨季的起止时间密切联系,一般情况下,当副高脊线位于20°N以南时,高压北缘是沿副高脊线北上的暖湿气流与中纬度南下的冷空气相交绥地区,锋面、气旋活动频繁,形成大范围阴雨天气,受其影响华南进入雨季。当副高脊线徘徊于20°～25°N时,雨带随之北移,长江中下游地区进入雨季,即梅雨。副高脊线再次北跳,摆动在25°～30°N时,黄河下游地区进入雨季,长江中下游地区的梅雨结束,进入盛夏。副高脊线跨越30°N,到达一年中最北位置,雨带随之北移,华北北部、东北地区进入雨季。之后,随着高压脊开始南退,雨带随之南移,高压脊退至20°N以南,大部分地区雨季结束。

云南位于低纬高原季风气候区,副高活动,尤其是副高东西进退对云南天气气候的影响十分重要。近年的研究表明,6月和7月云南降水变化与副高的东西变动密切联系,副高偏西时,云南大部地区降水偏少的可能性较大,而副高偏东有利于云南大部分地区的降水偏多(晏红明等,2019)。另外,有统计分析指出,年际尺度上,副高强度的变化与云南年降水量变化相反,即副高偏强时,云南降水偏少,反之则偏多。

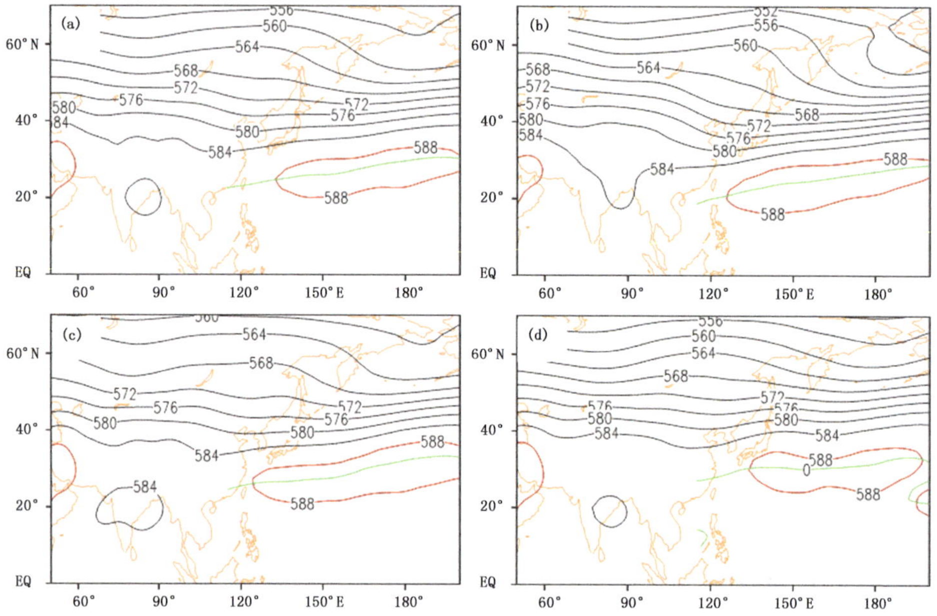

图 2.7　1981—2010 年 30 年气候平均 6—8 月(a)、6 月(b)、7 月(c)和 8 月(d)500 hPa 高度
(红色标注为 588 dagpm 特征线,绿色线为副高脊线)

由于副高是中低纬度地区大尺度的环流系统,它与周围环流系统是相互联系和相互影响的,例如:副高位置偏西偏强时,对北方冷空气的向南活动,以及对孟加拉湾地区南支西风槽的东移均会产生十分明显的阻挡作用,进而对云南地区的天气气候产生非常重要的影响。相应地,周围地区的环流系统也会影响副高位置和强度的变化。

2.3.4　南支槽

南支槽也称为副热带南支西风槽,是冬半年副热带南支西风气流在高原南侧孟加拉湾地区产生的半永久性低压槽,对冬春季南亚和东亚天气气候有十分重要的影响。冬半年的副热带南支西风槽与夏季热带季风槽不同,冬半年由于青藏高原对西风气流的分支和汇流作用,使得高原北边的西风形成动力性高脊,而南支西风形成动力性低槽。南支西风自中亚细亚,沿喜马拉雅山南麓流经印度、缅甸、泰国和我国西南地区,流向日本南部,并在青藏高原东南部形成动力低压槽。由于青藏高原大地形对西风带的扰动是向上减弱的,动力槽主要表现在低层 1.5～3 km 高度,到 6 km 高度已不明显。冬半年孟加拉湾的低压槽是经常存在的,大多数时间保持静止或移动很少,但有时亦向东移经过我国境内入海,或有西退的现象。夏季随着西风急流北移,青藏高原对西风气流的屏障作用逐渐减弱,不再有西风分支等现象,取而代之的是印度西南季风北上。当西南季风向东北推进时,受到阿拉干山脉和青藏高原的阻挡,被迫作气旋性旋转,在孟加拉湾形成夏季的季风槽。10 月南支槽建立表明北半球大气环流由夏季型转变成冬季型,6 月南支槽消失,同时孟加拉湾季风槽建立是南亚夏季风爆发的重要标志之一。

由于地形作用,冬半年南支槽在 700 hPa 表现最明显,是冬半年影响我国水汽输送的重要系统,由于冬季水汽输送较弱,上升运动浅薄,无强对流活动,南支槽前降水较少,雨区主要位于高原东南侧昆明准静止锋至华南一带;春季南支槽水汽输送增大,同时副高外围暖湿水汽输送加强，上升运动发展和对流增强，南支槽造成的降水显著增加，因此春季是南支槽最活跃的时期。南支槽活动还与昆明准静止锋的活动有关，北方寒潮向南侵袭时，因受到高原东部地形的阻挡，冷空气逐渐堆积于高原的东侧，并与南支西风气流相遇形成一条准静止的界面，即昆明准静止锋。南支槽与冷空气的配合影响是冬半年云南大范围雨雪天气产生的主要形势，如无冷空气配合，南支槽影响一般只会出现局部阵雨或小到中雨天气，当南支槽与强冷空气结合，则可造成大范围的降温、降雪天气，即低纬高原独特的"槽潮"天气。春季，低纬高原和整个华南地区的连阴雨天气皆与南支槽有关。

孟加拉湾风暴是影响云南初夏和秋季强降水的重要系统，南支槽通过对孟加拉湾风暴活动的引导作用，对云南天气气候也有十分重要的影响。秋季11月是孟加拉湾风暴活动最多的季节，风暴在移动过程中，如遇到南支槽东移，此时孟加拉湾处于槽前西南气流控制，风暴在北上途中受此气流引导转向东北。

2.3.5 热带海表温度

海洋是驱动大气运动的能量供应者和调节器，又是大气水汽的主要来源地，大气中86%的水汽来自海洋。海洋的热力和动力学惯性使它对大气变化具有独特的"记忆功能"和"低通滤波作用"。而热带海洋是全球海洋中面积最大，接受太阳辐射最多的地区，在全球能量收支中具有特殊的地位，是运转大气热机的主要燃料供应地。因此，热带海洋热状况的改变在全球大气环流及气候变化中起到重要的作用。另外，热带大气中各种尺度的运动都受到海气相互作用的影响，在天气和气候变化中扮演着重要角色的台风、厄尔尼诺、拉尼娜、沃克环流、季风等都与热带海洋温度的变化密不可分。

云南地处青藏高原东南侧的低纬高原地区，其西南部是孟加拉湾，东南部是中国南海，正处于印度季风和东亚季风的结合部。热带海温的变化通过影响大气环流，对云南天气气候特别是夏季旱涝的异常分布产生显著影响，造成云南降雨年际波动变化大，旱涝发生频繁。

2.3.5.1 热带太平洋海表温度

热带太平洋上的海温变化对全球气候起着十分重要的调控作用，其中最著名的是厄尔尼诺/南方涛动(ENSO)现象。在热带太平洋上，存在着大范围的表面暖水，但在秘鲁和厄瓜多尔沿岸以及大洋东部沿赤道的狭窄区域内海面温度要比其他区域偏低。海温的这种分布有明显的年际变化特征，最明显的就是厄尔尼诺(El Niño)事件，该事件期间赤道中东太平洋表面海水强烈增暖，进而引起赤道附近以及其他区域大气环流的异常变化，其中，与厄尔尼诺事件密切相联系的是发生在赤道附近的南方涛动(Southern Oscillation)现象，该现象是与厄尔尼诺事件相对应发生在热带大气中的异常现象。因此，将热带大气—海洋耦合系统的这种缓慢振荡现象称为ENSO，该现象具有明显的年际变化，是年际气候异常的重要信号，周期大约为2～7年。

ENSO对中国夏季风降水有非常重要的影响，并与ENSO的不同发展阶段有关。当ENSO处于发展阶段，我国夏季江淮流域降水偏多，而黄河流域、华北地区降水偏少。当ENSO处于衰减阶段时，江淮流域降水偏少，黄河流域、华北地区、江南和华南地区降水偏多。5月是云南干湿季转换的关键季节，赤道中东太平洋海温变化对云南5月雨量和雨季开始期的变化有十分重要的影响。一般而言，前期冬春季至同期赤道中东太平洋海温偏暖，有利于云南5月降水偏少和云南雨季开始期偏晚，与此相反，则有利于云南5月降水偏多和云南雨季开始期偏早(晏红明等，2001a)。图2.8为云南5月降水偏多20%和偏少20%时前期3—4月和同期5

月热带海洋表面温度分布。可以看到在云南5月雨量偏多时，赤道中东太平洋为明显冷海温，相反，5月雨量偏少，赤道中东部太平洋为显著暖海温。在其他季节，赤道中东太平洋海温变化对云南气候的影响比较复杂。

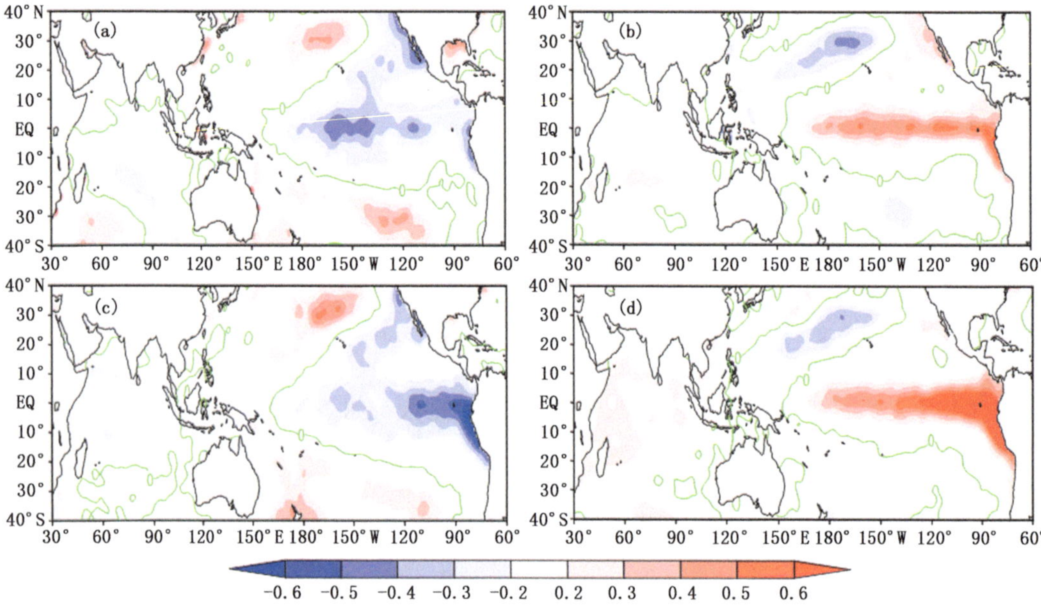

图2.8 云南5月降水量偏多和偏少年热带海洋温度距平分布(绿色实线为"0"线)
(a)偏多年3—4月;(b)偏少年3—4月;(c)偏多年5月;(d)偏少年5月

2.3.5.2 热带印度洋海表温度

印度洋位于亚洲大陆的西南面，与太平洋相比，印度洋海盆相对较小，海温变化幅度也不及太平洋明显，但由于印度洋东西向的海盆宽度仅为太平洋海域的三分之一，印度洋海温的纬向热力对比实际上与太平洋具有同等量级。印度洋上的洋流和海温变化受季风的影响很大，具有明显的季节变化特征。在年际尺度上，热带印度洋海温变化主要表现为全区海温一致型(Indian Ocean Basin Mode, IOBM)和东西部海温反相变化的偶极型(Tropical Indian Ocean Dipole, TIOD)以及南北海温反相变化型(晏红明等，2000a；晏红明等，2012)。

印度洋是西南夏季风的发源地和流经地，海温异常对季风活动有显著影响。一些研究表明当印度洋海温偏暖时，亚洲夏季风建立偏晚，撤退较早，季风季节长度较短，季风偏弱，反之，则亚洲夏季风建立偏早，撤退较晚，季风季节长度较长，季风偏强(晏红明等，2000b)。印度洋海温与南海夏季风爆发有关，南海夏季风作为东亚夏季风的一个重要子系统，是连接源于南半球的季风、西太平洋季风以及印度洋季风的重要纽带，一般于5月中下旬爆发，是亚洲夏季风开始的最早先兆，标志着亚洲大气环流由冬季型向夏季型的转换，也是亚澳季风区季节转换的一个重要阶段。春季发展成熟的热带印度洋全区一致海温增暖通过热带海气相互作用激发从赤道印度洋到西太平洋的异常反沃克环流圈，导致西太平洋上空异常的下沉运动以及受到抑制的对流活动。加强西伸的西太平洋副高及其南部的东风距平在南海夏季风爆发的过程中阻碍了赤道印度洋夏季西风向南海地区的推进，从而使得南海夏季风爆发偏晚。而热带印度洋全区一致的变冷则通过激发热带印度洋—西太平洋上空异常加强的沃克环流削弱了西太平洋副高。减弱东撤的副高以及其南部的西风异常促进了南海夏季风的提前爆发(晏红明等,2012)。

印度洋海温通过对季风环流异常变化的影响,对中国气候也有十分显著的影响,在长江中下游梅雨期降水偏多年,南海海温偏暖而西印度洋海温偏冷,降水偏少年印度洋和南海之间纬向海温梯度变化刚好反相(晏红明等,2001b)。热带印度洋东西部海温偶极振荡是目前较受关注的一种海洋异常现象,这一现象有明显的季节锁相,秋季最为明显,对东亚气候有一定影响。一般而言,将赤道印度洋海温西(10°S～10°N,50°～70°E)暖东(10°S～0°,90°～110°E)冷异常分布称为赤道印度洋偶极正位相,反之称为偶极负位相(图 2.9)。研究表明在夏季和秋季,印度洋海温偶极正位相一般对应南方多雨,负位相则对应南方少雨,其中尤以秋季最为显著(肖子牛等,2002;晏红明等,2007b,2007c)。冬季,印度洋海温偶极正(负)位相分别对应东南少雨(多雨)的降水异常分布。由于海温变化的相互联系,热带印度洋地区的偶极海温变化通常与赤道太平洋地区的海温变化相联系,一般将之称为太平洋—印度洋海温综合模。肖子牛等(2000)模拟研究了厄尔尼诺(El Niño)期间印度洋东冷西暖异常海温对亚洲气候的影响,结果表明印度洋东冷西暖异常海温对印度次大陆夏季的干旱有一定缓解作用。另外,肖子牛等(2001)还研究了 El Niño 位相期间印度洋正负偶极位相对初夏季风区气候的影响,发现它对初夏印度和孟加拉湾,对华南东西部地区降水差异的变化有明显的影响,印度洋偶极正位相的作用有使印度和孟加拉湾初夏降水减少,使初夏呈华南东部降水偏多西部降水偏少的趋势,反之亦然。一些研究还表明 ENSO 暖位相期间发生的印度洋正偶极子有利于远东地区出现了炎热干旱的灾害性气候。

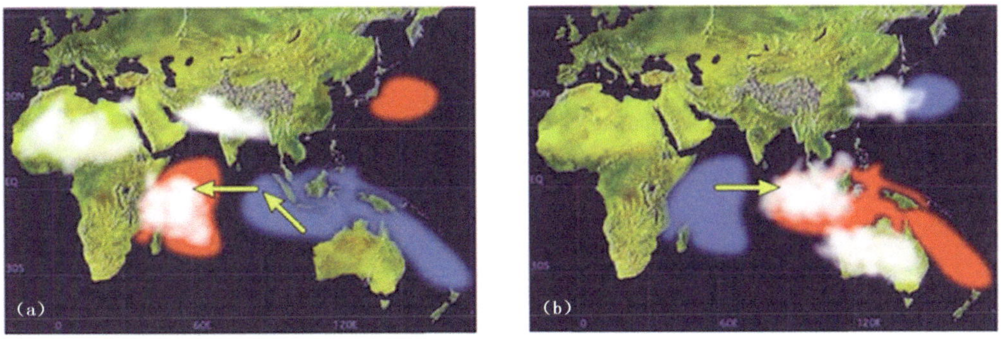

图 2.9 热带印度洋偶极子正纬向(a)和负位相(b)
(引自 http://www.jamstec.go.jp/frsgc/research/d1/iod/)

除了热带印度洋海温变化的主要模态及其影响,南印度洋副热带地区还存在一种非常显著的副热带印度洋偶极模态(Subtropical India Ocean Dipole,SIOD),该模态是南印度洋副热带地区存在的一种显著的偶极型海温变化差异现象,在年际和年代际尺度上均表现十分明显,海温差异的季节锁相和分布形式与热带印度洋偶极型(TIOD)现象明显不同,SIOD 现象主要出现在冬春季的 1—3 月,表现为东北(45°～30°S, 45°～75°E)—西南(25°～15°S, 80°～100°E)向的海温差异形式。近年有研究表明发现了 SIOD 事件与赤道东太平洋海温的异常变化有密切联系,它与前期 Niño3 指数的变化呈负相关,而与后期 Niño3 指数的变化呈正相关,SIOD 事件就像 ENSO 不同位相转换的一个关键连接(晏红明等,2009)。其相互链接的物理机制不仅涉及海气相互作用的正负反馈过程，还与热带和副热带大气环流之间的相互作用有关，特别是与东南印度洋海温变化所引起的异常纬向风由赤道印度洋向赤道太平洋的传播过程等有十分直接的关系。同时，SIOD 与 ENSO 事件的相互联系和相互作用在很大程度上还依赖大尺度平均气流随季节的变化。

由于印度洋海温变化的复杂性，以及印度洋海温与太平洋海温变化的相互联系，海温变化对气候的影响也是非常复杂的。在气候预测中要综合考虑不同区域海温变化的配置模态对气候的影响。

2.4 主要气候要素

2.4.1 气温

2.4.1.1 平均气温

云南省平均气温在地理上主要呈南高北低的分布，气温差异较大。南部年平均气温一般在 18 ℃以上，气温最高的澜沧江、元江河谷地区年平均气温可达 24 ℃以上；北部年平均气温一般在 16 ℃以下，气温最低的滇西北青藏高原南延区域年平均气温可低于 10 ℃以下(图 2.10)。

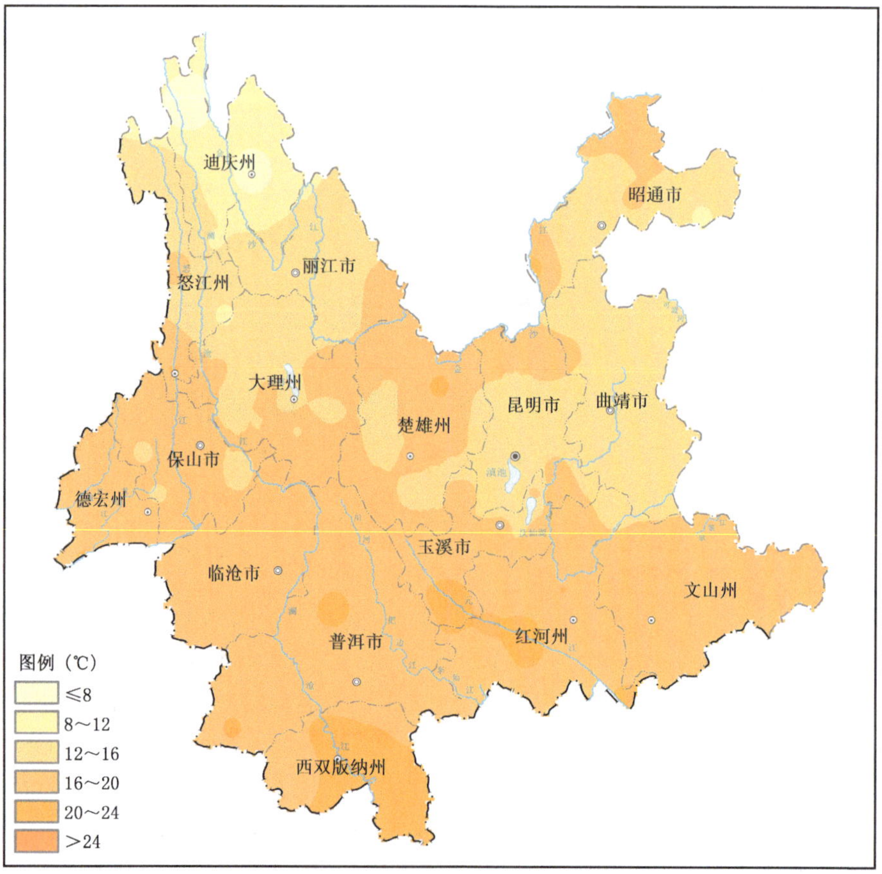

图 2.10 云南省年平均气温分布图

在同一区域内则以海拔高低决定气温状况，一般而言，海拔上升 100 m，气温约下降 0.6 ℃。因此，在省内广泛存在着冷热交错的情况，在北部地区分布着干热河谷，在南部地区也有高寒山区。

从年内分布上看，云南省平均气温最高值出现在 6—7 月，最低气温出现在 12 月至次年 1 月。

云南省 16 个州市所在地逐月平均气温见表 2.1（资料年代为 1981—2010 年）。

表 2.1 云南省 16 个州市所在地平均气温(℃)

站名	1月	2月	3月	4月	5月	6月	7月	8月	9月	10月	11月	12月	年平均
昆明	8.9	10.9	14.1	17.3	19.2	20.3	20.2	19.9	18.3	16.0	12.1	9.0	15.5
曲靖	8.2	10.3	13.9	17.1	18.8	19.9	20.2	19.8	17.9	15.2	11.7	8.5	15.1
玉溪	9.5	11.3	14.5	17.9	20.1	21.3	21.0	20.7	19.4	17.0	12.9	9.6	16.3
保山	9.1	10.9	14.0	16.8	19.6	21.5	21.3	21.1	19.9	17.7	13.2	9.8	16.2
昭通	2.4	4.8	8.6	12.8	15.9	18.0	19.7	19.2	16.4	12.1	8.1	3.7	11.8
丽江	6.4	8.0	10.7	13.6	16.6	18.6	18.2	17.5	15.9	13.6	9.5	6.6	12.9
普洱	13.3	15.0	18.0	20.6	21.9	22.6	22.2	22.1	21.3	19.7	16.3	13.3	18.9
临沧	11.7	13.7	16.9	19.3	21.0	21.9	21.7	21.7	20.7	18.8	14.9	11.8	17.8
楚雄	9.4	11.7	15.3	18.4	20.4	21.5	21.1	20.6	19.1	16.8	12.7	9.3	16.4
蒙自	12.7	14.9	18.2	21.2	22.5	23.4	23.1	22.7	21.4	19.2	15.8	12.7	19.0
文山	11.5	13.6	16.9	20.5	22.2	23.2	23.0	22.6	21.3	18.8	15.3	11.9	18.4
景洪	17.2	19.3	21.8	24.6	25.8	26.4	25.8	25.7	25.0	23.3	19.9	16.9	22.6
大理	8.5	10.4	13.4	16.2	18.7	20.3	20.0	19.4	17.9	15.8	11.7	8.4	15.1
芒市	12.6	14.5	17.9	21.1	23.3	24.2	23.9	24.2	23.5	21.5	17.3	13.7	19.8
泸水	13.7	15.5	18.5	20.9	23.7	25.0	24.8	24.7	23.5	21.0	17.1	14.1	20.2
香格里拉	−2.3	−0.4	2.6	5.8	9.9	13.5	13.9	13.3	11.7	7.4	2.0	−1.6	6.3

2.4.1.2 最高气温

云南省最高气温的地理分布基本上与平均气温相似。南部地区年平均最高气温一般在 24 ℃以上，其中西双版纳州和部分河谷地区可达 28 ℃以上；北部地区一般在 24 ℃以下，其中西北部和东北部的部分高寒山区低于 16 ℃（图 2.11）。

从年内分布上看，云南省平均最高气温的分布与平均气温略有不同，部分区域最高值出现在 5 月雨季开始前，究其原因系 6—8 月降雨多，气温升高受到抑制。

云南省 16 个州市所在地逐月平均最高气温见表 2.2（资料年代：1981—2010 年）。

2.4.1.3 最低气温

云南省最低气温的地理分布基本上与平均气温相似。南部地区年平均最低气温一般在 12 ℃以上，其中西双版纳州和部分河谷地区可达 20 ℃以上；中部地区为 8～12 ℃，北部地区一般在 12 ℃以下，其中西北部和部分高寒山区低于 8 ℃（图 2.12）。

年内平均最低气温的最高值一般出现在 6—7 月，最低值出现在 12 月至次年 1 月，与平均气温基本一致。

云南省 16 个州市所在地逐月平均最低气温见表 2.3（资料年代为 1981—2010 年）。

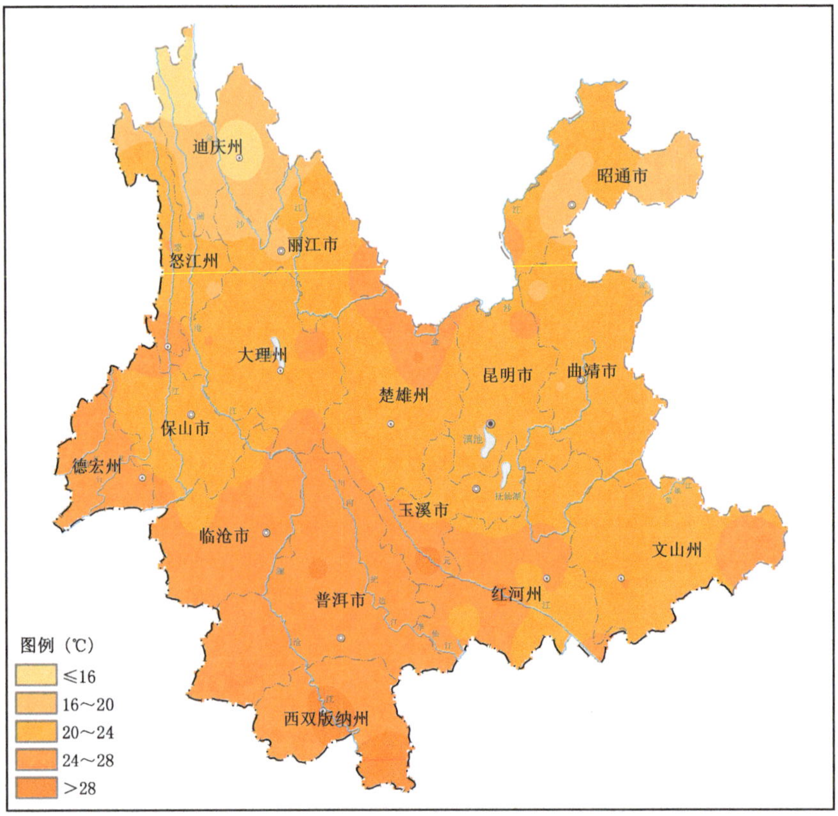

图 2.11　云南省年平均最高气温分布图

表 2.2　云南省 16 个州市所在地平均最高气温(℃)

站名	1月	2月	3月	4月	5月	6月	7月	8月	9月	10月	11月	12月	年平均
昆明	15.9	17.9	21.1	24.0	24.6	24.6	24.4	24.7	23.1	20.9	18.0	15.5	21.2
曲靖	14.8	17.1	21.0	23.9	24.8	24.8	24.9	24.9	23.0	20.2	17.5	14.7	21.0
玉溪	17.4	19.6	22.9	25.7	26.3	26.4	26.0	26.2	24.8	22.6	19.6	16.9	22.9
保山	17.1	18.5	21.6	24.0	25.5	25.9	25.5	26.0	25.3	23.6	20.3	17.7	22.6
昭通	9.8	12.5	16.8	20.6	22.6	23.6	25.1	25.0	22.0	17.4	14.5	10.8	18.4
丽江	14.0	15.0	17.3	20.2	22.9	24.1	23.3	22.9	21.4	20.2	17.1	14.6	19.4
普洱	21.0	23.3	26.4	28.4	28.1	27.5	26.6	27.0	26.4	24.8	22.3	19.9	25.1
临沧	20.4	22.1	25.0	26.9	27.1	26.6	26.0	26.6	25.9	24.4	21.9	19.8	24.4
楚雄	17.1	19.2	22.5	25.2	26.2	26.4	25.8	25.7	24.2	22.2	19.1	16.5	22.5
蒙自	18.8	21.4	25.0	27.7	28.0	28.1	27.6	27.7	26.8	24.3	21.5	18.7	24.6
文山	17.6	20.2	24.1	27.2	27.8	28.2	27.9	27.8	26.6	23.8	21.1	18.1	24.2
景洪	26.1	29.2	31.7	33.4	32.6	31.8	30.7	31.2	31.0	29.5	26.9	24.5	29.9
大理	15.7	17.1	20.0	22.8	24.6	25.2	24.7	24.7	23.5	21.5	18.5	16.0	21.2
芒市	22.1	23.9	27.3	29.5	29.5	28.7	28.0	29.0	29.1	27.8	25.0	22.4	26.9
泸水	21.1	22.8	25.6	27.6	29.7	29.9	29.3	29.8	29.0	26.8	23.9	21.4	26.4
香格里拉	6.9	7.2	9.4	12.5	16.8	19.4	19.4	19.1	17.6	14.7	11.3	8.6	13.6

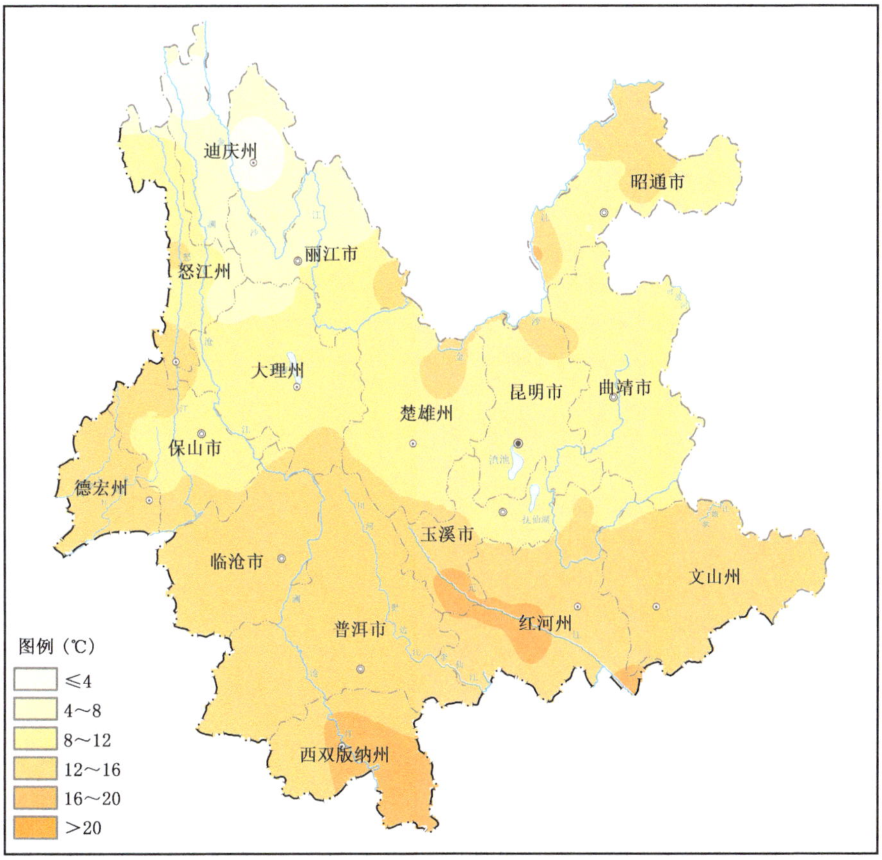

图 2.12 云南省年平均最低气温分布图

表 2.3 云南省 16 个州市所在地平均最低气温(℃)

站名	1月	2月	3月	4月	5月	6月	7月	8月	9月	10月	11月	12月	年平均
昆明	3.5	5.0	8.0	11.4	14.7	17.0	17.3	16.8	15.2	12.7	7.9	4.2	11.1
曲靖	3.8	5.3	8.5	11.8	14.5	16.5	17.1	16.6	14.7	12.1	7.9	3.8	11.1
玉溪	3.7	4.8	7.8	11.4	15.3	17.9	18.0	17.3	16.0	13.6	8.6	4.7	11.6
保山	2.5	4.1	7.1	10.6	14.7	18.3	18.5	18.1	16.5	13.7	8.2	3.9	11.4
昭通	−1.6	0.5	3.7	8.0	11.7	14.5	16.0	15.4	12.9	9.0	4.3	−0.2	7.9
丽江	0.3	2.5	5.4	8.3	11.3	14.5	14.8	14.0	12.4	8.9	3.7	0.3	8.0
普洱	8.0	8.7	11.4	14.6	17.6	19.8	19.8	19.5	18.5	16.7	12.6	9.1	14.7
临沧	5.3	7.2	10.3	13.3	16.4	19.0	19.2	18.8	17.6	15.3	10.3	6.3	13.3
楚雄	2.9	4.9	8.4	12.1	15.5	18.0	18.1	17.4	16.0	13.3	8.0	3.8	11.5
蒙自	8.4	10.5	13.4	16.6	18.7	20.3	20.0	19.4	18.0	16.0	11.9	8.5	15.1
文山	7.7	9.4	12.3	16.0	18.3	20.0	20.0	19.4	17.9	15.7	11.6	8.0	14.7
景洪	12.1	12.4	14.8	18.3	21.2	23.0	22.9	22.8	21.8	20.2	16.5	13.2	18.3
大理	2.6	4.3	7.2	10.2	13.6	16.6	16.8	16.1	14.6	12.1	7.0	3.2	10.4

续表

站名	1月	2月	3月	4月	5月	6月	7月	8月	9月	10月	11月	12月	年平均
芒市	6.1	7.7	10.7	14.7	18.7	21.4	21.5	21.5	20.4	17.8	12.5	8.1	15.1
泸水	8.0	9.8	13.2	16.0	19.2	21.6	21.8	21.5	20.2	17.3	12.4	8.9	15.8
香格里拉	−9.8	−6.5	−2.7	0.2	4.0	9.0	10.4	9.8	8.0	2.0	−5.1	−9.6	0.8

2.4.2 降水量

云南省降水量的地理分布基本上呈南多北少的趋势，降水总量的地区差异较大。南部地区年降水量一般在 1100 mm 以上，其中南部边缘地区最大降水量可达 2000 mm 以上；北部地区一般在 1000 mm 以下，降水量最少的区域多位于干热河谷，可少于 800 mm；西北部怒江流域由于桃花汛存在一个高值区，年降水量可达 1200 mm 以上(图 2.13)。

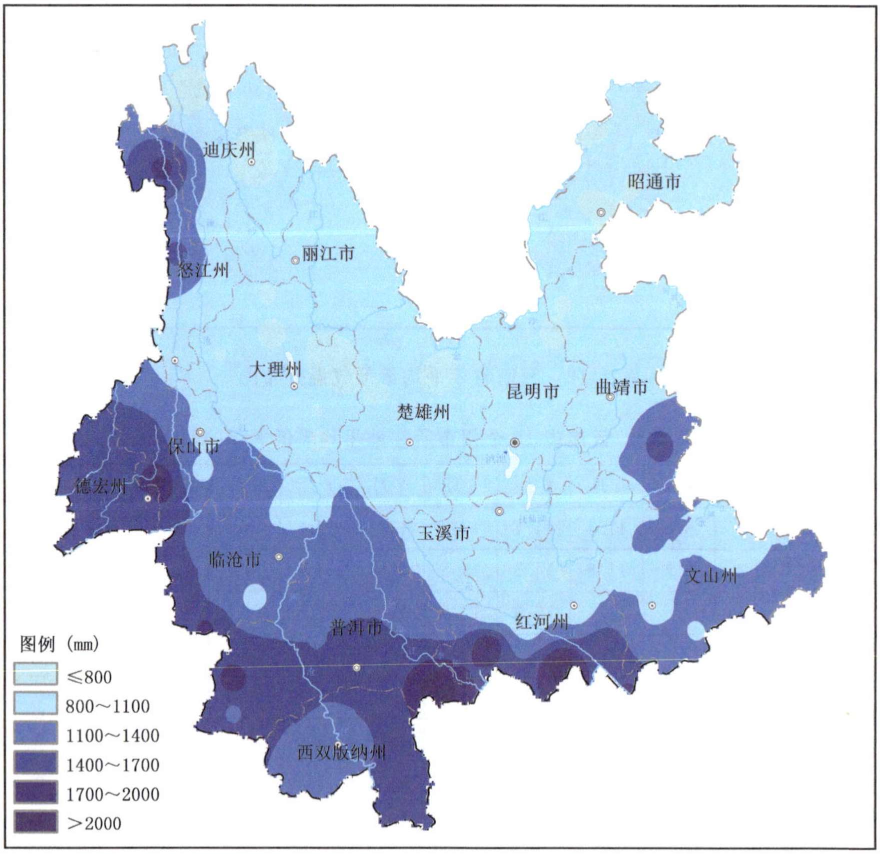

图 2.13　云南省年降水量分布图

云南省干湿季分明，雨季(5—10 月)降水量约占全年总降水量的 85%，其中主汛期(6—8 月)约占 54%；干季(11 月至次年 4 月)降水量约占全年总降水量的 15%，其中冬季(12 月至次年 2 月)降水量占比不足 5%。

云南省16个州市所在地逐月降水量见表2.4(资料年代为1981—2010年)。

表2.4 云南省16个州市所在地年降水量(mm)

站名	1月	2月	3月	4月	5月	6月	7月	8月	9月	10月	11月	12月	年平均
昆明	15.9	14.6	17.9	25.1	86.2	172.9	204.5	197.5	112.8	82.1	35.9	13.9	979.3
曲靖	22.9	20.2	24.4	35.3	103.0	187.1	164.2	152.0	96.4	84.8	37.6	16.9	944.8
玉溪	16.8	17.5	18.5	35.5	90.8	143.5	181.7	173.5	97.0	74.9	44.5	14.9	909.1
保山	17.3	28.0	34.6	49.2	90.3	126.7	154.7	175.2	152.6	115.0	36.9	11.7	992.2
昭通	8.4	8.7	16.4	30.4	71.6	118.3	153.2	110.0	79.9	57.6	15.3	4.8	674.6
丽江	4.3	5.4	14.8	18.4	66.8	166.8	240.9	217.7	163.9	64.9	13.3	3.1	980.3
普洱	14.1	18.0	25.5	52.8	155.7	213.9	329.4	289.2	178.0	120.0	69.1	21.8	1487.5
临沧	9.9	18.3	18.9	38.4	107.2	180.7	235.9	219.7	151.1	107.2	49.3	12.3	1148.9
楚雄	11.4	13.0	14.1	21.5	85.9	141.7	194.5	174.2	122.9	70.4	30.8	10.1	890.5
蒙自	17.2	17.2	25.0	52.7	102.5	112.2	169.8	152.4	91.7	52.3	48.1	13.9	855.0
文山	15.3	18.2	31.8	58.2	107.2	142.9	195.7	173.5	110.2	60.7	47.5	13.4	974.6
景洪	11.1	13.0	26.6	58.8	144.7	148.0	225.4	200.8	135.7	93.7	60.9	17.9	1136.6
大理	23.4	30.7	37.6	26.8	85.0	145.9	193.7	208.1	160.7	101.2	29.8	12.0	1054.9
芒市	14.2	26.4	27.0	67.1	155.9	287.0	361.1	316.1	185.0	139.9	47.4	11.6	1638.7
泸水	14.2	28.0	45.5	45.7	95.4	149.0	167.3	158.5	123.8	114.0	25.3	10.5	977.2
香格里拉	10.3	17.0	33.5	30.9	37.0	77.2	156.2	145.5	82.8	45.0	11.3	4.4	651.1

2.4.3 日照时数

云南省日照时数的地理分布基本上呈西多东少、北多南少的趋势,数值差异较大。滇西和滇西北的东部地区为高值区,日照可达2600 h以上,其中金沙江河谷地区的永仁、元阳、宾川、大姚等地可达2800 h左右;东北部和西北边缘地区为少值区,一般在1400 h以下,部分区域不足1000 h;其他地区基本在1800~2000 h(图2.14)。

日照时数年内分布呈冬春季多(约占全年的59%)、夏秋季少(约占全年的41%)的趋势,与夏秋季多阴雨天气有关。

云南省16个州市所在地逐月日照时数见表2.5(资料年代为1981—2010年)。

2.4.4 相对湿度

云南省相对湿度的地理分布基本上呈南高北低的趋势,平均差异不大。高值区位于南部、东南部以及滇东北区域,其中南部、东南部和东北部边缘地区年平均相对湿度大于80%,西北部及金沙江河谷地区为低值区,年平均相对湿度一般在65%以下(图2.15)。

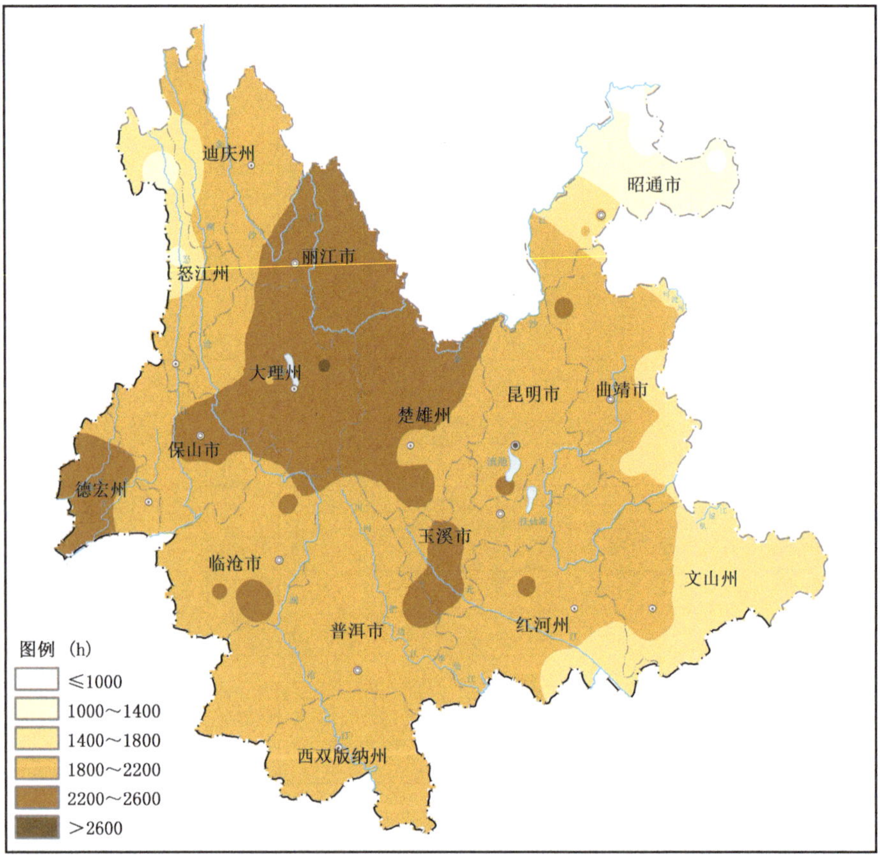

图 2.14　云南省年日照时数分布图

表 2.5　云南省 16 个州市所在地年日照时数(h)

站名	1月	2月	3月	4月	5月	6月	7月	8月	9月	10月	11月	12月	年平均
昆明	218.6	216.1	244.5	239.4	204.1	134.3	112.2	135.0	119.5	134.8	172.0	190.6	2121.1
曲靖	187.0	199.3	239.1	239.4	201.6	141.5	141.5	160.0	134.2	128.7	165.3	173.5	2111.1
玉溪	204.0	209.4	228.2	231.4	199.3	137.0	109.1	126.8	116.8	127.7	154.8	173.7	2018.2
保山	249.8	229.9	251.1	234.7	222.6	160.5	120.4	155.9	157.4	196.2	222.7	240.9	2442.1
昭通	139.4	152.6	194.8	199.2	179.7	130.2	163.7	172.2	135.0	107.6	130.0	132.6	1837.0
丽江	258.3	229.7	241.7	230.9	217.6	154.6	127.7	142.7	128.8	191.8	230.3	258.9	2413.0
普洱	225.9	221.6	228.9	223.4	192.6	130.2	99.5	120.2	132.7	146.7	167.3	188.8	2077.8
临沧	247.8	223.6	231.4	212.2	179.8	116.3	93.3	126.2	128.7	152.2	191.5	224.7	2127.7
楚雄	219.3	218.1	234.0	217.2	192.0	136.7	102.1	112.5	109.5	137.1	168.2	184.9	2031.6
蒙自	203.4	206.7	220.9	222.2	197.4	140.2	135.3	148.8	152.5	145.6	173.5	187.7	2134.2
文山	161.4	174.8	203.8	217.0	196.7	155.1	151.8	157.8	153.9	135.8	158.0	161.9	2028.0
景洪	206.5	226.1	227.3	223.2	199.0	153.1	124.3	153.2	169.9	160.8	162.1	166.0	2171.5
大理	233.9	204.9	225.1	207.3	200.2	161.0	132.6	143.3	132.1	156.9	199.8	231.0	2228.1
芒市	233.4	215.3	227.3	212.2	191.2	119.0	85.4	124.3	146.3	176.9	200.0	216.3	2147.6
泸水	201.3	166.8	171.5	160.1	153.3	113.9	101.4	129.6	119.9	146.4	185.6	206.4	1856.2
香格里拉	240.9	202.9	193.6	176.6	193.1	142.6	109.4	117.3	118.2	180.4	223.2	252.0	2150.2

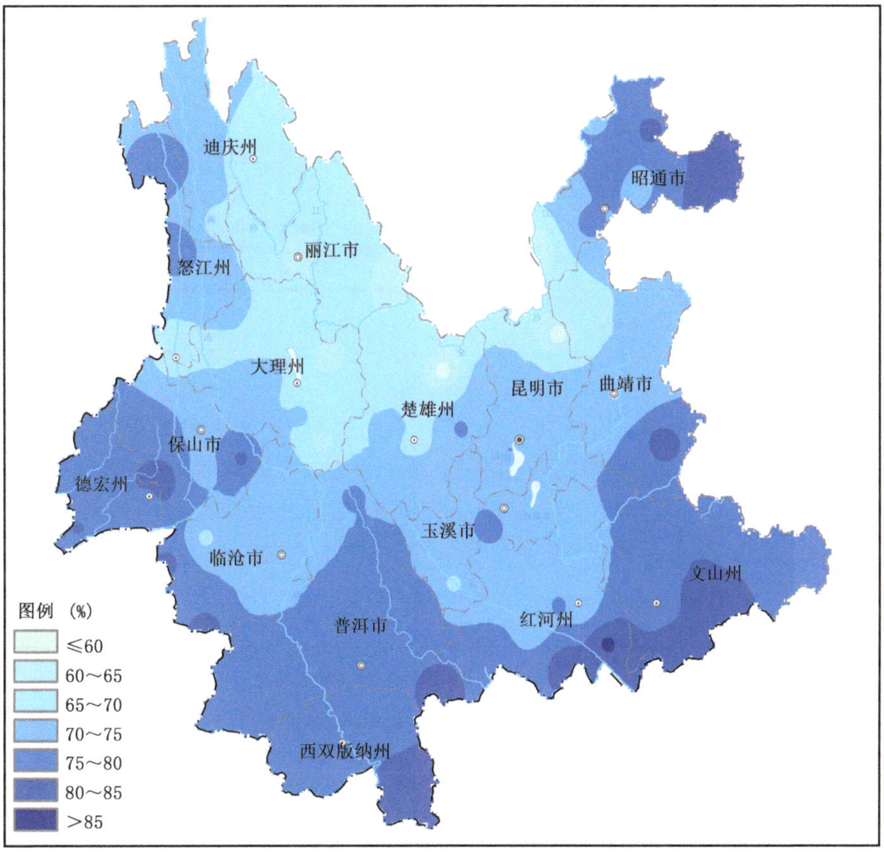

图 2.15 云南省年平均相对湿度分布图

平均相对湿度的年内变化并不十分显著，全省平均最大值出现在 8 月(83%)，最小值出现在 3 月(62%)。

云南省 16 个州市所在地逐月平均相对湿度见表 2.6(资料年代为 1981—2010 年)。

表 2.6 云南省 16 个州市所在地平均相对湿度(%)

站名	1月	2月	3月	4月	5月	6月	7月	8月	9月	10月	11月	12月	年平均
昆明	66	60	56	56	66	77	81	80	79	79	75	72	71
曲靖	66	60	54	55	65	76	79	78	77	79	74	70	69
玉溪	71	65	60	60	67	77	81	81	79	79	78	77	73
保山	67	64	61	65	69	76	81	82	82	79	75	73	73
昭通	74	69	66	67	71	77	78	78	79	81	78	76	75
丽江	45	44	47	51	59	71	80	82	83	72	61	52	62
普洱	76	68	63	65	74	82	86	85	84	83	82	81	77
临沧	63	57	53	57	68	79	83	81	80	78	74	70	70
楚雄	64	56	51	51	61	72	78	80	79	78	75	73	68
蒙自	70	65	60	61	67	73	77	78	76	75	73	72	71

续表

站名	1月	2月	3月	4月	5月	6月	7月	8月	9月	10月	11月	12月	年平均
文山	76	73	69	67	71	77	81	81	78	79	77	76	75
景洪	79	68	66	68	75	80	84	84	84	85	85	84	79
大理	57	53	51	55	64	76	82	84	83	77	70	66	68
芒市	78	72	66	67	75	84	87	86	84	83	82	81	79
泸水	55	52	51	57	63	75	80	81	80	76	66	61	66
香格里拉	59	61	64	66	66	72	78	79	77	71	63	58	68

2.4.5 风速

云南省风速的地理分布基本上呈东北大西南小的趋势，风速大的地区主要分布在哀牢山以东地区。年平均风速高值区位于滇西的东部、滇西北的东部、滇中及以东地区，一般在 2～4 m/s；西南部和西部边缘地区为低值区，一般小于 1.5 m/s，其中西双版纳州、普洱市等地年平均风速不足 1.0 m/s，日最大风速超过 6 m/s 的日数不足 10 d，是全国有名的静风区（图 2.16）。

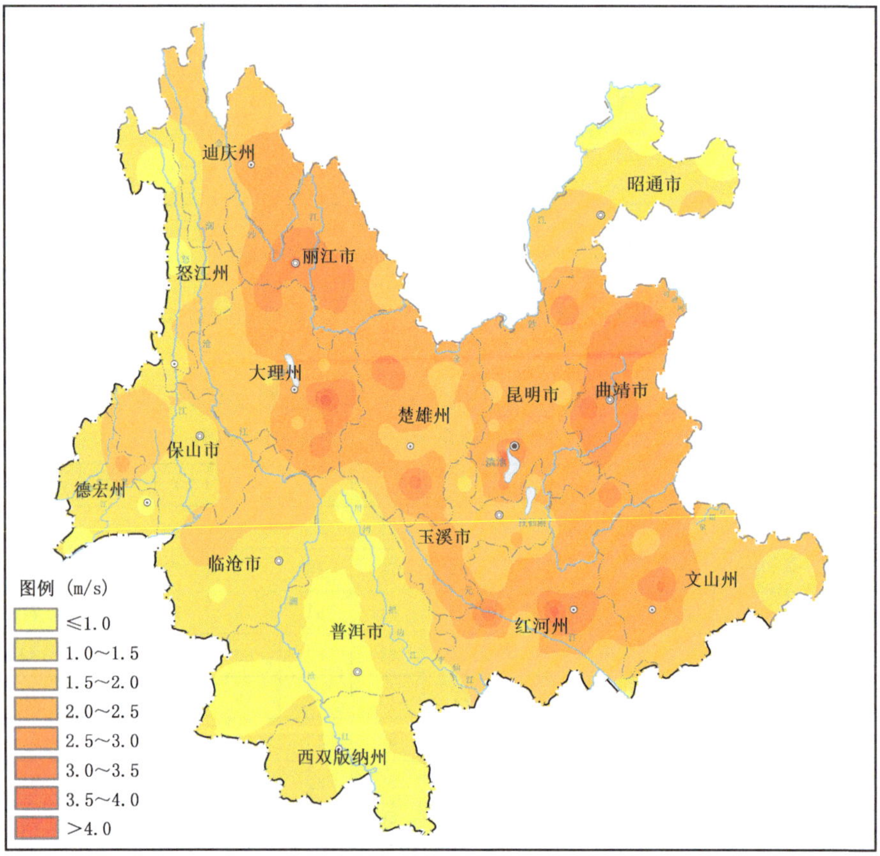

图 2.16 云南省年平均风速分布图

云南省的风速的另一大特点是随海拔高度的升高呈显著的上升趋势，在滇西、滇中及滇东的高海拔山区年平均风速可达 6～8 m/s，冬春大风季节部分地区可达 10 m/s 以上。

风速的年内变化较显著，最小值出现在 8—11 月，平均为 1.4 m/s；最大值出现在 2—4 月，平均为 2.5 m/s，两者相差约 80%。

云南省 16 个州市所在地逐月平均风速见表 2.7（资料年代为 1981—2010 年）。

表 2.7 云南省 16 个州市所在地年平均风速(m/s)

站名	1月	2月	3月	4月	5月	6月	7月	8月	9月	10月	11月	12月	年平均
昆明	2.2	2.6	2.8	2.7	2.5	2.1	1.7	1.5	1.6	1.7	1.7	1.8	2.1
曲靖	2.8	3.1	3.4	3.1	2.6	2.3	2.0	1.8	1.9	2.1	2.2	2.3	2.5
玉溪	1.8	2.1	2.3	2.3	2.1	1.8	1.5	1.2	1.2	1.3	1.3	1.3	1.7
保山	1.4	1.8	1.9	1.7	1.6	1.5	1.4	1.1	1.0	1.0	1.0	1.1	1.4
昭通	1.9	2.4	2.7	2.4	2.0	1.6	1.4	1.3	1.4	1.4	1.5	1.6	1.8
丽江	3.9	4.4	4.5	4.3	3.3	2.8	2.2	2.0	2.0	2.5	2.8	3.2	3.2
普洱	0.8	1.0	1.2	1.2	1.0	1.0	0.9	0.8	0.8	0.8	0.7	0.7	0.9
临沧	0.9	1.3	1.6	1.5	1.2	1.1	0.9	1.0	1.0	0.9	0.8	0.7	1.1
楚雄	1.6	2.0	2.3	2.3	1.9	1.7	1.4	1.1	1.1	1.3	1.2	1.3	1.6
蒙自	3.4	3.8	3.9	3.8	3.4	2.8	2.3	1.8	2.0	2.3	2.4	2.7	2.9
文山	2.7	3.0	3.0	2.9	2.7	2.4	2.2	1.8	1.9	2.1	2.1	2.2	2.4
景洪	0.5	0.7	0.7	0.8	0.9	1.0	0.9	0.7	0.6	0.5	0.5	0.5	0.7
大理	3.4	3.9	3.9	3.4	2.6	2.0	1.7	1.5	1.6	1.8	2.1	2.4	2.5
芒市	0.6	0.8	1.1	1.2	1.2	1.1	0.9	0.9	0.9	0.8	0.7	0.5	0.9
泸水	1.2	1.7	2.1	2.2	1.7	1.4	1.3	1.1	1.0	1.0	1.1	1.0	1.4
香格里拉	2.1	2.5	2.6	2.5	2.4	2.2	1.8	1.7	1.8	1.9	1.7	1.7	2.1

第3章 气候资料及分析处理

气候资料是指通过对大气系统进行长期观测得到的各种连续性记录数据，是气候业务最基础的支撑。气象观测是获取气候资料的主要途径，是基础理论与现代探测技术、数据通信传输和计算机技术等交叉融合的学科，处于大气科学发展的前沿。气象观测的发展促进了天气预报和气候分析预测业务的开展，推动了气象科学理论的逐步完善和成熟（宋连春等，2008）。随着社会经济的不断发展，气候资料在防灾减灾、生态农业、资源环境、交通旅游、气候变化等学科方面的应用越来越广泛，其科学研究价值和商业价值日益凸显。

自有气象观测以来，观测资料已经成为研究气候和气候变化的重要资料源。但由于存在设备改造、仪器换型、早期观测规范不统一和台站迁移导致的非均一性差异、城市扩张、部分地区资料匮乏和资料质量参差不齐、资料时空分辨率不够精细等一系列问题，导致观测数据不能满足气候研究的需求。20 世纪 90 年代以来，美国、欧盟和日本等相继组织了一系列大气再分析资料计划，推出了多套全球大气系统再分析资料并得到广泛的应用、检验和评价。我国推出了陆面数据的同化资料，并取得了很好的应用效果。

本章重点介绍在云南省应用于气候分析预测方面的地面气象观测资料，并对再分析资料和气候模式产品进行简单介绍。

3.1 气象观测

气候资料来源于气象观测，传统的气象观测主要包括地面气象观测和探空气象观测。随着科学技术的发展，探测手段不断进步，现代气象观测拓展为对地球大气圈、水圈、冰雪圈、岩石圈和生物圈等的物理、化学和生物特征及其变化过程进行系统连续的观察和测定，并对获得的记录进行整理的过程，目前已形成了地基观测、空基观测和天基观测三大系统。地基观测由地面气象观测、农业气象观测、海洋气象观测等在地面开展的各项气象观测构成；空基观测主要包括气球、飞机、火箭和雷达等可探测大气内部物理特征的观测手段；天基观测主要指卫星遥感观测，可以不间断地提供全球大气活动的相关资料。

截至 2018 年末，云南省先后建立了地面气象观测、高空气象探测、新一代天气雷达探测、太阳辐射观测、酸雨、CPS/MET 水汽观测、闪电定位探测、大气成分观测、土壤水分观测和气象卫星资料接收站，初步形成了地基、空基和天基相结合，门类较为齐全，布局基本合理的气象观测及资料获取系统。

3.1.1 地面气象观测

云南省最早的气象观测始于1893年蒙自海关。1927年陈一得先生在昆明创办“私立一得测候所”，1936年在太华山创建省立昆明气象测候所(1938年5月正式观测)，是全国开展地面气象观测较早的省份之一。新中国成立后，云南省气象观测站网建设得到迅速发展，到1959年底，全省地面气象观测网基本建成，并且统一了观测仪器和观测规范，观测记录质量有了显著提高。1950—1959年建成台站122个，1960—1969年建成5个，1970—1979年建成3个。20世纪80年代云南省气象台站数达到历史最高为135个。1980—2003年，随着国家和地方经济发展和建设需要，考虑到台站设置的科学性以及解决职工生活不便等多种原因，先后撤销和合并了10个地面气象观测站(下关、落雪、大山包、孟定、汤丹、大勐龙、潞江坝、景洪热作所、畹町、泸水)。目前全省有125个地面气象观测站(刘博文等，2018，解明恩等，2018)。

3.1.1.1 国家气象观测站

国家气象观测站一般按照行政区域设置，分为国家基准气候站、国家基本气象站和国家一般气象站三个级别。在全省129个县级行政区划中，除昆明市的主城区(五华、盘龙、西山、官渡)以昆明气象观测站为代表、丽江市的古城区和昭通市的水富县因行政区划设置较晚，未设国家气象观测站，全省其他124个县级行政区均设国家气象观测站，加上太华山国家基准气候站，全省共有国家气象观测站125个，均在20世纪80年代以前建成，其中国家基准气候站10个(腾冲、丽江、大理、双江、昆明、太华山、元江、勐腊、蒙自、屏边)，国家基本气象站24个，国家一般气象站91个。

2002年以前，云南省地面气象观测站的观测仪器主要是水银气压表、干球温度表、湿球温度表、毛发湿度表、风传感器、温湿度计、气压计、风自记记录器、虹吸雨量计等，它们将直接感应到的大气物理特性和化学特性，转换成机械的、电磁的或其他物理量来测量。云南省地面观测网建立之初，按照中国气象局相关业务规定，统一观测的项目有：能见度、云(云状、云量、云底高度)、天气现象、风向、风速、气温、相对湿度、降水、气压、积雪深度、地面状态、地温、日照、蒸发等，每天在规定时刻统一进行人工观测与记录、查算、编报上传观测数据。国家基准气候站在整点进行观测，每日观测24次；国家基本气象站每日在23时、02时、05时、08时、11时、14时、17时和20时进行8次观测，国家一般气象站为每日在08时、14时和20时进行3次观测。

2002年以后，全省地面气象观测从人工观测逐渐转换为自动气象站观测，全省125个国家气象观测站在2003—2010年，通过中央和地方政府共同投资建设，在完成了为期两年的自动气象站与人工观测双轨运行对比分析后，执行以自动站观测为主，人工观测备份的运行机制。

2012年中国气象局开展县级综合业务改革，进一步优化气象观测业务。国家地面气象观测站开展气压、气温、相对湿度、风向、风速、蒸发、辐射、地温等项目自动观测，开展日照、冻土、雪深、电线积冰等观测，编发冰雹和视程障碍重要天气报。基准气候站和基本气象站开展云高、云量、能见度和天气现象观测，一般气象站开展能见度和天气现象观测。2013—2015年完成了全省气象站的新型自动站全面布设，全省125个国家级气象站彻底告别人工观测仪器，实行自动气象站双套互为备份的运行模式。

2012年4月1日中国气象局进行了第一次全国地面气象观测业务改革，取消气压、温度、相对湿度和风自记仪器观测以及人工站月、年报表的制作。2014 年 1 月 1 日，中国气象局进一步调整地面观测业务，取消了夜间观测的时次，所有地面气象观测站取消雷暴、闪电、飑、龙卷、烟幕、尘卷风、极光、霰、米雪、冰粒、吹雪、雪暴、冰针等 13 种天气现象观测，一般气象站取消小型蒸发观测，人工定时观测调整为每日 5 次(08 时、11 时、14 时、17 时和 20 时)。

国家气象观测站是国家地面气象观测的骨干网，观测要素齐全、历史序列长、数据质量可靠，观测数据是气候分析最基础的资料。作为基准性的气候资料，目前在常规气候业务中使用的站点数据最早从 1951 年开始，但由于各站点建立时间不同，全省性的数据一般从基本建成气象观测网后的 1961 年开始统计。

3.1.1.2 区域气象观测站

进入 21 世纪以来，云南省逐步开展了区域气象观测站建设。至 2019 年末，全省已建成 3043 个区域气象观测站，其中国家地面天气站 445 个，国家级考核站 564 个，省级考核站 2013 个(不含部分专业观测站)。不同级别的站点观测要素不尽相同，其中国家地面天气站观测要素一般为 6 个，包括气压、气温、降水、相对湿度、风向和风速，部分站点增加了土壤湿度观测，少数站点未设置气压观测；其他各级别站点均包含了最基本的气温和降水两个要素，部分站点增加了其他要素。所有区域地面观测站均为自动观测，实现了分钟级数据的采样传输。

考虑到区域气象观测站要素完整性和统一性、资料的稳定性、资料序列长度等因素，云南省气候业务主要采用国家气象观测站的资料，区域气象观测站的资料作为辅助参考。各州市各类气象观测站数见表 3.1。

表 3.1 云南省各州市各类气象观测站数

序号	州市	国家气象观测站数	区域自动气象观测站数		
			国家地面天气站数	国家级考核站数	省级考核站数
1	昆明	12	22	70	333
2	曲靖	9	40	50	143
3	玉溪	9	17	81	100
4	保山	5	22	16	98
5	昭通	10	19	26	166
6	丽江	4	22	25	73
7	普洱	10	59	48	160
8	临沧	8	30	33	140
9	楚雄	10	35	75	90
10	红河	13	30	28	193
11	文山	8	33	11	99
12	西双版纳	3	21	40	23
13	大理	12	35	37	193
14	德宏	5	15	9	88
15	怒江	4	17	8	65
16	迪庆	3	28	7	49
合计		125	445	564	2013

3.1.2 特种气象观测

3.1.2.1 高空气象探测

高空气象探测是一项传统的气象观测。云南省1956年开始在昆明建立高空气象探测业务，目前共有5个高空探测站（昆明、思茅、蒙自、丽江、腾冲）。昆明站每日在02时、08时和20时施放探空气球开展3次高空探测，其余站点每天08时和20时开展2次高空探测，主要探测要素包括不同高度层次的气温、气压、湿度、风向和风速等。

3.1.2.2 新一代天气雷达探测

20世纪90年代以来，云南省开始建设新一代天气雷达站。目前已建成9部新一代天气雷达站（昆明、昭通、文山、普洱、德宏、丽江、大理、临沧、曲靖），并参加全国拼图。

云南省新一代天气雷达均为C波段多普勒天气雷达，可测定降水粒子的径向运动速度，推断降水云体的移动速度、风场结构特征、垂直气流速度等，实现对多种灾害性天气的自动识别和追踪，有效探测暴雨、冰雹、龙卷等灾害性天气的发生和发展，在强对流天气的监测预警中具有不可替代的关键作用。

3.1.2.3 区域大气本底观测

香格里拉区域大气本底站于2000年开展选址建设工作，2004年8月至2005年10月完成前期科学实验观测，2006年底第一份业务化观测数据开始上传，2009年底完成了台站第一阶段基础设施建设，2015年通过实施“我国温室气体监测分析系统建设（二期）”工程，观测能力得到进一步提升。截至2018年底，已有观测设备13套，涵盖了30个观测要素，涉及二氧化碳、甲烷、氧化亚氮、六氟化硫、地面臭氧、一氧化碳、二氧化硫等大气成分的观测，基本形成了对气溶胶、反应性气体、温室气体三类大气成分和基准气候的观测能力。

香格里拉区域大气本底站地处川滇水分循环过程及高原边缘带生态综合观测区，为国家一类艰苦台站。在香格里拉建设大气本底站，通过开展长期、稳定、连续的测量大气中的微量成分的现状及变化趋势，为全球大气环境提供系统观测资料，对研究全球气候变化、南亚和东南亚地区大气成分的远距离输送造成的影响以及推动地球大气环境学科的发展具有重要意义，并为国家对气候资源进行保护和合理利用、制定环境政策和采取对策措施、完善经济发展计划并保持其可持续性、参与国际谈判维护国家利益等提供科学依据。

3.1.2.4 国家气候观象台

大理国家气候观象台成立于2006年5月，是中国气象局批复同意立项建设的首批5个国家气候观象台之一。大理气象观测历史悠久，1932年起曾开展过简单的观测，1939年12月建立“中央气象局”大理测候所，1950年11月成立大理气象站，1951年后有了完整的气象记录，至今已积累了70多年的地面观测资料。2006年大理气象站升级为大理观象台后，采用“一台多点”的布局，除地面气象常规观测外，新增了近地层通量观测系统、地基GPS水汽监测系统、边界层风（温）廓线雷达（Wind Profiler Radar，WPR）、洱海水上自动观测系统、点苍山－洱海剖面典型山地气象观测系统、基准辐射站、大口径闪烁仪（Large Aperture Scintillometer，LAS）、土壤水分观测、大气负氧离子监测、雷电监测等十余套特种大气观测系统，组成了一个较为完整的复杂地形下区域气象综合观测网，覆盖了从湖面、地面至高空大气物理参数的立体观测。经过十余年的建设、观测和研究，大理观象台已积累了大量宝贵的第一手观测资料，对南支槽、孟加拉湾风暴、高原冷空气东移以及西南涡南移等天气系统影响产生的暴雨、暴雪等灾害性天气有很好的监测预警作用，对改进我国西南地区乃至东亚区域的天气、气候模式和边界层、云物理过程参数化方案等起着重要作用(徐安伦等，2017)。

3.1.2.5 单项要素观测

除上述观测外，目前云南省主要开展了辐射、土壤水分、酸雨、GPS/MET 水汽、闪电定位、大气成分观测等，并开展卫星资料地面接收业务。

3.1.2.5.1 辐射观测

云南省自 1957 年开始辐射观测，至 1961 年先后建设 7 个辐射观测站(昆明、景洪、腾冲、蒙自、丽江、昭通、河口)，其中河口站 1979 年起停止观测，昭通站 1991 年起停止观测，辐射观测站减少到 5 个。在目前开展辐射观测的 5 个站点中，昆明站观测项目最全，有总辐射、净全辐射、直接辐射、反射辐射、散射辐射 5 项观测，景洪站开展了总辐射和净全辐射 2 项观测，其他 3 个站点仅开展总辐射 1 项观测。

3.1.2.5.2 土壤水分观测

云南省于 2010 年开始建设自动土壤水分观测站。目前全省共有 37 个土壤水分观测站，通过频域反射率观测，依据测定的土壤容重、田间持水量、凋萎系数等，可推算土壤体积含水量、水分贮存量、相对湿度等要素。

3.1.2.5.3 酸雨观测

云南省自 1991 年开始酸雨观测，截至 2018 年全省共有 6 个观测站承担酸雨观测任务，分别是昆明、丽江、腾冲、楚雄、思茅、砚山，观测项目主要为酸雨电导率和 pH 值。

3.1.2.5.4 水汽观测

云南省自 2007 年起开始利用 GNSS/MET 技术开展水汽观测，截至 2018 年全省共有 8 个通过气象局内网传输数据的 GNSS/MET 水汽观测站，有 6 个与外部门合作建设的陆态网监测站，主要观测要素为大气水汽含量(PWV)。

3.1.2.5.5 闪电定位观测

云南省自 2006 年开始闪电定位观测，目前全省共有 22 个二维闪电定位观测设备，观测信息包括闪电经纬度、强度、陡度、误差和定位方式。

3.1.2.5.6 大气成分观测

云南省自 2005 年起在迪庆香格里拉建立大气本底站开展大气成分观测，随后又于 2013 年在昆明、2015 年在曲靖沾益县开展大气成分观测。香格里拉国家大气本底站大气成分观测项目有 CO_2、CH_4、H_2O、SF_6、温室气体瓶采样、卤代温室气体采样、PM_{10}、$PM_{2.5}$、PM_1、气溶胶吸收特性、气溶胶光学厚度、NO、SO_2、CO、O_3 等要素；昆明大气成分观测项目主要有 PM_{10}、$PM_{2.5}$、PM_1；曲靖沾益大气成分观测项目主要有 PM_{10}、$PM_{2.5}$。

3.1.2.5.7 卫星资料接收

云南省卫星数据接收系统始于 1995 年在昆明建立的极轨卫星接收站，实现了 NOAA/AVHRR 极轨气象卫星数据的接收。

2003 年建成西南地区首套 EOS/MODIS 卫星资料接收处理系统，能够接收 EOS/MODIS 和 NOAA/AVHRR 两大系列极轨气象卫星数据。该系统于 2013 年搬迁到昆明市呈贡区气象局，并进行了升级改造，增加了 FY-3 和 NPP 系列极轨气象卫星的接收处理业务。

2015 年于大理州祥云县气象局部署了 FY-3 极轨卫星省级利用站，成为主要业务数据来源。目前接收的极轨气象卫星包括 FY-3B、FY-3C、FY-3D、TERRA、AQUA、NOAA18、NOAA19、NPP，涉及传感器包括 VIRR、MERSI、MODIS、VIIRS，空间分辨率 250～1000 m。省级利用站可实时接收卫星轨道数据，高效生成 L1 级数据和快视图产品。

2018 年于昆明市呈贡区气象局部署了风云四号静止气象卫星省级接收站，在实时接收 FY4A 原始数据的基础上，处理得到 L1 和 L2 级数据，并生成彩色合成和云图动画等产品。

3.2 资料整编和统计分析

3.2.1 资料整编

气候和气候变化广泛地影响着人们的生产和生活，是人们进行各项活动的重要参考。世界气象组织（World Meteorological Organization，WMO）认为 30 年长度足够消除年变化影响，建议各国以 30 年期限为标准，为政府部门和社会公众提供气候标准值，从而有利于不同国家和地区间的气候资料交换和比较，有利于开展国际合作和交流。同时，世界气象组织许多成员也规定每隔 10 年可以对气候标准值进行一次更新（张志富，2009）。

气候标准值定义为 30 年气候要素的平均，可以用来描述气候状态以及作为现在气候条件的参考对象。它们是基于历史观测数据，针对一定时期和特定地点通过计算得到的。气候标准值的应用极为广泛，可为包括划分气候区域、基本居住环境、农业、自然植被、能源利用、运输、旅游以及环境研究等在内的多个领域提供支持。气候标准值也被用来衡量大众感兴趣的气候要素的变化特征和异常程度，例如通过气温和降水量的实时值与气候标准值比较，可以确定区域冷暖及旱涝的情形。正是由于“标准值”广泛的应用价值以及研究气候变化对人类影响的日益焦点化，所以衡量气候异常作用的“标准值”的确定越来越受到重视。

气候资料的统计整编是对通过质量控制后的气候资料，按照标准规范的统计整编方法和规定，进行加工计算，整理形成各种类型的资料。20 世纪 90 年代以来，我国气象部门开展了 3 次 30 年气候资料整编工作，分别统计出 1961—1990 年、1971—2000 年以及 1981—2010 年的 30 年气候平均值。目前气候资料整编统计的业务规定遵循《地面气候资料 30 年整编常规项目及其统计方法》（QX/T 22—2004），该行业标准制订和规范了适用于我国各类气象台站进行地面气候资料整编的统计方法，涵盖各类术语和定义、气候要素类别、统计项目类别、统计时段的确定、站址迁移过的台站气候资料统计、不完整资料以及缺测资料的统计等方面，是当前气候资料整编的业务标准。

3.2.2 资料统计分析

3.2.2.1 统计时段和精度规定

3.2.2.1.1 统计时段

日：气候上采用北京时上一日 20 时至本日 20 时统计当日值。

候：每 5 天为 1 候，每月 6 候，第 6 候按自然日数统计，大月为 6 天，小月为 5 天；2 月平年为 3 天，闰年为 4 天。

旬：每 10 天为 1 旬，每月分上、中、下 3 旬，下旬按自然日数统计，大月为 11 天，小月为 10

天；2 月平年为 8 天，闰年为 9 天。

月：按自然月统计。

季：以春（3—5 月）、夏（6—8 月）、秋（9—11 月）和冬（12 月至次年 2 月）统计。

年：以自然年统计。

常年平均（累计）时段定义：按每 30 年（如 1981—2010 年、1991—2020 年）作为一个阶段性的累年值统计。在统计时段内，观测记录连续不足 10 年的，不作累年统计；连续中断 3 年或以上时，分段作累年值统计。

3.2.2.1.2 要素精度和单位

常用的气象观测数据的精度和单位，气压、水汽压为 0.1 hPa，气温、地温为 0.1 ℃，相对湿度、风向频率、日照百分率为 1%，云量为 0.1 成，降水量、蒸发量为 0.1 mm，积雪深度为 1 cm，风速为 0.1 m/s，日照时数为 0.1 h。

3.2.2.2 统计项目规定

3.2.2.2.1 不同观测时次资料的统计

2015 年以前，各要素日平均值均按 4 次（02 时、08 时、14 时和 20 时）观测记录求得，其中夜间不守班的国家一般站 02 时记录用以下方式获取：

（1）凡用自记记录（如气压、气温、相对湿度、风向、风速）或 08 时记录代替以及加权和反查（如水汽压）求得的项目，其统计值与 4 次实测记录合并统计。

（2）地面温度和无自记记录的气温，其 02 时记录用当日最低地（气）温和前一天 20 时的地（气）温的平均值代替，求得的平均值与 4 次实测记录平均值合并统计。

（3）水汽压，相对湿度和 5 cm、10 cm 地温的 02 时记录用 08 时记录代替，求得的统计值与 4 次实测记录平均值合并统计。

（4）云量、气压、风速、风向和 15 cm、20 cm、40 cm 地温按 3 次观测记录求得的平均值与 4 次实测记录平均值合并统计。

（5）按云量统计的晴、阴日数与 4 次观测期间按云量统计的晴、阴日数分开统计。

2015 年以后，由于各项记录均采用自动观测，统一使用 4 次观测记录计算日平均值。

3.2.2.2.2 不守夜班与昼夜守班观测的天气日数的统计

夜间不守班的台站，其天气日数值右上角加标记“*”，已观测到夜间出现的天气现象要参加统计；夜间不守班的天气日数与每天守夜班的天气日数合并统计。

3.2.2.2.3 站址迁移前后资料的统计

站址迁移前后，地形、地势上差异不大，水平距离未超过 50 km，海拔高度差在 100 m 以内，其资料序列经均一性检查确定为连续时，则前后两段记录合并统计，但台站迁站前后高差在 1.5 m 及以上时，本站气压须进行高差订正。

站址迁移前后，地形、地势上差异较大（如山区的谷地与岗地、阳坡与阴坡等），或水平距离超过 50 km，或海拔高度差在 100 m 及以上，或资料序列经均一性检查确定为不连续时，取记录年代长的资料统计。当记录年代长度相同时，取距整编时间最近的时段统计。

3.2.2.2.4 不完整资料的统计

平均值和总量值项目，资料不完整的年份不做年统计，该年年值的资料按缺测资料处理，且该年其余月（旬、候）资料也不参加累年月（旬、候）平均值的统计（5～20 cm 地温除外）。

极值项目，资料不完整年份的实有资料都参加年极值和累年极值的挑取。

初、终日项目，某年(年度)初日(终日)缺测时，则该年的初日(终日)不参加累年平均初日(终日)的统计。

3.2.2.3 按年和年度的统计项目划分

除降雪、积雪和霜日数及初日和终日、最大积雪深度、最大冻土深度等按“年度”统计外，其他项目均按“年”统计。

在雷暴较多地区，雷暴初、终日不受12月31日限制。当12月份无雷暴时，仍以12月31日为界；当12月有雷暴时，则以12月的最后一个雷暴日至下一年的2月末挑取最长无雷暴期，以该无雷暴期的前一天为上一年的雷暴终日，以该终日后的第一个雷暴日为下一年的雷暴初日。当最长雷暴期出现两次或以上时，则从其中最先一个无雷暴期挑取。

3.2.2.4 历年值的统计

3.2.2.4.1 平均值和总量值

月平均值由该月逐日值的总和除以该月总日数求得；年平均值由一年12个月的月平均值相加除以12求得。

月总量值由该月逐日值相加求得；年总量值由一年12个月的月总量值相加求得。

3.2.2.4.2 极值

月极值从月逐日最高(最低)值中挑出，同时将出现极值的日期也一并挑出；年极值从月极值中挑出，同时将出现极值的日期也一并挑出。

3.2.2.4.3 日数，初、终日和初终间日数

某年(或某年度)某现象只出现一天，则该日既是初日，又是终日，初终间日数为1。某年(或某年度)某现象未出现，则该现象在该年(或该年度)既无初日，又无终日，初、终日项目空白，初终间日数为0。

凡统计初、终日的项目，均统计初终间日数。

3.2.2.4.4 频率

统计公式为

$$f = \frac{m}{n} \times 100\% \tag{3.1}$$

式中，f 为某现象在某时段出现频率。f 取整数，小数四舍五入。当 $f<0.5$ 而不是未出现时记“0”；没有出现时，相关栏空白；m 为该现象在该时段中出现次数；n 为该时段观测总次数。

3.2.2.5 累年值统计

3.2.2.5.1 平均值、总量值和频率

由历年值相加除以年数求得。

3.2.2.5.2 极值

从历年极值中挑取，累年月极值记极值出现日期、年份，累年年极值记极值出现的日期、月份和年份。

同一极值出现两天或以上时，记天数，加“T”；出现两个月份或以上时，记月数，加“Y”；出现两年或以上时，记年数，加“N”。

3.2.2.5.3 日数

累年平均值为历年值相加除以年数求得，取小数一位，第二位四舍五入。

3.2.2.5.4　累年平均初、终日，初终间日数

先从历年出现的初(终)日中，选取最早出现的月份为基本月，并以该月 1 日为起始日，计算各年初(终)日距离起始日的天数，然后逐一相加，再除以年数得到平均累计天数。

累年平均初、终日取整数，小数值不论大小都要进 1，如 15.1 和 15.02 都记为 16 日。累年平均初、终日之间的日数要取小数一位。

累年平均初、终日的统计，初终间日数按记录年数统计，但当某天气现象的初、终日有一年(年度)或以上未出现时，除按"记录年数"统计外，还须按"出现年数"统计。按"出现年数"统计时，未出现年的初、终日和初终间日数都不参加累年平均初、终日和初终间日数的统计。

3.2.2.6　各观测项目的统计方法

3.2.2.6.1　气压

由于迁站或其他原因，致使气压表感应部分海拔高度发生变化，造成同一测站不同时段的资料不连续，这种不连续性在一定范围内通过高度差订正来消除。当高度差在 1.5～100 m 内时，需将变化前的资料进行高度差订正(年平均本站气压由订正后的各月气压值相加除以 12 求得)。当气压表感应部分海拔高度变化多次，且都在标准范围内时，一律订正到最后一个高度上。

本站气压高度差订正公式：

$$P = P_1 \times e^{0.03415 \times \frac{h_1 - h_2}{273 + t_1}} \tag{3.2}$$

式中，P_1、P 分别为订正前、后本站气压(hPa)；h_1、h_2 分别为变化前后气压表感应部分的海拔高度(m)；t_1 为观测时的气温(℃)。

3.2.2.6.2　气温年较差

累年气温年较差为 12 个月的累年月平均气温中最高值与最低值的差值。

3.2.2.6.3　最小相对湿度

历年最小相对湿度从日自记记录中挑取，无自记记录时，从定时记录中挑取，并在数值右上角加注"*"，以示区别。挑自自记记录和挑自定时记录的最小相对湿度混合挑取累年的月、年极值。

3.2.2.6.4　云

日平均总云量＜2.0 成时统计为晴天，日平均总云量＞8.0 成时统计为阴天。

3.2.2.6.5　降水

纯雾、露、霜、冰针量不记降水量。

3.2.2.6.6　蒸发

各月蒸发量分小型蒸发皿(口径 20 cm)和 E-601 蒸发器所测的蒸发量进行分开统计。

3.2.2.6.7　风

风向按 16 方位，加静风统计；若观测 8 个方位时，按 8 个方位，加静风统计。

累年各月(年)最多风向及频率从累年各月(年)各风向频率中挑取，出现频率最高的风向为最多风向。

当最多风向有两个或两个以上时，挑出现次数最多的，出现次数又相同时，挑其累年平均风速最大的那个风向，如仍相同则记风向个数，加"G"。

某风向频率与静风的频率同为最多时，不考虑静风，只挑该风向为最多风向。若静风为最

多风向，则应挑取次多风向。

最大风速及其风向挑取自记记录，无自记记录不作统计。最大风速及其风向为最大10 min平均风速及相应时间的最多风向。累年最大风速的风向有两个或两个以上时，记风向个数，加“G”。

3.2.2.6.8 日照

月、年日照百分率的累年值由月、年日照百分率历年值的和除以年数求得。

3.2.2.6.9 天气日数

大风日按出现极大风速≥17.0 m/s的日数进行统计；若无自记记录，则从定时观测记录中挑取。

雷暴初、终日若是按年统计的，某年只出现一天雷暴时，则这天既是初日，又是终日，初终间日数为“1”。某年未出现雷暴，则该年既无初日，又无终日，初终间日数为“0”。

3.2.2.6.10 积雪

最大积雪深度从各日雪深记录中挑取。

3.2.3 数据资料均一化检验

3.2.3.1 均一化检验的意义

气候预测和气候变化研究的基础是均一性的长序列数据，但在气候序列的形成过程中，由于站点迁移、观测环境变化、仪器设备更新、观测方法以及观测人员变动等因素都会造成气候资料序列的不连续现象，即“非均一”现象。这些“非均一”现象均被归纳为人为因素对长期气候观测序列的干扰，会对气候变化尤其是区域、局地气候突变的监测结果带来明显影响，使研究结论变得不真实，导致观测数据不能真实反映气候变化的特征。均一性检验工作可以分离上述人为原因造成序列非均一的影响，避免气候资料的“失真”导致虚假的结论。

3.2.3.2 均一化检验的方法

气候资料均一化（包括检验和订正）的方法一般有两种：一种是从观测站点的历史沿革信息入手，把可能产生非均一性的点作为假设断点，通过对比检验，确定出非均一性的幅度，再进行订正，得到相对均一的时间序列；第二种思路是通过目标台站的观测序列和周边站点的序列进行比较，剔除目标台站序列中的气候背景信号后，利用统计手段对剩余的差值/比值序列进行检验，根据检验结果确定断点的位置和幅度，利用统计学手段进行订正，得到新的相对均一的序列。目前常用的均一化方法是第二种（程炳岩等，2012）。

3.2.3.3 个例分析

截至2010年，云南省地面观测站自建站以来只有35个站一直保持在原址观测，占全省总站数的28%，其余台站都分别进行过1～5次的搬迁，资料的“失真”性愈来愈突出。周建琴等（2013）利用云南省124个地面观测站1961—2010年的气温资料，进行了云南省气温序列的均一性检验。具体步骤如下：

（1）首先对被检验站年平均气温序列 x_i，做以下处理：$f(x_i)=\frac{x_i}{\overline{x}}$，其中 $\overline{x}=\frac{1}{n}\sum_{i=1}^{n}x_i$ 为被检验站的序列平均值。

（2）选取被检验站周围10个没有迁站的站点做备选参考站，然后分别计算待检台站与这

10个站的相关系数，选取5个与被检验站相关性最好的台站作为该站的参考台站，用这5个站与待检站相关系数的平方作为加权因子，即：

$$g(y_i)=\frac{\sum_{j=1}^{5}u_j(\frac{y_{ij}}{\overline{y}_j})}{\sum_{j=1}^{k}u_j} \tag{3.3}$$

式中，$u_j=r_j^2$，为被检验站序列与第j个参照站序列间的相关系数；$\overline{y}_j$为第j个参照站序列的算术平均值；y_{ij}为第j个参照站序列的第i个值。

(3)得到$f(x_i)$和$g(y_i)$后，再计算$q_i=\frac{f(x_i)}{g(y_i)}$，并进行标准化处理，形成$z_i$序列，即$z_i=\frac{q_i-\overline{q}}{s_q}$，$\overline{q}$为$q_i$的算术平均值，$s_q$为$q_i$的标准差。

(4)由于元数据(反映有关测站环境、仪器变化等信息)获取的困难，导致了非均一性检验的复杂性，实际中常常将几种方法的检验结果进行综合比较，以增加检验结果的可靠性，故选用标准正态检验(SNHT)、Buishand-range和Pettitt三种方法，采用$\alpha=0.01$的显著性水平，对云南省124个测站的年平均气温进行均一性检验，并将检验结果结合台站历史沿革进行对比分析。

检验结果显示，SNHT、Buishand-range以及Pettitt三种方法检验出台站存在非均一性的个数分别为92、70以及54个，分别占被检验测站总数的74%、56%以及44%。三种方法检验结果相同(同时显示存在断点且断点时间一致)的仅有3个台站，SNHT和Buishand-range两种方法检验结果相同的有54个台站；SNHT和Pettitt两种方法检验结果相同的有3个台站，Buishand-range和Pettitt方法检验结果相同的有5个台站。

三种方法同时检验结果相同的站数很少，只占被检台站的2%，SNHT和Buishand-range占44%，SNHT和Pettitt及Buishand-range和Pettitt分别只占2%和4%。这表明SNHT、Buishand-range和Pettitt三种方法的一致相关性不是很好，SNHT和Buishand-range两种方法的相关性较好，检验结果也最为相似。

因此当某个台站检验结果出现以下三种情况之一时，判断这个台站存在断点：①三种检验方法同时判断有断点且断点时间一致的；②通过其中任何一种方法检验存在断点，且断点时间与迁站时间基本吻合(允许误差1年，下同)的；③同时通过SHNT和Buishand-range两种方法检验存在断点，且断点时间一致的。

将检验结果与台站迁站、周围环境渐变以及仪器变更等元数据信息进行对比分析后，对断点出现的原因作如下定义：间断点与测站迁站时间基本吻合，则将这种非均一性定义为迁站原因；间断点早于迁站时间的且经调查有明显环境破坏记录的，定义为环境变化原因；其他无明显环境破坏记载，经调查后对环境变化记忆模糊不清等原因的，定义为不明原因。最终确定云南省124个台站有56个站不存在断点，有45个站存在断点，其中断点原因为迁站、观测场迁移以及人为垫高观测场的有28个，周围环境变化原因的有17个，其余23个站检验存在断点但原因不明。

3.2.4 数据资料的插补订正

气候资料序列的持续性是进行气候分析和气候变化研究的基础。在实际应用中，由于仪器故障、设备检修或其他原因,有时会造成资料序列中的个别数据缺测,从而导致整个资料序列不连续,进而影响整个资料的使用和可靠性。为保证资料的连续性,可利用临近测站的资料序列对缺测资料进行插补订正,常用的订正方法有差值法、比值法和回归方法(程炳岩等,2012)。

3.2.4.1 差值法

对缺测资料的插补订正,可根据该种资料的变化特征选用适合的方法,例如对气温缺测资料的插补,由于目标站与缺测站之间的气温一般保持相对稳定的差值,且邻近两站的温度差往往比温度本身的变化小得多,所以就可用把温度差视为常数的办法来进行订正,即所谓的差值法。

设 T_x 和 T_y 分别为两站气温,ΔT 为其差值,即 $\Delta T = T_y - T_x$ 。若设 ΔT 为一常数,则当 T_y 缺测时,可用 $T_y = T_x + \Delta T$ 做插补。

3.2.4.2 比值法

若降水资料缺测,由于降水的局地性较强,相临两测站之间降水量的差值一般不为一常数,但它们的比值却可以近似地认为稳定。利用比值保持不变的关系来对降水量资料进行插补,这种方法称为比值法。即 $\frac{R_y}{R_x} = K$ 。若设 K 为一常用数,则当 R_y 缺测时,可用 $R_y = K \times R_x$ 做插补。

3.2.4.3 回归法

当两个测站地理环境差异较大,所考虑的资料序列的差值或比值不能近似地视为常数。这时可考虑用回归方法来进行插补。

设 x 和 y 分别为两个测站的资料,$\overline{x}$ 和 $\overline{y}$ 为其平均值,s_x 和 s_y 为其标准差,r 为 x 和 y 的相关系数,则根据回归方程理论,可利用 x 和 y 建立回归方程如下:

$$y - \overline{y} = r\frac{s_y}{s_x}(x - \overline{x}) \tag{3.4}$$

若 y 的第 i 个观测值缺测,可用上式代入 x 的第 i 个观测值来插补 y 的缺测资料。

实际应用中,还可根据多个有完整记录的测站资料,采用建立多元回归方程的方法来进行插补,以提高插补的精度和稳定性。

3.2.4.4 适用性判断

一般地,两个测站之间距离越大,它们的观测环境差异也就越大,其观测数据之间的联系就越弱。在插补资料时,具体应采用哪种方法来插补?如何认定两个邻近台站气象要素的关系(例如差值或比值)是稳定的呢?么枕生(1963)提出了一个判定标准:

$$r > \frac{K}{2}\frac{s_x}{s_y} \tag{3.5}$$

式中,r 为两个测站的资料序列回归系数;s_x 和 s_y 为其标准差。对于差值订正法,$K=1$,订正的适当性判据为 $r > \frac{1}{2}\frac{s_x}{s_y}$,如果 s_x 和 s_y 相差太远,以至于 $s_x \geqslant 2s_y$,则上式不能成立,这时差值法不适用。

对于比值法,$K = \frac{\overline{y}}{\overline{x}}$,故适当性的标准是 $r > \frac{1}{2}\frac{\overline{y}}{\overline{x}}\frac{s_x}{s_y}$,令 $\sigma_x = s_x/\overline{x}$,$\sigma_y = s_y/\overline{y}$ 代表相

对标准差，则上式可改写为 $r > \frac{1}{2}\frac{\sigma_x}{\sigma_y}$ 。因此，当两站的相关系数接近于 1，σ_x 与 σ_y 较为接近时，可采用比值法插补缺测资料；如果 σ_x 比 σ_y 大得多，以至于 $\sigma_x \geqslant 2\sigma_y$ 时，比值法就不适用了。

一般地，当差值法或比值法不适用时，若 $r > \frac{1}{2}$ ，可采回归法进行订正。

3.2.5 短序列数据延长订正

资料序列的增补延长是资料处理方面的一项重要工作。气候变化研究工作往往需要涉及数十年甚至几百年的资料，例如对气候变暖的研究，2013 年政府间气候变化专门委员会(IPCC)发布的第五次评估报告中，使用了 1880—2012 年共计 133 年的全球平均地表温度资料，发现在此期间温度升高了 0.85 ℃(0.65～1.06 ℃)(IPCC,2013)。资料序列长度过短经常给相关研究工作和应用带来困难和限制，并使已有的资料不能充分利用。因此，恢复和延长气象资料序列，提高资料的使用效益具有重要意义。气象资料的延长增补常用的方法有谐波法、条件温差法和线性回归法等(程炳岩等,2012)。

3.2.5.1 谐波法

测站气温的年内变化曲线常接近于正弦波形式，可取一条正弦曲线对其进行逼近。设 T_{xt} 和 T_{yt} 分别为订正站和基本站的月平均气温，可写为以下正弦波动方程的形式：

$$T_{xt} = a_x + b_x \sin(\bar{\omega}_x t + \varphi_x) \tag{3.6}$$

$$T_{yt} = a_y + b_y \sin(\bar{\omega}_y t + \varphi_y) \tag{3.7}$$

式中，a_x 和 a_y 分别为考察站和基本站月气温波动方程的初始值；b_x 和 b_y 为振幅；$\bar{\omega}_x$ 和 $\bar{\omega}_y$ 为角速度；φ_x 和 φ_y 为初位相；t 为以月为单位的时间序号，$t = 1,2,3,\cdots,n$ 。在某一给定的 t 时刻，两站温差为：

$$\Delta T = T_{xt} - T_{yt} = (a_x - a_y) + (b_x \sin(\bar{\omega}_x t + \varphi_x) - b_y \sin(\bar{\omega}_y t + \varphi_y)) \tag{3.8}$$

根据两站已有的资料，确定波动方程中的参数后，就可根据具有较长时间序列的基本站的资料，延长订正站的资料序列，即

$$T_{xt} = T_{yt} + \Delta T \qquad (t = n+1, n+2, \cdots) \tag{3.9}$$

3.2.5.2 条件温差法

相邻两个测站气温差与天空状况有很大关系，晴天、多云天和阴天的平均温差常常有明显的不同。因此，两站月平均气温差值的年际变化通常与该地区各种天气频率的年际变化有关，根据这一原理可对月平均气温超短序列的资料，按条件温差方法做延长，公式为：

$$y_n = x_n + (d_1 v_1 + d_2 v_2 + d_3 v_3) \tag{3.10}$$

式中，y_n 为订正站的月平均气温；x_n 为基本站月平均气温；d_1 、d_2 和 d_3 分别表示晴、多云和阴天条件下订正站与基本站气温差的平均值；v_1 、v_2 和 v_3 分别表示气象站晴、云、阴天气频率。

例如：某基本站 1981—2010 年 6 月的月平均气温累年平均值为 23.2 ℃，6 月晴天、多云天和阴天的天气频率累年值分别为 12%、55%和 33%。某订正站在 2011 年 6 月进行了一个月临时观测，观测期间订正站与基本站在晴天的气温差平均值为 0.6 ℃，在多云天的气温差平均值为 0.4 ℃，在阴天的气温差平均值为 0.2 ℃，根据上式可求得订正站在 1981—2010 年间 6 月平均气温的累年平均值为：

$$y_n = 23.2 + (0.6 \times 12\% + 0.4 \times 55\% + 0.2 \times 33\%) = 23.6\ ℃$$

3.2.5.3　线性回归法

订正站和基本站的气温变化往往具有较高的相关系数，可用线性回归的方法做订正，公式为 $y_n = a + bx_n$，式中，x_n 为基本站资料；y_n 为订正站的资料。

一般当在订正站与基本站距离较近、海拔相差不大、观测环境较为相似时，可采用回归法对订正站的月平均气温序列作延长。但当订正站与基本站地形和观测环境差异较大时，采用条件温差法做资料延长效果较佳。

3.3　再分析资料

3.3.1　再分析资料的产生

天气和气候研究需要大量的全球和区域气象数据。现代气候观测体系是自第二次世界大战结束以后才逐步建立起来的，且主要覆盖于北半球副热带地区，在热带和南半球的观测则非常稀疏。直到 1979 年，随着全球大气研究计划第一次全球实验启动，基于空间观测技术（卫星和遥感观测等）的现代全球观测体系（GOS）才逐步建立了起来。此外，全球大气观测资料在时空分布上存在着很大的非均一性问题。仅靠常规观测获取的资料显然不能够满足气候变化研究，尤其是长期气候变化研究的需要。尽管可用回归、插值等方法来生成一些时间尺度较长、空间分辨率较高的格点气候数据，但这些资料主要基于数学统计方法得到，不能完全反映出气候变化的动力学特征和物理意义。高质量、高分辨率、长期持续的全球观测资料的匮乏，成为深入理解和认识气候变化的成因及其演变规律所面临的困难。因此，如何有效地获取和处理各类气象资料，重建高质量、长时间序列和高分辨率的气候资料集，不仅是气候预测和气候变化研究等相关业务开展的重要保障，也是大气科学发展的基础（赵天保等，2010；邓小花等，2010；廖捷等，2018）。

20 世纪 90 年代以来，美国、欧盟和日本等国家相继组织实施了一系列大气再分析计划，主要包括美国国家环境预测中心（NCEP）和大气研究中心（NCAR）联合实施的 NCEP/NCAR 全球大气再分析计划；欧洲中期数值预报中心（ECMWF）开展的 ERA 大气再分析计划，目前发展到第三代 ERA interim 以及 ERA20C 百年再分析；日本气象厅（JMA）和电力中央研究所（CRIEPI）联合实施的 JRA 大气再分析计划，目前已从早期的 JRA15 发展到第三代的 JRA55。再分析资料是观测资料和气候模式的整合产品，兼具时间序列长和空间覆盖率高的优点，在气候的年际变率、数值模拟等方面得到广泛应用，已经成为气候变化研究最主要的数据资料来源。但由于再分析资料包含数值模式、同化方案和观测系统变更等因素引入的误差，对再分析资料的可信度产生影响。很多学者对再分析资料的可信度和准确性进行了研究，例如 Kistler 等（2001）的研究指出，再分析资料根据不同要素的可信度可从高到低分为四类，其中 A 类包含温度场、位势高度场等，其质量主要受到观测资料同化的影响，模式系统影响较小，可信度较高；B 类包含湿度和地表气温等，此类要素受到模式系统一定程度的影响，可信度低于 A 类；C 类和 D 类产品如降水、地表通量等几乎完全由数值模式所决定，可信度较低。

3.3.2 常用再分析资料简介

3.3.2.1 NCEP/NCAR 全球大气再分析资料

NCEP(National Centers for Environmental Preclictíon)/NCAR(Nation Center for Atmospheric Research)是最早发展的、也是时间尺度最长的全球再分析资料，可提供从 1948 年 1 月至今一日 4 次、逐日和逐月全球再分析数据以及每 8 日的预报产品。该系统所用的数值模式是 NCEP 业务预报中尺度全球谱模式(GSM，1995 年 1 月开始使用)，水平分辨率为 T62 高斯格点(全球共有 192×94 格点)，垂直分辨率为 28 层等 δ 面，底层为 995 hPa，顶层约为 3 hPa。所用的同化方案是三维变分同化技术(3D-Var)。所同化的观测资料主要包括上层大气和地表常规观测资料以及卫星遥感资料等；其中上层大气观测资料主要包括无线探空仪观测的气温、水平风速和比湿资料，航空观测的风场和气温资料；地表观测资料主要是地表气压、海表面气压、温度、比湿和水平风场等资料，以及一些国际大气研究计划的特殊资料，如假地表气压观测实验(Pseudo surface-pressure observations，PAOBS)、FGGE、热带海洋与全球大气实验(Tropical Ocean Global Atmosphere，TOGA)和海洋大气耦合响应实验(Coupled Ocean-Atmosphere Response Experiment，COARE)等资料；卫星遥感资料主要有热带海洋区域(南北纬 20°区域)垂直探测仪(TIROS Operational Vertical Sounder，TOVS)的气温资料、陆地区域 100 hPa 以上的 TOVS 气温探测资料和静止气象卫星(Geostationary Meteorological Satellite，GMS)云导风资料等。

3.3.2.2 ERA-40 全球大气再分析资料

ECMWF(European Center for Medium-Range Weather Forecast)是全球最主要的再分析中心之一。ECMWF 再分析中心所包括的子计划有 ERA-15 、ERA-40 、ERA-Interim 以及以后的 ERA-70。ERA-40 再分析资料使用 ECMWF 集成预报系统(IFS，CY23r4 版本的全球谱模式)，其水平分辨率为 T159(约 125 km)，垂直分辨率为 61 层(混合层)，模式顶层为 0.1 hPa(约 64.56 km)。所用的同化方案是改进的 3DVar 同化技术。所同化的观测资料主要包括来自全球不同地区和来源的、地表和上层大气的常规气象观测资料以及卫星遥感资料等。上层大气资料主要是全球无线探空仪所观测的气温、水平风速和比湿资料，航空观测的风速和气温资料，下投式探空仪观测的气温和水平风速资料以及测风气球和 US 风廓线仪等观测的风场资料等。地表观测资料主要包括地表观测气温、气压和湿度以及风资料，海表观测气压、温度、比湿和水平风场资料等。卫星遥感资料主要有 TOVS 云导风资料(CMW)、垂直温度廓线仪、辐射仪(Vertical Temperature Profile Radiometer，VTPR)和高分辨率红外辐射探测仪(High-resolution Infrared Spectrometer，HIRS)、平流层探测设备(Stratospheric Sounding Unit，SSU)的气温和湿度资料，臭氧总量测绘光谱仪(Total Ozone Mapping Spectrometer，TOMS)和太阳反向散射紫外辐射仪(SBUV)观测的臭氧资料，特殊传感器微波/图像(SSM/I)的水汽总量和海表风速资料以及欧空局的大型对地遥感卫星(ERS-1 和 ERS-2)的海浪高度和海表风场资料等。此外，ERA-40 还用到了一些国际研究计划的观测资料，如 PAOBS、FGGE、TOGA、COARE、阿尔卑斯山实验(Alpine Experiment，ALPEX)和全球大气研究计划大西洋热带实验(ARP Atlantic Tropical Experiment, GATE)等。

ERA-40 的同化系统不仅在数值模式的分辨率和物理过程上要优于 NCEP/NCAR，而且在观测系统上也有长足的改进。这主要体现在ERA-40同化系统不仅使用了相对更完善的数值预报模式和同化技术，而且还同化了更多、更广泛的卫星和地表观测资料，并生成了种类更多、时空分辨率更高和质量更好的分析和预报场（如臭氧和海浪波动等）。因此，ERA-40可被看作是第二代全球大气再分析资料。

3.3.2.3 JRA-25全球大气再分析资料

JMA（Japan Meteorological Agency）实施的再分析计划是JRA-25以及从2006年开始实施的JCDAS（JMA Climate Data Assimilation System）计划。JRA-25是利用JMA数值预报和同化系统所完成的全球大气再分析资料，这也是迄今为止在亚洲地区所完成的第一套长期再分析资料。JRA-25再分析产品使用了最新的数值同化系统，而且同化了更为广泛的观测资料。JRA-25所使用数值预报模式为全球谱模式（JMA2002），其水平分辨率为T106（全球共有320×160格点），垂直方向上有40层（等δ面），模式顶层为0.4 hPa。同化方案利用3D-Var技术来同化常规观测资料和卫星遥感资料。其所使用的常规观测资料主要包括陆地和海洋表面各种观测仪器所观测的气压、气温、风和湿度等资料，以及由航空飞机等观测的上层大气观测资料等（这些资料主要来自于ERA-40观测系统中的JRA资料库），此外还包括1998年夏季全球能量和水循环试验（GEWEX）—亚洲季风区试验（GAME）的一些观测资料，以及热带风暴（TCR）风速廓线资料和中国区域积雪资料等。卫星遥感资料主要包括大气运动矢量（AMV）观测，以及TOVS和ATOVS观测的亮度温度和由SSM/I反演的降水量等资料。JRA-25使用了新的质量控制方法对TOVS资料进行了质量控制，同时还用到了JMA的日海表气温、海冰和三维臭氧廓线资料作为模式的行星边界条件。

JRA-25在很多方面都体现出了一定的优越性，如6小时预测的全球总降水量时空分布和量级的表现都比较好，而且全球降水的长期时间序列演变也是几种再分析产品中最好的；JRA-25还是第一套同化了热带风暴周围风廓线资料的再分析产品，其对全球所有地区热带风暴的分析也较为合理。此外，JRA-25对副热带大陆西海岸底层云具有较好的描述，对雪深分析的质量也相对较高。

3.3.2.4 CLDAS气象数据产品

CLDAS-V2.0（CMA Land Data Assimilation System-Version 2.0）气象数据产品是由国家气象信息中心研制开发的CMA陆面数据同化系统的第二版本，于2017年6月1日起通过中国气象数据网对公众发布，并通过CMACast向各省市气象局与国内外行业用户下发。

CLDAS-V2.0包括大气驱动场产品、地表温度分析产品、土壤体积含水量分析产品、土壤温度分析产品、土壤相对湿度分析产品等，多个产品已在智能网格预报、干旱监测等业务中应用。

大气驱动场产品为覆盖亚洲区域（0°～65°N，60°～160°E），0.0625°×0.0625°与1小时分辨率，包括2 m气温、2 m比湿、10 m风速、地面气压、降水、短波辐射六个要素的等经纬度网格融合分析产品。该数据集利用多种来源的地面、卫星等观测资料，采用多重网格变分同化（STMAS）、最优插值（OI）、概率密度函数匹配（CDF）、物理反演、地形校正等技术研制而成，在中国区域质量优于国际同类产品，且时空分辨率更高。

地表温度分析产品为覆盖亚洲区域（0°～65°N，60°～160°E），逐小时，0.0625°×0.0625°等经纬度网格的地表温度分析产品。该数据集研制技术和精度与国际同类产品（如GLDAS、

NLDAS 产品)相当,在中国区域质量优于国际同类产品,且时空分辨率更高。

土壤体积含水量分析产品为覆盖亚洲区域(0°～65°N,60°～160°E),逐小时、垂直分为 5 层(0～5 cm、0～10 cm、10～40 cm、40～100 cm、100～200cm)、0.0625°×0.0625°等经纬度网格的土壤湿度产品。该数据集研制技术和精度与国际同类产品(如 GLDAS、NLDAS 产品)相当,在中国区域质量优于国际同类产品,且时空分辨率更高。

土壤温度分析产品为覆盖亚洲区域(0°～65°N,60°～160°E),逐小时、垂直分为 5 层(5 cm、10 cm、40 cm、100 cm、200cm)、0.0625°×0.0625°等经纬度网格的土壤温度产品。该数据集研制技术和精度与国际同类产品(如 GLDAS、NLDAS 产品)相当,在中国区域质量优于国际同类产品,且时空分辨率更高。

土壤相对湿度分析产品为覆盖亚洲区域(0°～65°N,60°～160°E),逐小时、垂直分为 3 层(0～10 cm、0～20 cm、0～50 cm)、0.0625°×0.0625°等经纬度网格的土壤相对湿度产品。该数据集研制技术与国际同类产品(如 GLDAS、NLDAS 产品)相当,且时空分辨率更高。

3.4 气候模式资料应用

3.4.1 气候模式简介

气候变化对人类社会活动产生了极大影响,已成为关系到整个社会经济可持续发展、生态环境和国家安全的重大问题。气候变化的影响和成因已为人类关心的热点问题。随着科学技术的不断发展,人们对气候变化的认识日益深入。人们已认识到气候系统是由大气圈、水圈、岩石圈、冰雪圈和生物圈五个主要部分组成的高度复杂的系统,各圈层间相互作用相互影响,涉及不同介质和不同尺度间的物质和能量交换,涉及复杂的物理和化学过程,涉及不同尺度的反馈过程和外部强迫等作用(周天军等,2014)。例如"全球气候变暖",对这个问题的现代气候学认识不仅仅局限于温度上升,也包括了冰雪的融化、海平面上升、大气成分变化和植被变化等一系列相互影响、相互反馈的行为。研究气候系统内各圈层之间复杂的相互作用,发展能够反映地球各圈层之间相互作用的数值模式成为目前唯一的不可替代的途径。这样的数值模式就是气候系统数值模式,它基于气候系统中的动力、物理、化学和生物过程建立的数学方程组(包括动力学方程组和参数化方案)来确定各个圈层的特性,构建地球系统的数学物理模型,然后用数值方法求解,编制成大型综合性计算程序,通过计算机运算实现对气候系统复杂行为和过程的模拟和预测,从而把握气候系统的演变过程,模拟外强迫和人类活动的影响,预测未来气候变化的趋势。

气候系统模式的发展可粗略地划分为三个阶段,即基础阶段、过渡阶段与成型阶段。基础阶段即目前以地球流体(大气、海洋)为主体的物理气候系统模式阶段,其中的固体地球部分只考虑了地球表层的陆面物理过程。过渡阶段即在物理气候系统模式的基础上考虑大气化学过程、生物地球化学过程(包括陆地生物化学过程和海洋生物化学过程)和水文过程的气候系统模式阶段,模式具备对碳、氮等循环过程的定量描述能力,物理气候系统模式的应用、评估、改进和完善是这个阶段的重点之一。成型阶段即在地球气候系统模式的基础上进一步考虑其与固体地球(如地球板块移动及其引发的地形变化、地震、火山爆发等)和空间天气相互作用的相对完整的数值模式阶段(王斌等,2008)。

3.4.1.1 全球气候模式

20 世纪 60 年代末，美国新泽西州普林斯顿 NOAA 的地球物理流体动力学实验室率先开发出了最早的一个气候模式，它包含了气候系统的五个圈层的基本组成成分，但该模式空间范围仅覆盖西北半球的部分地区，约占地球表面 1/6 的区域范围(严力蛟等，2013)。随后，越来越多的科学家和实验室增加了资源的投入，使得更多的复杂模式相继被开发出来，以求能更准确地模拟和预测气候系统。

20 世纪后期，人们对天气学和气候学理论的认识逐步深入，计算机的运算速度越来越快，其模拟气候系统的功能也变得越来越强大。气候模式的设计开始被分成侧重点不同的几个子类别，分别关注天气和气候的不同方面，包括数值天气预报模式(NWP)、区域范围模式和中尺度模式等。20 世纪 90 年代，现代意义上的全球气候模式开始出现。全球气候模式(Global Climate Models，GCMs)从数值天气预报模式直接发展而来，它通过一系列微分方程组表征大气和海洋中的物理化学过程，描述了气候系统各圈层间物质和能量的运动和交换。GCMs 包括大气 GCMs(AGCMs)和海洋 GCMs(OGCMs)，一个 AGCMs 和一个 OGCMs 可以进行耦合组成一个大气—海洋耦合环流模式，再加上海冰模式和一个陆地蒸散模式，就成为一个较完整气候模式的基础。

3.4.1.2 区域气候模式

由于全球气候模式的空间分辨率一般在百公里的量级，难以描述区域尺度的复杂地形、植被分布和物理过程，对区域尺度的气候及其变化，尤其是对降水的模拟与预报能力不高。为克服全球气候模式在这些方面存在的不确定性，区域气候模式(Regional Climate Model，RCMs)应运而生。

区域气候模式的基本思想是将区域气候模式单步嵌套入全球气候模式中，全球模式为其提供初始场和侧边界条件，动力框架基于中尺度模式(Mesoscale Model，MM)，并将中尺度模式中的陆面过程和辐射传输过程进行升级、参数优化，得到最初的区域气候模式。经过近 40 年发展，全球各机构根据不同研究对象对区域气候模式进行了本地优化，无论机理还是过程研究均得到快速发展，目前这种技术已日趋成熟。近些年，研究者试图通过改进参数化方案和优化强迫场等方式来提高区域气候模式的模拟性能，逐步形成适合本地的区域气候模式，如美国 NCEP 的区域谱模式 RSM(Regional Spectrum Model)、英国 Hadley 中心 PRECIS(Providing Regional Climates for Impacts Studies)、中国科学院区域环境系统集成模式 RIEMS(Regional Integrated Environment Modeling System)、中国气象局国家气候中心 RegCM- NCC(Regional Climate Model National Climate Centre)。目前，区域气候模式开展的工作主要包括未来气候变化预估研究、过去气候模拟以及模式性能检验、极端气候事件模拟、模式敏感性试验和参数优化、模式嵌套研究等(张磊等，2018)。

3.4.1.3 气候模式展望

气候模式是人们认识未来气候如何演变的工具，近 30 年来，通过提高时空分辨率，纳入更多的物理过程(如交互的气溶胶过程)，并与观测结果相比较，气候模式的模拟和预测水平在不断提高，对气候变率的模拟已得到了很好的效果。但气候模式间特别是对区域降水的模拟情况仍存在一些系统误差，不同模式模拟的差异很大。由于地球生态系统内部作用过程十分复杂，目前模式很难全方位刻画系统内部的所有过程，因此要提高模式性能，必须全方位考虑气候系统，但从研究进展来看，人类对地球系统的认识还是十分有限的，尤其是对云微物理过程认识的不足。其次，简单提高模式的分辨率不能够显著提高模式对于区域气候的模拟能力，并且需要花费更大的计算成本和存储空间，提高模式空间分辨率不一定是优化模式的最佳选择。目前还没有任何一个模式在所有方面均无可挑剔，不同的气候模式有不同的优势与局限，但在气候预测和模拟中，这种具有缺陷的模式仍可获得较好的预测结果。未来应加强对于主导气候进程和反馈实现的过程的理解，尤其是将云物理过程以及云对于辐射的影响引进到大气环流模式中；改进区域化技术对于提高模式精度不可或缺，未来还需进一步发展适合研究区域的陆面过程、积云对流参数化方案等；定量描述气候情景的不确定性对于模式性能的提升也至关重要；随着计算机性能的提高，可将实测数据和卫星资料同化进入模式系统，以得到更精确的预测结果。

3.4.2 常用模式产品简介

目前投入业务使用的全球气候模式主要有欧洲中期数值模式预报中心（ECMWF）的气候模式、美国国家环境预测中心（NCEP）的 CFSv2 气候模式、日本气象厅（JMA）的集合月动力延伸预报模式以及中国国家气候中心（NCC）的第二代月动力延伸预测模式（DERF2.0）等。

3.4.2.1 NCEP

美国国家环境预报中心（NCEP）2004 年基于 NCEP 的大气、海洋和陆地的同化资料，发展了分辨率为 T62L64（水平近似于 210 km）的海气耦合模式 CFSv1。2011 年推出了第二代气候预测系统 CFSv2。CFSv2 是海—陆—气耦合的动力季节预报系统，大气模式是 NCEP 全球预报系统，海洋模式是 NOAA 地球流体动力实验室的海洋模式 Model V3.0。大气初始条件来自 NCEP 第二套再分析资料，海洋初始条件来自全球海洋同化资料。CFSv2 模式水平采用 62 波三角截断谱，大气垂直分层为 64 西伽马层，最高为 0.2 hPa。CFS 有 1981—2010 年共 28 年历史预报数据，2011 年后实时的预报产品，含未来 9 个月的预报值。与 CFSv1 相比，CFSv2 在预测系统的模式耦合子系统、数据同化系统和集成配置等方面都有很大改进，在业务预测方面也取得了重要进展。

CFSv2 从 2011 年 3 月开始业务运行至今，其预报结果已经被大量业务单位和研究机构所采用，在季节和季节内尺度预报中取得了一系列的重要进展。CFSv2 每天在世界时 00 时、06 时、12 时和 18 时业务运行 4 次，每次运行 4 个控制样本，最长可达未来 9 个月，可以提供多种类型的数据产品。

3.4.2.2 ECMWF

欧洲中期数值模式预报中心（ECMWF）于 20 世纪 90 年代初建立了基于持续性海温异常强迫、高分辨率的月尺度气候预测系统 T159L62，目前已发展到第四代耦合模式 ECMWF_System4（简称 ECMWF4）。ECMWF4 是完全耦合的大气—海洋预报系统，分辨率达到 TL255（水平近似于 80 km），大气垂直分层达 91 层，最高为 0.01 hPa。海洋模式采用改进的 NEMO 模式和 NEMOVAR 海洋数据同化系统，分辨率达到近似的 $1^{\circ}\times1^{\circ}$；陆面模式采用 HTESSEL，并改进了陆面初始化方法；对平流层的气候进展描述如 QBO 等也做了改进。ECMWF4 提供实时的季节预报和历史回报数据，以评估和校正模式。ECMWF4 季节预测包括 15 个预测成员，每月第一天开始未来 7 个月的模拟。在每年的 2 月、5 月、8 月和 11 月，ECM-

WF4 做未来 13 个月的预测。模式资料长度为 1981—2018 年，共 38 年。

3.4.2.3 JMA

日本气象厅(JMA)的季节集合气候模式(JMA/MRI-CPS2)于 2015 年开始运行。JMA/MRI-CPS2 采用改进的海气耦合模式 CGCM，考虑了海冰的作用，对积云对流、云辐射、海洋辐射和海气边界层等物理过程的描述做了改进，提高了模式的分辨率。其大气模式采用全球谱模式 GSM101C，水平分辨率为 TL159(水平近似于 110 km，1.125°×1.125°)，大气垂直分层达 60 层，最高可达 0.1hPa；海洋模式覆盖全球范围，最高分辨率可达 0.5°×0.5°。模式采用的陆地和大气初始资料为 JRA-55 再分析资料，海洋初始资料采用 MRICOM-G2 海洋数据同化系统。模式集合了 51 个成员，每月运行一次做未来 7 个月的预测。模式可提供 1979—2014 年的回报资料。

3.4.2.4 DERF 2.0

国家气候中心第二代月动力延伸预测模式(DERF 2.0)基于全球大气环流模式 BCC_AGCM2.2 建立，模式水平分辨率为 T106(水平近似 110 km)，垂直方向为 26 层，预测初始场采用国家气象中心 T639 业务预报模式初值同化场(在实时预测中使用)或 NCEP 每日 4 次的再分析资料(在历史回算检验中使用)，海温场采用 NOAA 最优插值海表温度资料，采用滞后平均方案进行逐日滚动预测，每日根据不同起报时间(间隔 6 小时)得到 4 个样本成员的预报场，向后积分 50 天得到预测结果(吴统文等，2013)。DERF2.0 可提供 1982—2010 年的回报资料。

3.4.2.5 国家气候中心次季节—季节多模式预测产品

国家气候中心次季节—季节(Sub-seasonal to Seasonal，S2S)多模式预测产品收集整理了全球 9 个国家(中国、欧洲中心、美国、英国、日本、法国、加拿大、韩国、意大利)交换的 S2S 气候模式数据，制作中国、欧洲、美国等国家 S2S 气候模式，未来 5～30 天的逐候(周、旬)尺度、全球及区域、地面和高空多种气象要素的预测可视化产品图。为方便用户使用 S2S 模式数据，国家气象业务内网发布 S2S 多模式预测产品专栏，该专栏展示次季节—季节多模式预测产品可视化系统所生产的预测图形产品，提供实时预报数据下载，用户可查看最新的预报产品图，登陆并获取最新的实时预报数据文件。国家气候中心 S2S 的具体产品清单见表 3.2。

表 3.2 国家气候中心 S2S 产品清单

产品	要素	要素产品图	区域	时间尺度
距平图	温度	200 hPa 温度场	全球、北半球、东北半球、东亚、中国	候、周、旬
		500 hPa 温度场		
		700 hPa 温度场		
		850 hPa 温度场		
		2 m 温度		
		2 m 最高气温		
		2 m 最低气温		
	降水	降水距平百分率	全球、北半球、东北半球、东亚、中国	候、周、旬
	气压	地面气压及距平	全球、北半球、东北半球、东亚、中国	候、周、旬
		海平面气压及距平		

续表

产品	要素	要素产品图	区域	时间尺度
距平图	高度场	200 hPa 温度场	全球、北半球、东北半球、东亚、中国	候、周、旬
		500 hPa 温度场		
		700 hPa 温度场		
		850 hPa 温度场		
原值图	2 m 温度	2 m 温度	全球、北半球、东北半球、东亚、中国	候、周、旬
	降水	降水	全球、北半球、东北半球、东亚、中国	候、周、旬
	风	200 hPa 风场	全球、北半球、东北半球、东亚、中国	逐日
		500 hPa 风场		
		700 hPa 风场		
		850 hPa 风场		
		10 m 风场		
多中心对比图	2 m 温度	2 m 温度距平	全球、东亚	候、周、旬
	降水	降水距平百分率	全球、东亚	候、周、旬

第4章 气候监测诊断业务

气候监测诊断是了解气候系统变化及其成因的重要手段，也是现代气候业务的核心组成部分，是防灾减灾和应对气候变化的科学基础（宋连春等，2013）。气候系统观测信息收集是一切气候业务和研究的基础，及时给出对气候系统各分量、各要素的异常程度判断，对于及时了解气候系统状况，并在技术层面上提供有用的异常信号，或在服务上做出及时有效的响应都具有十分重要的意义。深入分析气候异常的成因，有利于加深对气候异常形成机制或机理的认识，从而增强对同类气候异常事件的预测能力，为气候预测、灾害评估和预评估等工作提供强有力的资料信息和技术支持（李清泉等，2013）。中国气象局在《现代气候业务发展指导意见》中，明确了现代气候监测诊断业务的重点任务，即：完善气候要素监测、加强极端气候事件与重要气候过程的监测、建立气候异常诊断归因业务。经过40余年的发展，云南省气候监测诊断业务在理论、方法和业务系统建设等方面取得了长足进步。基于质量控制、序列稳定的高分辨率基本气候变量数据集为云南省现代气候业务发展提供了坚实基础，气候系统监测与气候变化检测更加精细准确，气候监测实现了以气候要素监测为主，向以关键性、高影响气候过程（事件）综合监测为主的转变。逐步建立了一套多时间、多空间尺度的气候系统监测诊断业务系统，并且在业务应用中不断发展和完善（肖子牛，2010）。

目前，云南省气候监测诊断业务的主要内容包括：对气温、降水、日照、风速、相对湿度等气候要素，对气象干旱、低温冻害和高温等极端天气气候事件，以及倒春寒、雨季开始期、雨季结束期、夏季低温、秋季连阴雨等关键期气候事件的监测和诊断，监测时间尺度由月尺度逐步拓展到日尺度，兼有季、年或不定期监测产品，在气候业务工作中发挥了重要作用（魏凤英，2006）。

4.1 气候监测

气候监测（Climate Monitoring）是用现代化技术对气候系统进行的各种气象观测，并通过技术手段对观测资料进行初步分析和处理，以全面、深入地了解有关气候系统各部分的现状，发现其重大变化的征兆，及时提供资料的过程。从定义上看，气候监测是指综合利用各种现代气象观测（探测）技术手段获取气候系统特征信号资料的过程，广义上主要包括气象探测技术的研究、资料的传输存储、质量控制和分析利用等。气候监测的目的是为了对整个气候系统进行全面的观测，以便及时发现气候系统状况中任何值得注意的变化。气候监测也是气候系统研究的基础，主要指利用获得的气候系统各种特征信号资料，对气候状态及其演变特征进行的具体分析工作。

气候监测不同于一般的气象观测。气候监测可以是基于气象要素和天气现象观测资料进行日、候、旬、月、年统计,得到的气候资料和气候状况。气候监测的对象是整个气候系统,气候监测的内容更加复杂和广泛。

4.1.1 业务内容

云南省气候监测的主要任务是针对政府、行业和公众密切关注的气候事件和热点问题进行监测,内容主要包括三个部分:常规气候要素监测、极端天气气候事件监测、关键期气候事件监测(表 4.1)。

(1)常规气候要素监测:包括降水、气温、日照、湿度、风速等基本气候要素的日常监测与统计分析。

(2)极端天气气候事件与重要气候过程监测:包括气象干旱、极端高温、极端低温等重要天气气候事件的监测。

(3)关键期气候事件监测:包括倒春寒、雨季开始期、雨季结束期、夏季低温、秋季连阴雨、自然季节等关键期气候事件的监测。

表 4.1 云南省气候监测业务的主要内容

业务名称	业务内容	主要监测时段	发布对象
常规气候要素监测	常规气候要素统计分析、历史对比、排位等	全年实时监测	作为气候事件监测的背景,一般不单独发布
极端气候事件监测	气象干旱 高温 低温	全年实时监测 4—6 月 12 月至次年 2 月	上级业务单位、业务管理部门、下级气象部门(指导产品)、服务单位
关键期气候事件监测	倒春寒 雨季开始期 夏季低温 雨季结束期 秋季连阴雨 自然季节监测	2—4 月 4 月 21 日至全省雨季开始 7 月 21 日至 8 月 9 月 21 日至全省雨季结束 9—11 月 全年	上级业务单位、业务管理部门、下级气象部门(指导产品)、服务单位

4.1.1.1 常规气候要素监测

常规气候要素监测包括温度、降水、日照、相对湿度、风速等基本气候要素和各种天气现象等的实时动态监测和统计分析,重点分析监测时段内各气候要素的时空变化特点,以及要素值与气候标准值(目前采用 1981—2010 年气候平均态)的偏离程度。考虑到资料序列的长度和历史比较分析的需要,分析资料主要来源于云南省内 125 个国家气象观测站,区域气象观测站的资料仅作为辅助或参考使用,分析气候要素的极端状况时,单站采用建站以来的资料,区域平均采用 1961 年以来的资料。

4.1.1.2 极端天气气候事件监测

极端天气气候事件是天气气候的状态严重偏离其平均态,在统计意义上属于不易发生的小概率事件。对于某一特定范围(单点或某一区域)和时间尺度(日、月或年等)的某种天气气候现象,当表征它的指标满足统计上的极端性标准,即该指标值高于(或低于)其分布的上限

(或下限)末端附近的某一阈值时,称之为极端天气气候事件。在特定地点和时间,极端天气气候事件就是从概率分布角度来看发生概率极小的事件,通常发生概率只占该类天气现象的10%或者更低。由于其对经济社会发展、人民生命财产以及生态系统的灾害性影响而受到越来越多的关注,极端天气气候事件和气候灾害监测是气候监测业务服务的重点。

极端天气气候事件的监测对象主要有气象干旱、极端高温、极端低温等,监测内容包括过程起止时间、气候要素变化特征、异常分析及与历史同期极端事件的比较。监测时间为全年性的实时监控,在发生极端天气气候事件时则按照相关业务规程制作监测产品或根据服务需求而定。

极端天气气候事件监测的主要产品类型包括:极端天气气候事件监测报告、气象干旱监测简报和旬报等。

4.1.1.3 关键期气候事件监测

气候关键期是指对农作物生产和社会经济发展具有重要意义的特定时期,在此时期内出现异常气候事件时,极易产生农业气象灾害。

云南省关键期气候事件的监测主要包括:倒春寒、雨季开始期、雨季结束期、夏季低温、秋季连阴雨、自然季节等气候事件的监测。

4.1.2 业务流程

气候监测业务产品主要反映云南省天气气候的实时演变特点,与经济社会发展和人民生活密切相关,是政府经济建设、防灾减灾、安全生产组织管理和关键决策的重要依据。为提高气候监测业务服务的规范性、及时性、效益性,对监测产品的发布规格、发布单位、发布方式等给出相应的规范和规定。

气候监测业务的基本流程是综合运用地面气象观测资料、大气环流资料、卫星遥感资料、气象灾情信息等气候资料,依托云南省气候业务平台、极端天气气候监测系统、CIPAS系统等,对云南省气候状况进行实时动态跟踪分析,开展干旱、高温、低温、连阴雨等极端天气气候事件过程的监测和主要灾害过程的影响分析,结合后期气候趋势预测,提出防灾减灾对策,制作监测产品,通过业务会商提高监测产品的客观性和准确性,向相关用户提供服务(图4.1)。

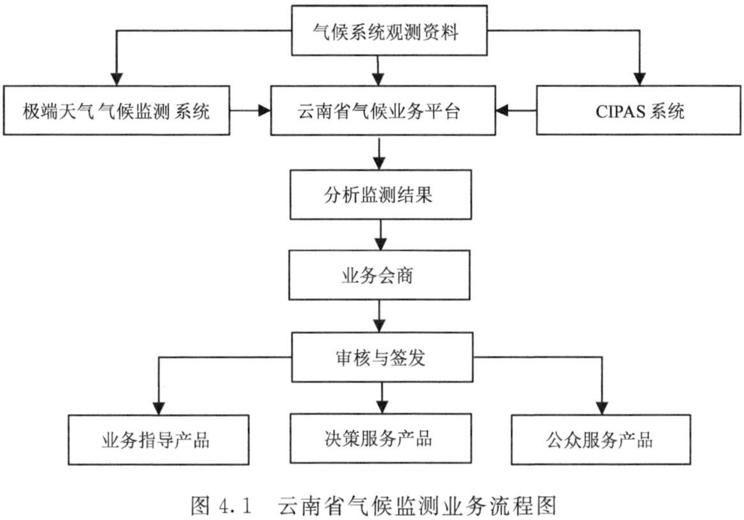

图4.1 云南省气候监测业务流程图

4.1.2.1 数据维护

云南省气候监测业务的数据分析主要依托云南省气候业务平台开展。为保证数据准确和系统正常，业务值班人员每日对气候监测评估业务系统的运行状态和数据质量进行维护，发现异常及时处理，确保业务系统的运行正常、状态良好，并做好值班记录。

业务值班人员在数据分析前完成数据检查，发现异常及时处置。对比查看业务系统中前期数据的更新情况，必要时手动读取缺测数据。如遇数据疑误，及时联系气象信息业务部门或基层台站相关技术人员，核实数据的真实性，并在系统中加以修正。当 CIMISS 系统中出现大面积数据缺测时，使用外部文件导入，并向气象信息业务部门反馈。交接班前再次检查数据库，完成各类监测缺测数据和异常数据的更新补充，完成值班记录。

4.1.2.2 产品制作

根据业务规范和服务需求，调取业务系统相关监测数据，制作监测图表，分析监测要素的变化特征，制作监测产品。

常规监测业务产品由值班人员按相关业务规范制作。根据服务需求的产品一般先拟定编制提纲，明确要求，突出重点。

决策服务业务产品首先由值班领导批示安排，再由值班首席进行任务分解，值班人员及相关业务人员具体实施，再交回值班首席进行审核把关和值班领导签阅。

气候监测业务产品须交由首席服务专家进行审核把关和值班领导签阅。

4.1.2.3 业务会商

为力求气候监测的客观性和准确性，最大限度保证各级气象部门监测结果的一致性，重大气候监测材料在发布前应进行业务会商。业务会商分为三种形式：

一是内部会商。业务值班人员在对监测预警及气候灾害影响分析形成初步意见后，提交首席服务专家审核，由首席服务专家组织内部会商讨论。

二是与上级业务部门会商。一般由上级业务部门针对某一重大气候异常事件，开展视频会商讨论，必要时可通过网络、电话等形式向上级业务部门沟通交流。

三是与基层业务部门会商。一般采用视频会商渠道，由首席服务专家组织与州市级或县级相关业务技术人员会商，必要时可通过网络、电话等形式向基层业务部门征求意见。

4.1.2.4 产品发布

气候监测业务产品在经过校对、审核、领导签阅后按业务规范发布。

气候监测业务产品的发布一般通过四种形式进行：

一是内部渠道。通过气象内网以指导产品的形式向基层气象部门提供，并向相关业务部门发送，同时报送省气象局领导、相关业务管理部门、上级业务单位。

二是常规性对外服务渠道。根据业务管理部门每年下发材料的发送要求，通过指定传输渠道向有关用户发布。

三是针对性的决策用户专题材料。按照任务来源由业务管理部门再审核，报省气象局领导签发后报送。

四是按照业务管理部门要求，通过新闻发布会、接受记者采访、撰写新闻通稿等形式向媒体或公众发布。

4.1.3 产品的制作规范

4.1.3.1 常规气候要素监测

常规气候要素监测主要应用于气候概况和气候特征分析，主要分析参数为给定时段内的监测实况值与历史同期资料进行比较，包括要素与历史、近年来某一时段的距平或距平百分率、历史排位等，以判断该时段内气候的基本情况及异常程度，监测产品应简明扼要，图文并茂（图 4.2）。

常规气候要素监测属实时监测，一般监测内容不单独发布，主要是提供极端气候事件监测、关键期气候事件监测、气候评价及专题气象服务中作为背景分析材料使用。

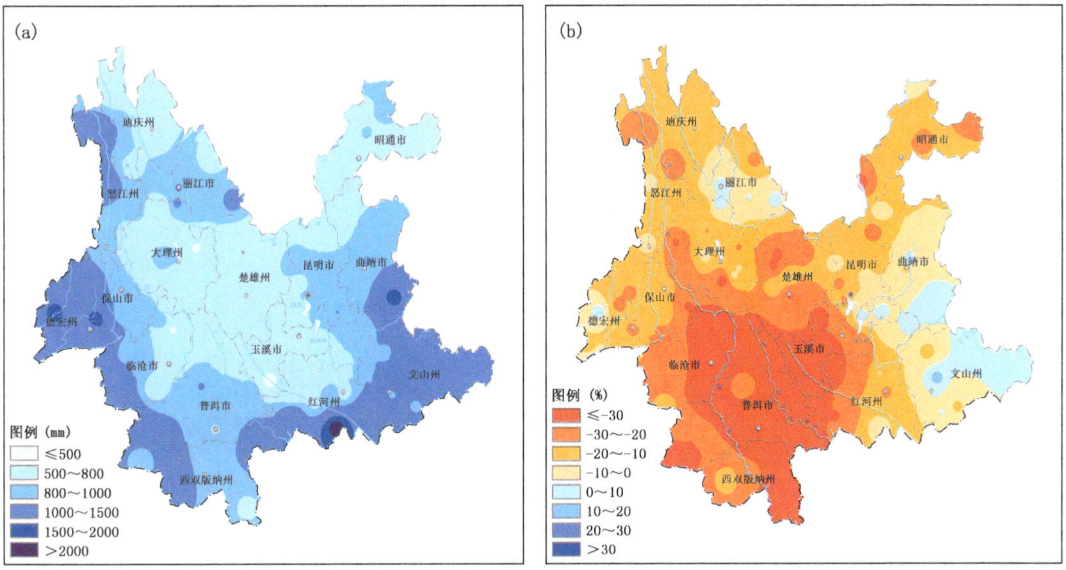

图 4.2 云南省 2019 年降水量(a)和距平百分率(b)分布图

4.1.3.2 气象干旱监测

云南省气象干旱监测主要依据国家标准《气象干旱等级》(GB/T 20481—2017)中的综合气象干旱指数(MCI)进行。主要监测某一时段内气温与降水的情况、干旱持续时间、干旱强度、影响范围等特征。

气象干旱监测产品分为简报和旬报两种形式。

气象干旱监测简报一般在干旱较明显时作为业务指导产品发布，并对外提供服务，内容主要包括气象干旱分布状况及各等级强度站点数统计等。

气象干旱监测旬报一般在每年 12 月至次年 5 月定期发布，根据监测结果可适当提前或延期，主要作为业务指导产品对下级业务部门发布。主要内容包括气候概况、气温和降水时空分布特征、干旱持续时间、干旱强度、干旱影响程度和范围，以及未来一旬内气象干旱发展趋势预估等，必要时还需分析监测区域内不同气象干旱等级强度（站点数和面积）的变化情况（图 4.3）。

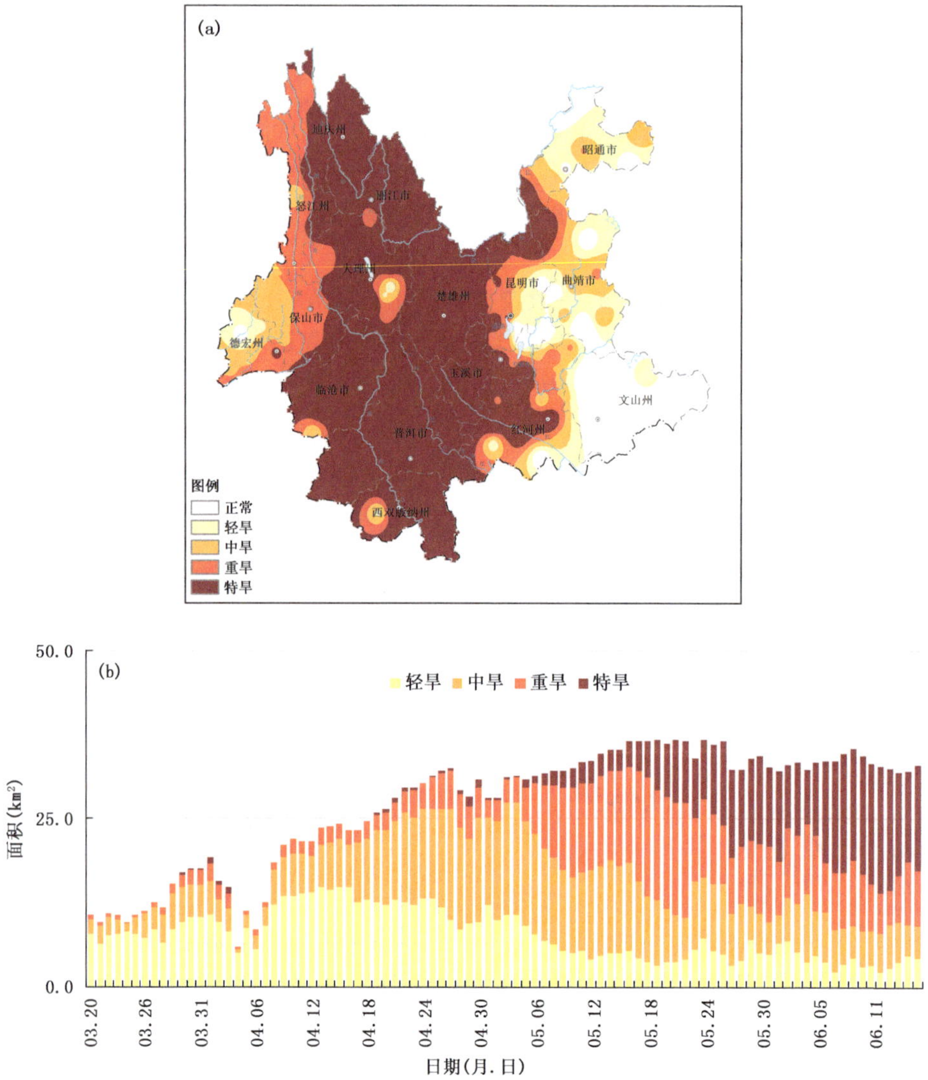

图 4.3　云南省气象干旱监测图(a)和分级面积统计图(b)

4.1.3.3　极端高温事件监测

每年 4—6 月开展极端高温天气气候事件的监测，当出现区域性高温过程时，根据服务需求不定期制作专题服务产品。

依据气象行业标准《极端高温监测指标》(QX/T 280—2015)，单站高温监测内容包括：高温开始时间、各级高温出现的日数、连续高温日数、累计高温日数、极端高温重现期、极端最高气温等。区域高温监测主要包括：不同等级高温持续天数的分布、出现高温的区域面积或站数统计、高温时间段内出现的极端最高气温等。

除常规实况监测外，还应将监测结果与历史同期情况进行对比，以确定极端高温事件强度和范围的历史排位。

4.1.3.4　极端低温事件监测

依据国家标准《极端低温和降温监测指标》(GB/T 34293—2017),低温监测分为夏季低温和冬季低温两个部分,每年 12 月至次年 2 月开展冬季寒潮、冷空气过程监测,每年 7 月下旬—8 月下旬开展夏季低温过程监测。

低温监测的主要内容有:该时段气温(平均气温、最低气温)、日降温幅度、连续降温日数、连续降温幅度、极端最低气温、降温重现期、降温逐日变化、降温空间分布以及与常年同期或近几年的比较,低温范围是指出现低温的区域或站数(图 4.4)。

低温强度分为轻度低温、严重低温两个等级。轻度低温是指连续 2 候平均气温低于多年同期候平均气温 2 ℃以上的时段;严重低温是指连续 3 候(或以上)平均气温低于多年同期候平均气温 2 ℃以上的时段。

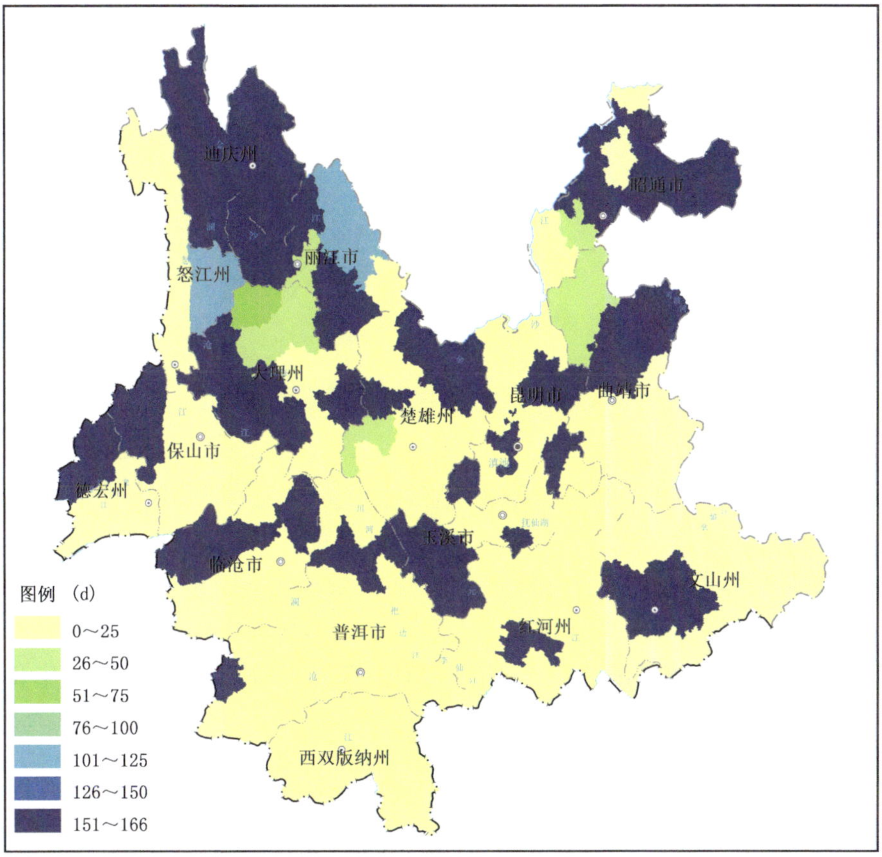

图 4.4　云南省 2018 年低温日数分布图

4.1.3.5　倒春寒监测

参考国家标准《倒春寒气象指标》(GB/T 34816—2017),结合云南省实际,倒春寒天气过程是指在每年春季 2—4 月出现的持续低温现象,某个月的倒春寒天气过程时间跨度不超过一个月。

倒春寒监测的主要内容为:过程出现时间、终止时间、强度分布(图 4.5),制作监测材料时还须关注气候背景及相关气象要素的分布及变化情况。

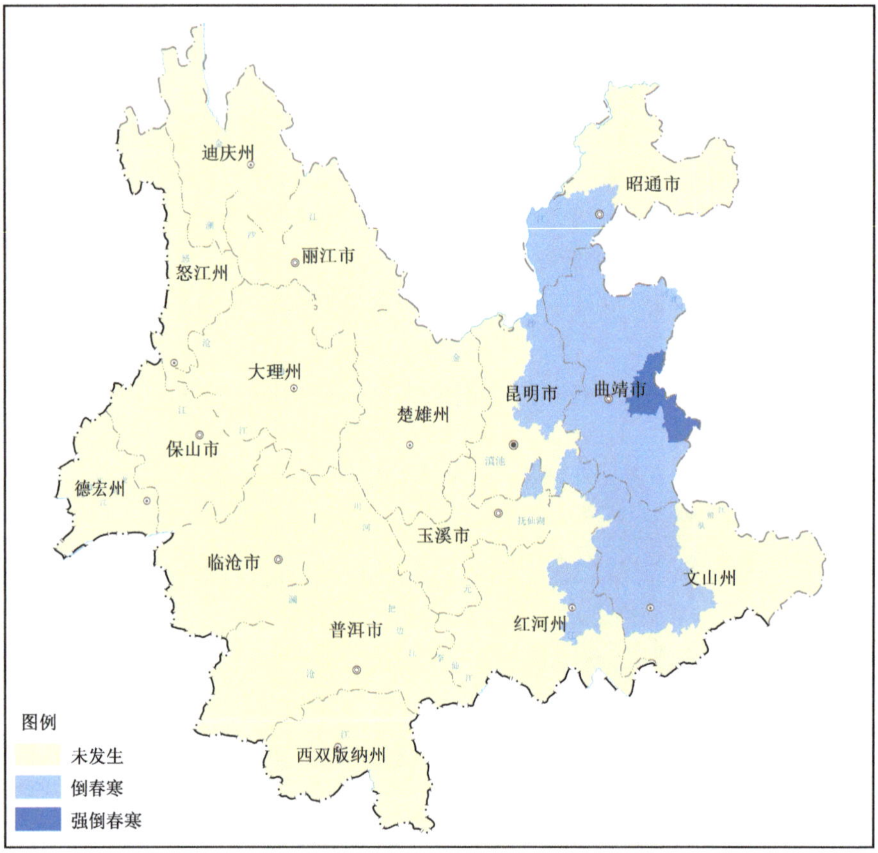

图 4.5　云南省 2017 年倒春寒分布图

4.1.3.6　夏季低温监测

云南省地处低纬高原，夏半年如遇冷空气侵袭，就易形成有害低温，给处于生长期的水稻等大春作物造成伤害并可能形成减产。一般强度的夏季低温的影响范围主要集中在滇中以北海拔 1650 m 以上的地区，但强低温的受害下限高度在北部地区可降至 1100 m 左右，南部地区降至 950 m 左右。

夏季低温也称水稻抽扬期冷害，根据服务需要，全省各地可根据当地情况，自行制定强度监测指标对外发布，如强冷害、中等强度冷害、轻度冷害等。

每年 7 月下旬至 8 月，当连续 3 天以上日平均气温低于临界指标温度时，即开始夏季低温监测，监测的主要内容为：过程开始时间、终止时间、过程强度和分布范围。

4.1.3.7　雨季开始(结束)期监测

依据气象行业标准《中国雨季监测指标 西南雨季》(QX/T 396—2017)，对雨季开始(结束)期进行监测。

全省雨季开始(结束)的站点超过 10%后，开始逐日制作监测简报，主要内容为当前雨季开始(结束)及进入待定期站点的分布及统计，并以业务指导产品的形式发布(图 4.6)。

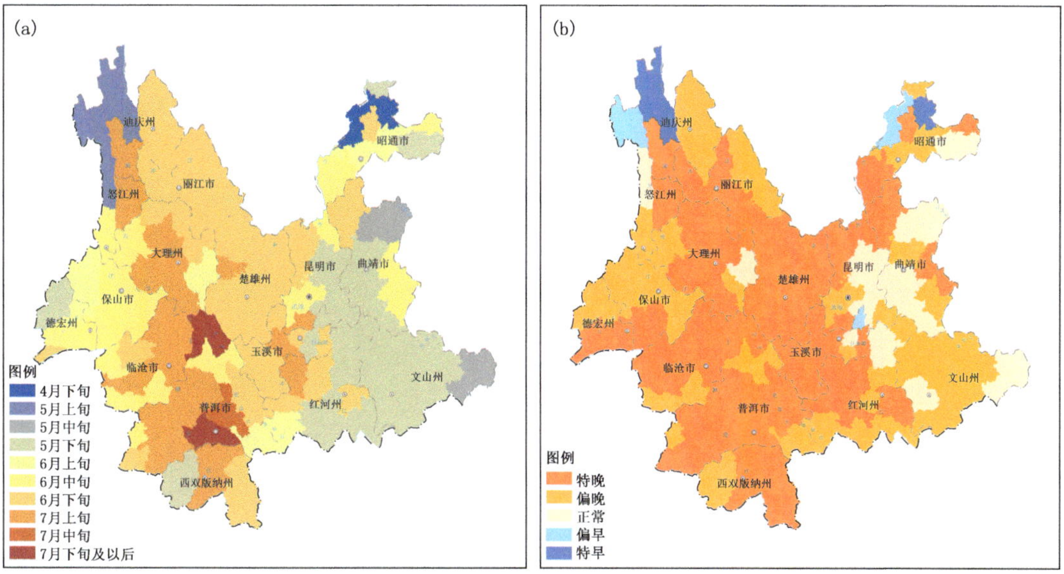

图 4.6 云南省 2019 年雨季开始期监测(a)、评估(b)图

当全省所有站点全部开始(结束)后,制作雨季开始(结束)期总结分析报告,内容包括对雨季开始(结束)时间的分析、全省雨季区域开始(结束)的确定、对雨季开始(结束)期的评估等。

雨季结束期的总结还应包括对雨季长度、雨季降水量和雨季强度的分析(图 4.7)。

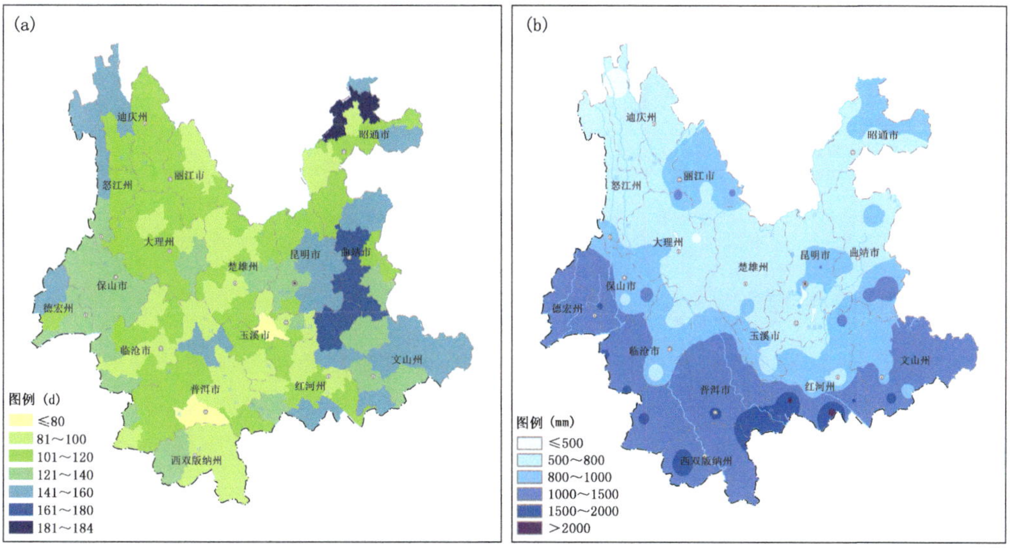

图 4.7 云南省 2019 年雨季长度(a)、雨季雨量(b)图

4.1.3.8 秋季连阴雨监测

秋季连阴雨是在秋季(9—11 月)连续降雨过程中达到秋季连阴雨标准的站点数超过 10% 时开始监测,当降雨过程结束后则终止该次监测。监测内容有:监测时段内降水量、气温、日照逐日变化、空间分布以及与历年同期或近几年的比较;连阴雨开始时间、结束时间、持续时间;

连阴雨强度主要针对年度连阴雨的发生次数进行描述。

区域性的秋季连阴雨须在10%的站点出现连阴雨时不定期发布监测产品，内容包括连阴雨出现的时间、强度等的分布(图4.8)。

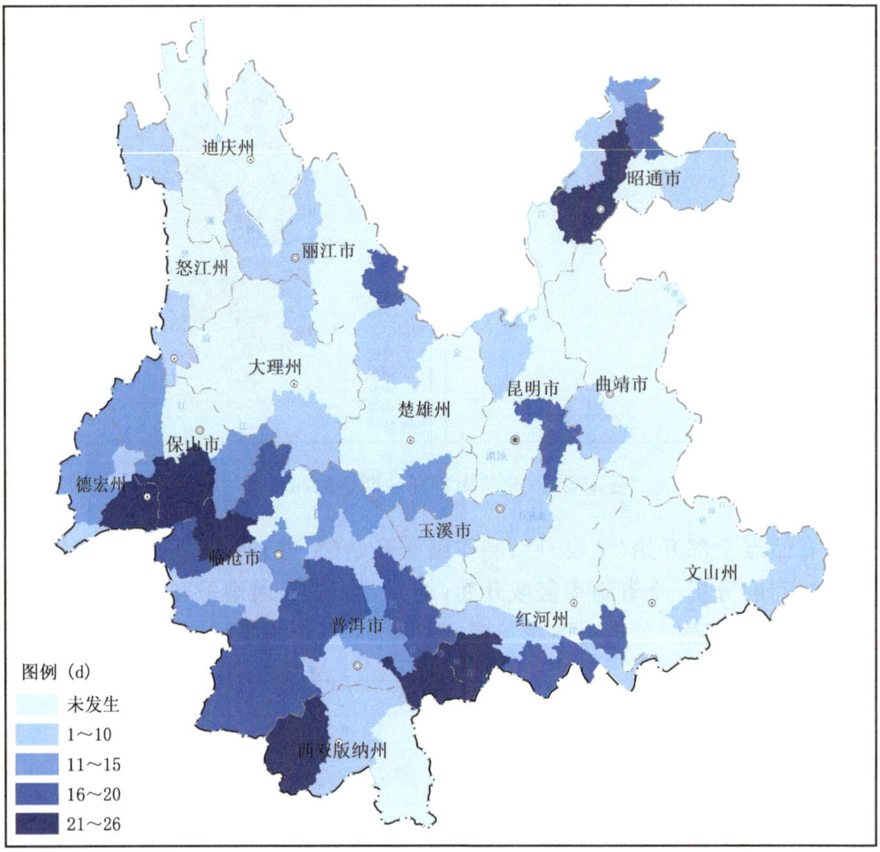

图4.8 云南省2019年秋季连阴雨分布图

4.1.4 技术方法和指标

气候监测分析业务具体的处理对象是各种资料，普遍应用的技术是统计分析和计算机数据管理、程序编程以及图形分析技术。但对极端气候事件和气候灾害监测分析也有特殊的技术标准与指标规范要求，这里重点介绍目前气候监测业务中应用的分析技术与指标。

4.1.4.1 极端气候事件的确定方法

业务中常用于监测极端天气气候事件的方法有三种：绝对阈值法、百分位法、历史排位法。

4.1.4.1.1 绝对阈值法

即选择某一气象要素的绝对值大于等于或小于等于某一特定值的方法。如根据气象部门的业务标准规定，日降水量50～99.9 mm的降水称为暴雨，日降水量100～249.9 mm的降水称为大暴雨，日降水量大于等于250 mm的降水称为特大暴雨；气温达到或超过35 ℃以上时称为高温，达到或超过37 ℃时称为酷暑。

4.1.4.1.2 百分位法

百分位法是百分位阈值的非参数确定方法。目前实际应用较多的是利用 Gamma(伽玛)分布函数进行描述提出一种百分位值的方法:如果某个气象要素有 n 个值,将这 n 个值按升序排列 $X_1, X_2, \cdots, X_m, \cdots, X_n$,某个值小于或等于 X_m 的概率为:

$$P=(m-0.31)/(n+0.38) \tag{4.1}$$

式中,m 为 X_m 的序号,如果有 30 个值,那么第 95 个百分位上的值为排序后的 X_{29}($p=94.4\%$)和 X_{30}($p=97.7\%$)的线性插值;n 为某个气象要素值的个数。

选取某个长期序列的固定百分位值(通常取第 90 或 95 个百分位数等)作为阈值,超过这个阈值的值被认为是极端值,该事件被认为是极端事件。例如日最高、最低气温超过或小于第 90 个或第 10 个百分位数的暖昼(夜)或冷昼(夜),日降水量超过第 95 个百分位数的强降水天气。

4.1.4.1.3 历史排位法

即根据监测值的历史序列进行排序,挑选出当年值在序列中所处的位置,如 1961 年以来历史同期的最高值、1961 年以来的次低值等。

4.1.4.2 气象干旱监测

云南省气象干旱监测业务依据国家标准《气象干旱等级》(GB/T 20481—2017)开展。国家标准中列出的降水量距平百分率、相对湿润度指数、标准化降水指数、气象干旱综合指数等若干气象干旱监测指数,根据《云南省干旱监测和影响评价业务规定》,云南省以国家气候中心推广应用的综合气象干旱指数(MCI)为主。

4.1.4.2.1 降水量距平百分率(P_a)

降水量距平百分率 P_a 是指某时段的降水量与常年同期降水量差值,与常年同期降水量相比的百分率:

$$P_a=\frac{P-\overline{P}}{\overline{P}}\times 100\% \tag{4.2}$$

式中,P 为某时段降水量;$\overline{P}$ 为多年平均同期降水量,本标准中取 1981—2010 年 30 年气候平均值(表 4.2)。

$$\overline{P}=\frac{1}{n}\sum_{i=1}^{n}P_i \tag{4.3}$$

式中,n 为样本数,$n=30$。

表 4.2 根据降水量距平百分率划分的干旱等级

等级	类型	降水量距平百分率 P_a(%)(月尺度)	降水量距平百分率 P_a(%)(季尺度)
1	无旱	$-50<P_a$	$-25\leqslant P_a$
2	轻旱	$-75<P_a\leqslant-50$	$-50\leqslant P_a<-25$
3	中旱	$-90<P_a\leqslant-75$	$-75<P_a\leqslant-50$
4	重旱	$-99<P_a\leqslant-90$	$-90<P_a\leqslant-75$
5	特旱	$P_a\leqslant-99$	$P_a\leqslant-90$

4.1.4.2.2 相对湿润度指数(M)

相对湿润度指数 M 定义为:

$$M = \frac{P - E}{E} \tag{4.4}$$

式中,P 为某时段的降水量;E 为某时段的可能蒸散量(表 4.3)。

表 4.3 相对湿润度指数 *M* 划分的干旱等级

等级	类型	相对湿润度指数 M (月尺度)	相对湿润度指数 M (季尺度)
1	无旱	$-0.50<M$	$-0.25<M$
2	轻旱	$-0.75<M_i\leqslant-0.50$	$-0.50<M\leqslant-0.25$
3	中旱	$-0.90<M\leqslant-0.75$	$-0.75<M\leqslant-0.50$
4	重旱	$-0.99<M\leqslant-0.90$	$-0.90<M\leqslant-0.75$
5	特旱	$M\leqslant-0.99$	$M\leqslant-0.90$

4.1.4.2.3 标准化降水指数(SPI)

综合干旱指数计算用到的标准化降水指数(SPI 或 Z 指数),是考虑到不同时间尺度、不同地区降水量变化幅度很大,直接用降水量在时空尺度上难以相互比较,而以降水概率分布(Gamma 分布)为基础,计算降水量的分布概率,然后反演计算出正态标准化的降水 Z 指数,其计算公式为:

$$P(x < x_0) = \frac{1}{\sqrt{2\pi}}\int_0^{\infty} e^{-Z^2/2}\,\mathrm{d}x \tag{4.5}$$

对式(4.5)进行近似求解可得:

$$Z = S\,\frac{t - (c_2 t + c_1)t + c_0}{[(d_3 t + d_2)t + d_1]t + 1.0} \tag{4.6}$$

式中,$t = \sqrt{\ln\frac{1}{P^2}}$,$P$ 为利用降水 Gamma 分布求得的概率,并当 $P > 0.5$ 时,P 值取 $1 - P$,$S = 1$,当 $P \leqslant 0.5$ 时,$S = -1$。其中,$c_0 = 2.515517$,$c_1 = 0.802853$,$c_2 = 0.010328$,$d_1 = 1.432788$,$d_2 = 0.189269$,$d_3 = 0.001308$。

由式(4.6)求得的 Z 值,也就是此标准化降水指数 SPI(表 4.4)。

表 4.4 标准化降水指数 *SPI* 划分的干旱等级

等级	类型	SPI 值
1	无旱	$-0.5<SPI$
2	轻旱	$-1.0<SPI\leqslant-0.5$
3	中旱	$-1.5<SPI\leqslant-1.0$
4	重旱	$-2.0<SPI\leqslant-1.5$
5	特旱	$SPI\leqslant-2.0$

4.1.4.2.4 气象干旱综合指数(MCI)

气象干旱是降水长期亏缺和近期亏缺综合效应的累加效应。依据《气象干旱等级》(GB/

T 20481—2017)，气象干旱综合指数考虑了60天内的有效降水(权重平均降水)和蒸发(相对湿润度，30天)的影响，以及季度尺度(90天)和近半年尺度(150天)降水长期亏缺的影响，并考虑了不同季节、不同区域主要农作物对土壤水分的敏感程度。根据站点逐日监测的气象干旱综合指数(MCI)给出单站和区域干旱过程判别方法和标准。

气象干旱综合指数(MCI)的计算公式如下：

$$MCI = K_a \times (a \times SPIW_{60} + b \times MI_{30} + c \times SPI_{90} + d \times SPI_{150}) \tag{4.7}$$

$$SPIW_{60} = SPI(WAP) \tag{4.8}$$

$$WAP = \sum_{n=0}^{60} 0.95^n P_n \tag{4.9}$$

式中，$SPIW_{60}$为近60天标准化权重降水指数；P_n为距离当天前第n天降水量；MI_{30}为近30天湿润度指数；SPI_{90}、SPI_{150}为90天和150天标准化降水指数；a、b、c、d为$SPIW_{60}$、MI_{30}、SPI_{90}和SPI_{150}各项的经验权重系数，在云南省分别取0.3、0.5、0.3和0.2；K_a为季节调节系数，根据各地主要农作物生长发育阶段对土壤水分的敏感程度，确定不同季节的K_a系数。作物生长旺季(一般指3—9月)需水量越大，对土壤水分敏感度越高，K_a值越大；作物生长初期或成熟期(一般指10月至次年2月)需水量越小，对土壤水分敏感度越低，则K_a值越小；无植被生长区域或常年干旱区，K_a值为0。按照GB/T 20481—2017规定，云南省3月份K_a值为1.1，4月、6月、7月和8月的K_a值为1.2，其余月份K_a值均为1.0。气象干旱综合指数等级划分标准见表4.5。

表4.5 气象干旱综合指数等级划分标准

等级	类型	MCI	干旱影响程度
1	无旱	$MCI > -0.5$	地表湿润，作物水分供应充足；地表水资源充足，能满足人们生产、生活需要
2	轻旱	$-1.0 < MCI \leqslant -0.5$	地表空气干燥，土壤出现水分轻度不足，作物轻微缺水，叶色不正；水资源出现短缺，但对人们生产、生活影响不大
3	中旱	$-1.5 < MCI \leqslant -1.0$	土壤表面干燥，土壤出现水分不足，作物叶片出现萎蔫现象；水资源短缺，对人们生产、生活产生影响
4	重旱	$-2.0 < MCI \leqslant -1.5$	土壤水分持续严重不足，出现干土层，作物出现枯死现象，产量下降；河流出现断流，水资源严重不足，对人们生产、生活产生较重影响
5	特旱	$MCI \leqslant -2.0$	土壤水分持续严重不足，出现较厚干土层，作物出现大面积枯死，产量严重下降，甚至绝收；多条河流出现断流，水资源严重不足，对人们生产、生活产生严重影响

4.1.4.2.5 区域气象干旱过程的确定规则

根据中国气象局《区域性干旱过程监测和评价方法》规定，云南省区域气象干旱判定规则归纳如下：

(1)依据气象干旱综合指数的监测结果，某日若监测范围内出现中度及以上强度干旱的相邻监测站点数占有效监测站数(站点不缺测)的百分比≥5%，则定义当日为一个区域性干旱日。

(2)当某日的区域性干旱站点与前一日区域性干旱站点的重合率≥50%，且持续时间≥15天，则定义为一个区域性干旱过程。

(3)满足一次区域性干旱过程判定条件的首日为该次区域性干旱过程开始日。

(4)某次区域性干旱过程开始后,当连续5天出现中旱或以上强度的站点数占区域总站点数的百分比小于5%或者与前一干旱日的站点数重合率低于50%,即表示该次干旱过程结束,则将前一天确定为该次区域性干旱过程的结束日。

(5)区域性干旱过程开始日至结束日之间的日数为该次区域性干旱过程的持续时间。

(6)单日干旱强度为该区域内气象干旱综合指数(MCI)达到和超过中旱以上程度的所有站的(MCI)指数的平均值。区域性干旱过程平均强度为过程内单日干旱强度的平均值。

(7)单日干旱面积为该区域内气象干旱综合指数(MCI)达到和超过中旱以上程度的影响干旱面积(平方千米)。区域性干旱过程影响面积为过程内单日干旱面积的平均值。

(8)区域性干旱过程的综合强度指数(Z)依据某次区域性干旱过程中的平均强度、平均影响面积和持续时间确定。

其计算方法为:

$$Z = I \times \sqrt{A} \times \sqrt{T} \tag{4.10}$$

式中,I为干旱过程的平均强度,A为干旱过程的平均范围,T为干旱过程持续时间。

(9)以1981—2010年期间区域性干旱过程的综合强度指数按照百分位法进行划分,得到区域性干旱过程综合强度划分的阈值。

区域性干旱过程的综合强度划分为四级:一般(≤50%),较强(50%~80%),强(80%~95%),特强(>95%)。

4.1.4.3 冷空气过程监测

依据国家标准《冷空气等级》(GB/T 20484—2006)和气象行业标准《冷空气过程监测指标》(QX/T 393—2017),云南省冷空气监测业务采用24小时、48小时及72小时最低气温的降温的幅度作为冷空气强度的判别标准,开展冷空气过程监测。

4.1.4.3.1 单站冷空气强度和等级

单站冷空气是指某站一定时间内降温幅度达到一定程度的降温现象。

降温幅度是指日最低气温(T_d)的降低程度(ΔT)。

(1)24小时内降温幅度(ΔT_{24}):前一日与当日的日最低气温之差。

(2)48小时内降温幅度(ΔT_{48}):前48小时内的日最低气温的最大值与当日的日最低气温之差。

(3)72小时内降温幅度(ΔT_{72}):前72小时内的日最低气温的最大值与当日的日最低气温之差。

依据单站降温幅度和日最低气温确定该站的冷空气强度等级(表4.6)。其强度分为3级,具体为:

(1)中等强度冷空气:单站的6 ℃$\leqslant \Delta T_{48} <$8 ℃的冷空气。

(2)强冷空气:单站的$\Delta T_{48} \geqslant$8 ℃的冷空气。

(3)寒潮:单站的$\Delta T_{24} \geqslant$8 ℃或$\Delta T_{48} \geqslant$10 ℃或$\Delta T_{72} \geqslant$12 ℃,且日最低气温≤4 ℃的冷空气(其中48小时、72小时内的气温必须是连续下降的)。

表 4.6 单站冷空气强度等级划分

单站冷空气强度等级	判定指标	
	降温幅度(ΔT)	日最低气温(T_d)
中等强度冷空气	6 ℃$\leqslant \Delta T_{48} <$8 ℃	
强冷空气	$\Delta T_{48} \geqslant$ 8 ℃	
寒潮	$\Delta T_{24} \geqslant$8 ℃或$\Delta T_{48} \geqslant$10 ℃或$\Delta T_{72} \geqslant$12 ℃	$T_d \leqslant$4 ℃

4.1.4.3.2 云南区域冷空气监测指标

云南区域冷空气监测业务主要依据降温幅度、全省降温范围和持续时间来判定某次冷空气过程是否达到一次区域性冷空气过程的标准。当全省区域内有≥20%的气象站点出现中等及以上强度的单站冷空气，则为一次区域性冷空气过程。定义全省冷空气过程开始时间为满足区域冷空气过程判定条件的首日为区域冷空气过程开始日，全省区域内<20%的气象站点出现中等及其以上强度的单站冷空气的首日为区域冷空气过程结束日。

此外，在一次区域冷空气过程监测中，计算逐日 24 小时降温幅度≥6℃的站点数时，若出现其随时间减少后又增加的情况，则此过程应被判定为两次过程，站点数出现增加的前一日为前一次过程结束日，而站点数出现增加的当日为后一次过程开始日。

(1)区域冷空气过程强度指数：依据某次区域冷空气过程中达到不同强度等级的单站比例确定该次冷空气过程的强度指数(以 I 表示)。具体方法为：

$$I = \frac{3N_3 + 2N_2 + N_1}{N_3 + N_2 + N_1} \tag{4.11}$$

式中，N_1为单站出现中等强度冷空气的站点数；N_2为单站出现强冷空气的站点数；N_3为单站出现寒潮的站点数。

(2)区域冷空气过程强度等级：依据某次区域冷空气过程中的强度指数和站点比例确定其强度等级(表 4.7)。

表 4.7 区域冷空气过程强度等级划分

冷空气过程等级	强度指数
中等强度冷空气过程	$1.0 \leqslant I < 1.7$
强冷空气过程	$1.7 \leqslant I < 1.95$
寒潮过程	$1.95 \leqslant I$

(3)区域冷空气过程综合强度指数：依据某次冷空气过程的强度和范围，确定该次区域冷空气过程的综合强度，由此可计算得到某监测区域内各次区域性冷空气过程的综合强度，进行多个冷空气过程的对比分析。

某监测区域中的某次冷空气过程的综合强度指数(M)的计算方法为：

$$M = I \times \sqrt{\frac{N_1 + N_2 + N_3}{N}} \tag{4.12}$$

式中，N 为某监测区域内的总监测站点数；N_1、N_2和 N_3则分别代表监测区域中达到中等强度冷空气、强冷空气和寒潮标准的站点数。

4.1.4.4 极端低温过程监测

极端低温过程监测主要是指监测时段内气温(平均气温、最低气温)的空间分布以及与常年或近几年同期的比较。根据实际情况，云南省极端低温过程监测内容主要包括倒春寒、夏季低温、热带作物寒冻害等监测。

4.1.4.4.1　倒春寒监测

依据国家标准《倒春寒气象指标》(GB/T 34816—2017)，结合云南省气象业务规定开展倒春寒监测，监测指标如下：

第 1 条(1)2 月连续 4 天日平均气温滑动平均值 $\Delta T_2 \leqslant T_2 - 5.0$ ℃；

(2)2 月日最低气温 $T_{m2} \leqslant T_{m2} - 5.9$ ℃。

第 2 条(1)3 月连续 4 天日平均气温滑动平均值 $\Delta T_3 \leqslant T_3 - 6.0$ ℃；

(2)3 月日最低气温 $T_{m3} \leqslant T_{m3} - 5.7$ ℃。

第 3 条(1)4 月连续 3 天日平均气温滑动平均值 $\Delta T_4 \leqslant T_4 - 7.5$ ℃；

(2)4 月日最低气温 $T_{m4} \leqslant T_{m4} - 7.2$ ℃。

上述指标中，T_2 为 2 月常年平均气温；T_{m2} 为常年 2 月平均最低气温；T_3 为常年 3 月平均气温；T_{m3} 为常年 3 月平均最低气温；T_4 为常年 4 月平均气温；T_{m4} 为常年 4 月平均最低气温。

其中，2 月、3 月和 4 月中，符合第(1)、(2)条件任意一条，为一般倒春寒，同时符合第(1)、(2)条件为强倒春寒天气过程。但若用上式计算出来的 $\Delta T > 10$ ℃和计算出来的 $T_m > 5$ ℃一律不作为倒春寒的临界指标。

4.1.4.4.2　夏季低温监测

夏季(6—8 月)连续 3 天以上日平均气温小于等于临界气温 T_0，为夏季低温。

临界气温根据全省各个地区影响的对象不同而异，一般而言全省所采用的指标是连续 3 天日平均气温降至 18 ℃以下，最低气温降至 14 ℃以下。

实际监测中针对大宗作物的低温监测可对海拔高度进行订正：某地的临界指标温度 T 与它的海拔高度 H 呈线性相关，$T = 26.4 - 0.00484H$，T 单位为℃，H 为观测站海拔高度，单位为 m。

4.1.4.5　高温过程监测

依据国家标准《高温热浪等级》(GB/T 29457—2012)、气象行业标准《极端高温监测指标》(QX/T 280—2015)和《区域性高温天气过程等级划分》(QX/T 228—2014)，结合云南省实际，采用全省日最高气温大于 33 ℃站点数或最高气温超过 35 ℃的站点数，作为高温过程监测的标准。

4.1.4.5.1　采用百分位法确定极端高温阈值

取气候标准期(1981—2010 年)内任一高温指标的每年的极值和次极值，构建包含 60 个样本的序列；对序列从小到大进行排序，取第 95 百分位数(即排位第 58 的数值)作为偏高(大)的极端阈值，大于或等于该阈值的事件为极端偏高(大)事件。

4.1.4.5.2　单站高温过程监测

某一个站点日最高气温≥35 ℃，定义为该站高温日；持续 2 天或以上日最高气温≥35 ℃，则定义为一次高温天气过程。

4.1.4.5.3　区域性高温天气过程监测

按中国气象局《区域性高温过程监测和评价方法》规定，云南区域性高温过程监测判定规则归纳如下：

(1)某日，将日最高气温≥35 ℃的相邻站点(两站点间距离≤250 km)判定为 1 个组群；1

天内，允许有多个组群存在。

(2)将站点数占有效监测站数(站点不缺测)的百分比≥5%的组群判定为1个区域性组群;1天内，允许有多个区域性组群存在。

(3)某日某区域性组群内至少有50%的站点与前一日某区域性组群内站点重合，则判定该区域性组群持续;否则判定该组群结束。

(4)某个区域性组群持续2天及以上，则判定其为一次区域性高温过程。

(5)符合区域性高温过程判定指标中(4)的区域性群组持续的首日，为区域性高温过程开始日。

(6)区域性高温过程开始后，符合区域性高温过程判定指标(3)中区域性组群结束的首日为区域性高温过程结束日。

(7)区域性高温过程的持续天数:从过程开始日至过程结束日前一日的累积日数。

(8)区域性高温过程的平均强度:某次区域性高温过程中所有影响站点的日最高气温的平均值。

(9)区域性高温过程的平均范围:某次区域性高温过程的日平均影响站数。

(10)区域性高温过程的综合强度指数:综合考虑一次区域性高温过程的平均强度、持续时间和平均影响范围来确定的综合强度指数(Z)。

其计算方法是:

$$Z = I_a \times \sqrt{A_a} \times \sqrt{T} \tag{4.13}$$

式中，I_a为区域性高温过程平均强度;A_a为区域性高温过程平均范围;T为区域性高温过程持续时间长度。

(11)采用百分位数法，基于1981—2010年时段的区域性高温过程综合强度指数，按百分位法将区域性高温过程按照综合强度划分为四级:一般(≤50%)，较强(50%～80%)，强(80%～95%)，特强(>95%)。

4.1.4.6 雨季开始(结束)期监测

依据气象行业标准《中国雨季监测指标 西南雨季》(QX/T 396—2017)，采用全省125个国家气象观测站的逐日降水量资料进行监测，具体方法如下:

4.1.4.6.1 雨季开始期判别条件

自4月21日开始，任意5天滑动累计雨量(R_5)大于等于5—10月候雨量气候平均($\overline{R}_{5-10}/36$)为止，即:

$$K_b = [R_5/(\overline{R}_{5-10}/36)] \geq 1 \tag{4.14}$$

式中，$\overline{R}_{5-10}/36$为5—10月降水量气候平均值。

则:

(1)在$K_b \geq 1$的5天中雨量最大的一天确定为雨季开始待定日，在之后的15天内又出现$K_b \geq 1$的情况，即将雨季开始待定日确定为雨季开始日，雨季开始日所在的候为雨季开始候。

(2)如果在之后的15天之内再未出现$K_b \geq 1$的情况，则重复4.14的步骤，重新确定雨季开始待定日和雨季开始日。

(3)如果计算得到的雨季开始期是4月21日，则逐旬向前按式(4.14)的步骤推算符合雨季开始期条件的日期。

4.1.4.6.2　雨季结束期判别条件

自9月21日开始，任意5天滑动累计雨量（R_5）小于等于1—12月候雨量气候平均（$\overline{R}_{1-12}/72$）为止，即：

$$K_e = (R_5/(\overline{R}_{1-12}/72)) \leqslant 1 \tag{4.15}$$

式中，$\overline{R}_{1-12}$ 为年降水量的气候平均值。

则：

(1)在 $K_e \leqslant 1$ 的当天确定为雨季结束待定日，在之后的15天内未再出现 $K_e \geqslant 1$ 的情况，即将雨季结束待定日确定为雨季结束日，雨季结束日所在的候为雨季结束候。

(2)如果在之后的15天之内又出现 $K_e \geqslant 1$ 的情况，则重复式(4.15)的步骤，重新确定雨季结束待定日期和雨季结束日期。

(3)如果计算得到的雨季结束期是9月21日，则逐日向前按式(4.15)式的步骤推算符合雨季结束期条件的日期。

4.1.4.6.3　雨季长度监测

单站雨季长度为该站雨季开始日期至雨季结束日期(含开始日期，不含结束日期)的总天数。区域雨季长度为区域雨季开始日期至雨季结束日期(含开始日期，不含结束日期)的总天数。

4.1.4.6.4　雨季降水量监测

单站雨季降水量为该站雨季开始日期至雨季结束日期(含开始日期，不含结束日期)时段内累计降水量。区域雨季降水量为区域雨季开始日期至区域雨季结束日期(含开始日期，不含结束日期)时段内全部监测站点累计降水量的平均值。

4.1.4.7　秋季连阴雨监测

云南省秋季连阴雨的单站判别标准如下：

(1)连续降雨日数≥7天，连续降雨日的平均日降雨量≥4.0 mm，所对应天数的平均每日日照时数≤3.0 h；

(2)9—11月中任意一个月降水距平百分率≥50%，且该月日照百分率<−10%。

符合上述两条中的任一条者，为一次秋季连阴雨过程。

4.1.4.8　自然气候季节监测

依据气象行业标准《气候季节划分》(QX/T 152—2012)，开展全省125个国家级气象观测站的气候自然季节的监测。

4.1.4.8.1　气候季节划分

采用日平均气温和5天滑动平均气温作为评判指标：

(1)春季：日平均气温或5天滑动平均气温≥10 ℃且<22 ℃；

(2)夏季：日平均气温或5天滑动平均气温≥22 ℃；

(3)秋季：日平均气温或5天滑动平均气温<22 ℃且≥10 ℃；

(4)冬季：日平均气温或5天滑动平均气温<10 ℃。

4.1.4.8.2　常年气候季节起始日、终止日、长度的确定

基于常年滑动平均气温序列，按照春、夏、秋、冬的顺序，依次确定各季节的常年起始日期：

(1)春季起始日：当常年滑动平均气温序列连续5天≥10 ℃，则以其所对应的常年气温序

列中第一个≥10 ℃的日期作为春季起始日。

(2)夏季起始日：当常年滑动平均气温序列连续5天≥22 ℃，则以其所对应的常年气温序列中第一个≥22 ℃的日期作为夏季起始日。

(3)秋季起始日：当常年滑动平均气温序列连续5天<22 ℃，则以其所对应的常年气温序列中第一个<22℃的日期作为秋季起始日。

(4)冬季起始日：当常年滑动平均气温序列连续5天<10 ℃，则以其所对应的常年气温序列中第一个<10 ℃的日期作为冬季起始日。

(5)以某一气候季节常年起始日的前一日，作为上一个季节的常年终止日。

(6)以某一个气候季节常年起始日到终止日之间的天数，作为常年气候季节长度(天数)。

4.1.5 气候监测业务系统

云南省气候中心投入日常值班运行的气候监测分析业务系统主要有：《气候信息交互显示与分析系统》(CIPAS)、《极端天气气候事件监测业务系统》和《云南气候业务平台》。

4.1.5.1 气候信息交互显示与分析系统

气候信息交互显示与分析系统(Climate Interactive Plotting and Analysis System，简称CIPAS)，是国家气候中心着眼于全国气候业务系统现状及国外气候业务系统发展情况，按照《现代气候业务发展指导意见》设计研发的气候业务系统，现在主要使用的是CIPAS 2.0版本。CIPAS 2.0客观地揭示了地球气候系统主要圈层中的正在发生或曾经发生的基本事实，实现我国气候监测的业务对象和范畴，从传统的海气系统监测向整个气候系统各大圈层监测的跨越。系统平台面向监测预测基本业务，实现了我国主要气候预测业务的客观化预报。在预报对象上，实现从常规温度、降水要素拓展至月内强降水、强降温过程、气候现象、气候灾害、极端事件以及面向行业的预测；时间尺度上实现延伸期—季节的无缝隙链接，涵盖资料检索、交互显示、统计与诊断分析、产品制作等业务功能。

CIPAS 2.0以日尺度为基本时间单位，同时兼顾长时间历史数据。基本业务流程为：每日定时获取最新观测时间的气象要素，并写入到Net CDF文件中，再将新增数据纳入各时间尺度的统计产品中，形成文件后提供服务。CIPAS系统的主要特点包括：支持多格式数据，包括GIS、MICAPS、NetCDF、HDF、NCL、KML、交换格式等；地面填图、高空填图、观测资料客观化显示、模式资料、卫星资料、等值线、色斑图、剖面图等图形的显示与参数控制；地图管理；人机交互编辑与订正；站点反演、基本插值(CRESSMAN、IDW等)等通用分析工具；通用统计分析及可视化结果；实现产品加工后台定制；多格式多方式产品输出；可视化界面定制和二次开发；原始数据采集和气候应用数据库、文件库综合管理等。

CIPAS 2.0整合集成了动力与统计相结合气候预测系统、多模式集成气候预测系统、气候极端事件监测系统、ENSO监测预测系统等一批原本分散的国家级气候监测预测业务系统，集成了430个气候算法，系统功能覆盖气候监测、预测、产品检验、产品制作和诊断分析等核心气候业务。CIPAS 2.0基于“气候算法组件库”和“业务流程引擎”等技术，建立了众创开发平台，实现科研向业务的快速转化。

CIPAS 2.0的本地化应用有效地提高了云南省气候业务部门气候业务数据的最优化使用与共享水平，推动业务平台朝着集约化、自动化、规范化、标准化、开放性、可靠性方向发展，推动信息技术在业务支撑平台中的应用，实现了云南省气候监测诊断及气候预测业务的专业化、流程化。

CIPAS 2.0 共有监测、预测、交互分析、检测归因和变化预估五个子系统，每个子系统下包含若干个功能模块，每个功能模块下包含若干个项目。其中，在监测子系统下，共分为全球海洋监测、极端气候事件监测、全球大气环流监测、中国生态气候环境监测、陆面状况监测、气候物理诊断量监测和气候变化监测公报业务七个功能模块（图 4.9）；在预测子系统下，共分为动力—统计集成的月/季预测、多模式集成、专项气候、气候现象预测、气候事件预测和预测产品检验六个功能模块；在交互分析子系统下，主要完成云南省月、季尺度的降水、气温两个要素的预报图制作（图 4.10）。

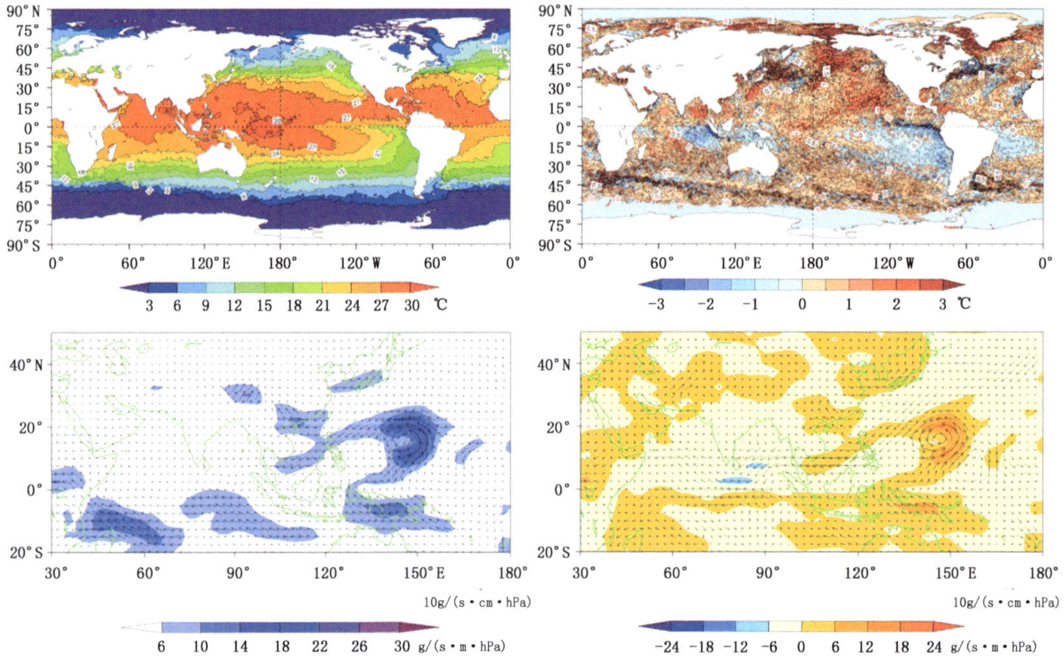

图 4.9　CIPAS 2.0 的部分综合显示功能示例

（左上：全球海温实况图，右上：全球海温距平图，左下：850 hPa 水汽通量，右下：850 hPa 水汽通量距平）

在气候监测预测业务中，主要通过 CIPAS 2.0 系统实现数据查询、图形绘制和产品制作三大主要功能，包括全球主要关键区海温及特征指数，全球位势高度场和风场，副热带高压、极涡、印缅槽、季风等主要气候系统和大气环流特征量变化，水汽通量等物理量的统计计算，陆面积雪状况等，以及云南省月季气候趋势预测产品的制作。

4.1.5.2　极端天气气候事件监测系统

极端天气气候事件监测系统（CEMS）是国家气候中心推广的气候监测业务软件。系统使用的资料是历史和实时逐日平均气温、日最高气温、日最低气温、日降水量观测数据。主要监测对象包括气温、降水等不同气象要素的极端性以及高影响灾害性天气气候事件，例如高温、干旱、低温、暴雨洪涝等。系统主要功能包括极端事件监测指标和极端事件历史序列查询、空间分布、时间序列绘图、区域指标、气候事件和气候背景监测、自动定时作业、指标添加、监测区域变化等。该系统使用的指标主要包括阈值指标（包括极值、绝对阈值和相对阈值指标）、重现

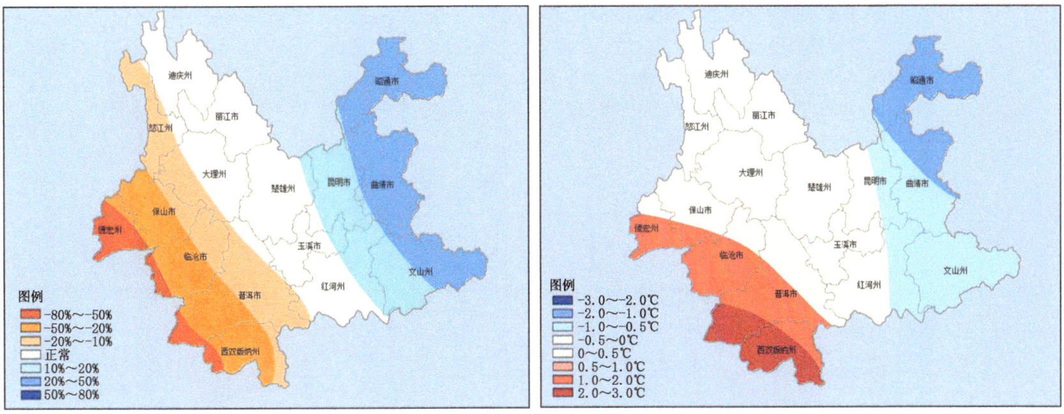

图 4.10 利用 CIPAS 2.0 制作的云南省气候预测产品
（左：降水距平百分率，右：气温距平）

期指标等。指标分析方法有绝对阈值法、百分位法、历史排位法及重现期计算法。

4.1.5.2.1 极端天气气候事件监测系统的数据库环境搭建

极端天气气候事件监测系统数据环境的搭建使用 Microsoft Windows OS 及相应的支撑环境 Microsoft .Net Framework 4.0、Microsoft SQL Server 2008，对于处理结果要生成的各种图表，曲线控件需要 MsChart，同时需要安装 ArcGIS 和 Surfer 作为地图组件和插值组件。云南省气候中心从 2010 年开始使用 1.0 版本，到 2015 年 10 月更新为 2.4 版本。

4.1.5.2.2 极端天气气候事件监测系统的本地化应用

在不断更新系统版本的同时，为符合云南省气象局现有数据结构和下载方式，适应一线业务人员需求和便捷使用，云南省气候中心对“极端天气气候事件监测业务系统”进行了本地化更新工作（图 4.11）。一是将缺失的历史数据进行了一次统一的补充更新，弥补了部分模块计算过程中出现的缺测现象，同时补充了云南省各台站新 30 年（1981—2010）整编资料，纠正了在计算极端事件过程中部分极端值有错误的问题；二是开发了新的系统数据入库程序，新程序可以实现任意时段的数据添加，避免了之前的程序无法跨月计算的情况，同时将不同变量拆分生成，并一次性追加，弥补了之前数据入库时的复杂性，简化了流程，提高了运行速度（图 4.12）。

图 4.11 极端天气气候事件监测业务系统云南本地化应用界面

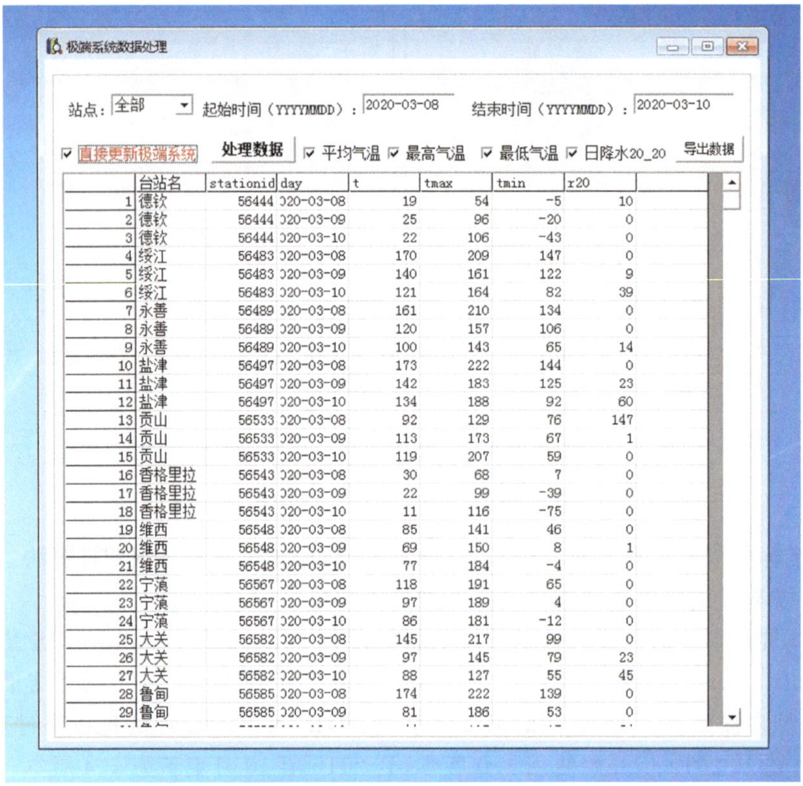

	台站名	stationid	day	t	tmax	tmin	r20
1	德钦	56444	020-03-08	19	54	-5	10
2	德钦	56444	020-03-09	25	96	-20	0
3	德钦	56444	020-03-10	22	106	-43	0
4	绥江	56483	020-03-08	170	209	147	0
5	绥江	56483	020-03-09	140	161	122	9
6	绥江	56483	020-03-10	121	164	82	39
7	永善	56489	020-03-08	161	210	134	0
8	永善	56489	020-03-09	120	157	106	0
9	永善	56489	020-03-10	100	143	65	14
10	盐津	56497	020-03-08	173	222	144	0
11	盐津	56497	020-03-09	142	183	125	23
12	盐津	56497	020-03-10	134	188	92	60
13	贡山	56533	020-03-08	92	129	76	147
14	贡山	56533	020-03-09	113	173	67	1
15	贡山	56533	020-03-10	119	207	59	0
16	香格里拉	56543	020-03-08	30	68	7	0
17	香格里拉	56543	020-03-09	22	99	-39	0
18	香格里拉	56543	020-03-10	11	116	-75	0
19	维西	56548	020-03-08	85	141	46	0
20	维西	56548	020-03-09	69	150	8	1
21	维西	56548	020-03-10	77	184	-4	0
22	宁蒗	56567	020-03-08	118	191	65	0
23	宁蒗	56567	020-03-09	97	189	4	0
24	宁蒗	56567	020-03-10	86	181	-12	0
25	大关	56582	020-03-08	145	217	99	0
26	大关	56582	020-03-09	97	145	79	23
27	大关	56582	020-03-10	88	127	55	45
28	鲁甸	56585	020-03-08	174	222	139	0
29	鲁甸	56585	020-03-09	81	186	53	0

图 4.12　CEMS 云南本地化数据入库处理程序界面

4.1.5.3　云南气候业务平台

云南气候业务平台基于气候(灾害)数据标准化分类存储、检索方法,建立了气候(灾害)基础数据库支撑平台,实现了各类数据源的整合、处理,使之能够实时、准确地满足云南气候(灾害)业务需要。在数据库的支撑下,使用气候及气候变化统计方法、极端气候事件的行业标准及技术方法、气候对各行业的影响评价技术指标及方法,实现了各类气候(灾害)数据的常规及复杂查询、统计,实现各类评价、评估指标的计算机输出,实现了各类输出数据的变化曲线及空间分布图的呈现,并实现常规业务产品的管理功能。平台建立了集数据采集管理、统计分析、图形分析、产品分发等多功能于一体的业务软件环境。

4.1.5.3.1　系统结构

云南气候业务平台是基于 B/S 模式的业务系统,系统最前端为 Web 子系统,用于处理 Web 界面的展示和用户交互操作处理。用户通过 Web 页面提交访问请求后,Web 控制层把用户请求传递到业务应用子系统,业务应用子系统根据前端传递的请求参数,调用相应的业务应用逻辑对请求进行处理;应用逻辑执行过程中可能需要使用到数据采集子系统、数据存储子系统提供的接口;应用逻辑模块的执行结果通过输出子系统处理成合适的输出格式返回给用户。本系统采用 Java EE 技术构架,采用多层分离模式设计,可以很好地保证系统的灵活性和扩展性,客户端采用 EXT JS 客户端框架,确保界面最大可能的方便用户使用。系统可通过 FTP 或 HTTP 协议访问 CIMISS 系统和 MDOS 资料库,定期自动从这两个库中下载和获取相关的数据资料。由于GIS系统本身会占用较多系统资源，因此将GIS绘图引擎进行单独部署。

系统采用的关键技术、开发工具及版本如下：

操作系统平台：Windows Server 2008

开发语言：Java 1.7

体系结构：Java EE

UI界面框架：ExtJS4

应用框架：SSH (Struts2 + Spring3 + Hibernate4)

应用服务器：Tomcat8

数据库服务器：SQL Server 2008及以上版本、MySQL5及以上版本

开发工具：Eclipse

绘图引擎：ArcGIS 10

4.1.5.3.2 系统基本功能模块

云南气候业务平台包含气候要素逐日监测、气候要素统计分析、关键期气候过程监测评估、极端天气气候分析、气候影响评价及气候变化检测分析业务应用子系统；包含业务产品信息上报和洪涝基础信息上报处理子系统；包含数据维护和算法库维护子系统；系统管理子系统(图4.13)。

(1)气候要素逐日监测模块

主要是分析云南省各地及全省平均的不同气候要素、不同时段的气候特征，其主要功能是根据气候统计方法，得到用户选择的任意日段、任意站点的平均(最低、最高)气温，20—20(08—08)时降水、日照时数、平均风速、平均相对湿度等气候要素的逐日监测值。

(2)气候要素统计分析模块

分析云南省不同气候要素以及大气、海洋和各种气候外强迫因子时空变化特征。其主要功能是根据气候统计方法，得到用户选择的任意日段、任意区域的常规及复杂查询、统计各类输出数据的变化曲线及空间分布图的呈现功能。该模块为用户提供要素分析、年代均值分析、历史序列分析、年代变化分析、距平频次分析等功能。

(3)关键期气候过程监测评估模块

主要包括对雨季开始(结束)期、雨季特征、秋季连阴雨、倒春寒、夏季低温、气象干旱等气候关键期进行监测评估。

(4)极端天气气候分析模块

主要包括对极端天气日数、单日极值、时段极值进行统计分析。

(5)气候影响评价模块

主要包括评价气候对水资源、人体健康、能源等领域的相关影响。

(6)业务产品模块

主要提供产品目录管理、产品文件管理、在线浏览等相关功能，该功能主要用于业务产品的归档管理。

(7)气候变化检测分析模块

主要包括对变率分析、MK分析、累计距平分析、显著性分析等指标进行查询和统计分析。

(8)洪涝基础信息上报系统

主要针对暴雨洪涝灾害风险普查数据，提供填报各类洪涝基础信息功能，便于进行宏观的统计分析。

(9)数据维护系统模块

主要是对各类系统运行的数据进行维护，并生成操作日志。

(10)算法库系统模块

主要用于集成管理各种专业的气象分析计算方法。分析计算的核心算法一般由 Matlab、Fortran 或其他语言编写的可执行程序构成，该子系统需要能够调用这些预定义的计算程序，将计算结果存储到合适的位置并将结果可视化展现给用户。

(11)系统管理模块

该模块是通用的系统基础设施功能，主要用于提供系统的组织机构管理，用户管理，角色权限管理、操作日志查询等管理功能。

图 4.13　云南气候业务平台程序界面

4.1.5.3.3　主要功能模块简介

(1)数据维护模块

系统提供对要素数据、站点小时数据及运行日志进行维护(图 4.14)。要素数据分为国家站数据及区域站数据。系统对所选择的某一个日期的要素数据进行统计分析，计算所选日期的 20—20 时降水、08—08 时降水、平均气温、最高气温、最低气温、日照时数、相对湿度及平均风速等要素信息。同时，系统支持 CIMISS 数据同步、Oracle 数据库同步及文件数据导入等功能。

(2)气候要素监测模块

气候要素监测模块包括对从 1951 年开始的全省 125 个国家气象观测站(含区域站)的降水、气温、日照、相对湿度及风速等气候要素进行日监测(图 4.15)。通过计算所选择时日期的气候要素分布情况，以站点填值图、要素分布图、表格及图表等多种形式展现计算结果，支持路

图 4.14　云南气候业务平台数据维护模块界面

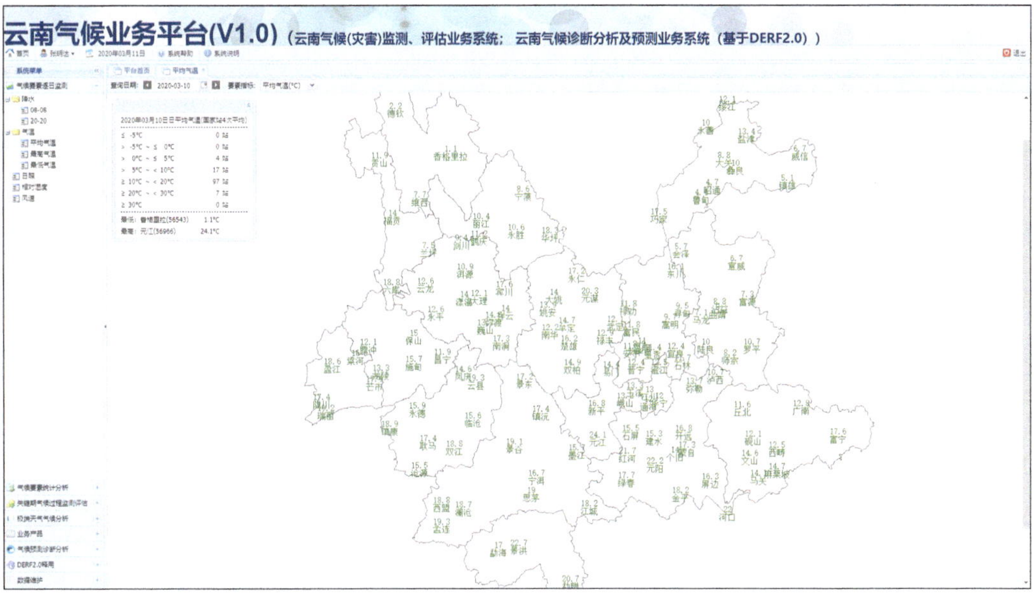

图 4.15　云南气候业务平台气候要素监测模块界面

网图层、卫星影像图层、文字标注图层、国界、省界、州界、河流、湖泊等的叠加显示或取消某几个图层显示。

(3)气候要素统计分析模块

气候要素统计分析模块包括对从1951年开始的全省125个国家气象观测站(含区域站)的降水、气温、日照、相对湿度及风速等气候要素进行以日、旬、月、季、年等各种时间段进行要素统计分析。统计分析指标包含：常年值、距平、距平百分率、正序排名、倒序排名、序列长度、历史最大值、历史最小值、历史次大值及历史次小值等(图 4.16)。通过计算所选择时间段的气候要素分布情况,以站点填值图、要素分布图、表格及图表等多种形式展现计算结果。

图 4.16 云南气候业务平台气候要素统计分析模块界面

(4)关键期气候过程监测评估模块

关键期气候过程监测评估模块按照云南省气象局运行标准及中国气象局标准对从 1951 年开始的全省 125 个站点雨季开始期、雨季结束期、雨季特征进行监测评估,同时对秋季连阴雨、倒春寒、夏季低温、气象干旱等气候过程进行监测评估(图 4.17)。

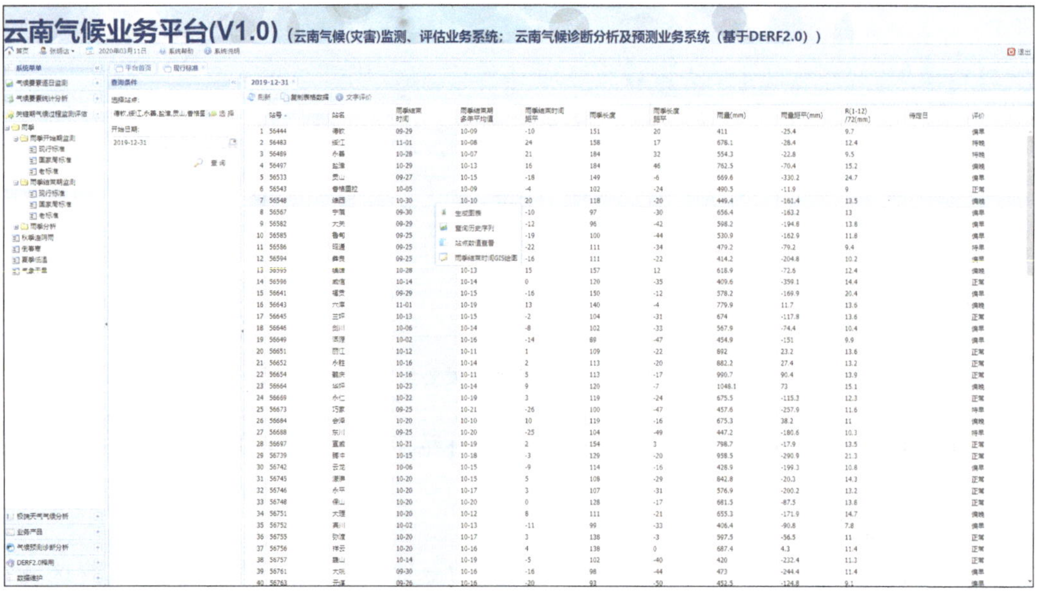

图 4.17 云南气候业务平台关键期气候过程监测模块界面

针对雨季监测及分析，系统支持对开始日期、多年平均值、开始期距平、结束期、结束期距平、有效 K 值雨量、有效 K 值日期、最后达到 K 值雨量、最后达到 K 值日期、雨量、待定日及降水强度等指标进行监测并统计分析。

针对秋季连阴雨，系统支持对出现次数、累积日数、过程最大日数、常年值、距平、正序排名、倒序排名、序列长度、历史最大值、最大值年份、历史最小值、最小值年份、多个过程时间、过程雨量进行监测并统计分析。

针对倒春寒，系统支持对 2—4 月各月份倒春寒的出现以及时间、累计倒春寒日数、正序排名、倒序排名、极大值、极大值年份、极小值、极小值年份等指标进行监测并统计分析。

针对夏季低温，系统支持对出现次数、各过程时间、各个过程最高温度、累计低温日数、常年均值、距平、排名、极大值、极大值年份、极小值、极小值年份等指标进行监测并统计分析；

针对气象干旱，系统支持对不同的 K_a 值、MCI 系数进行统计分析，进行监测。

(5)极端天气气候分析模块

极端天气气候分析模块是对云南省某一时段内降水、平均气温、最高(低)气温、日照时数、风速、相对湿度等超过某一特定值(自行设定)的日数统计。

可以选择任意需要的站点进行统计，要素包括平均气温、最高气温、最低气温、日照时数、相对湿度、风速等。图 4.18 示例中选择的是 20—20 时降水，指标选择全部，统计方式选择累计(还可以选择连续)(如果某个站的过程日数大于其多年平均值，表格数据显示红色，反之则为黑色)，条件选择的是＞10 mm，点击查询后，出现右边的数据表格。

图 4.18　云南气候业务平台极端天气气候分析模块界面

(6)业务产品模块

气候业务产品部分是将云南省气候中心制作和撰写的监测、预测、决策等材料集中显示的平台，监测材料主要包括极端天气气候事件、气象干旱监测、关键期监测、气候影响评价等；预测材料主要包括关键期气候预测、11～30 天主要天气过程预测、月预测等；决策材料主要包括云南省月、季、年的气候概况以及气候特点分析等方面的材料。

模块对气候业务产品进行管理，可新建、修改、删除记录。可根据文件名、制作人、材料主题、制作起止日期进行记录查询。可对单条记录进行下载及预览。可分别根据文件名、材料主题、材料制作人、材料制作时间、材料上传人进行升降序排序，同时可根据需要选择显示或隐藏以上任何一项信息。

4.2 气候诊断

气候诊断(Climate Diagnosis)是应用气候系统监测资料，用数理统计工具及适当的热力学和动力学方程对研究对象进行分析和计算，了解各种物理和动力过程的相对作用，在分析基础上进行科学的综合和推断，得到天气气候异常现象的形成原因，是气候监测的延伸和发展。

气候诊断的主要内容包括：

(1)应用统计方法，了解气候变化的时空分布特征、变化规律及气候异常程度。

(2)通过统计方法探索气候变量之间及其与其他物理因素之间的联系，研究气候变化及气候异常的原因，进而探索气候变化、异常的物理机制。

(3)对气候数值模拟结果与实际变化状况之间的差异进行统计诊断。

目前，云南省气候诊断业务还处于起步阶段，对气候异常的诊断工作开展较普遍，而对气候异常的规律及成因诊断研究还是探索性的。

4.2.1 业务内容

云南省气候诊断业务的主要任务是：在国家级指导下开展与云南省气候异常有关的大气环流或局地环流、地形影响等精细化诊断归因分析，在常规大气环流要素分析的基础上，加强针对不同气候异常的气候背景分析，为气候异常成因分析提供科学依据。

云南省异常气候事件主要包括洪涝、干旱、关键期低温等，云南省气候诊断业务主要围绕异常气候事件开展诊断分析，满足气候预测工作和气候服务工作需要，通过统计、动力学诊断技术方法探索气候要素与其他物理因素之间的联系，分析和探讨造成气候异常的物理原因及机制。

4.2.1.1 气候异常事件的确定

异常气候标准的确定是根据世界气象组织(WMO)的规定，划分标准如下：

气温：月平均气温距平大于或等于两个标准差($\Delta \overline{T} \geqslant 2\sigma$)为异常高温；月平均气温距平小于或等于负的两个标准差($\Delta \overline{T} \leqslant -2\sigma$)为异常低温。

降水：月降水量出现所取基准 30 年中未有过的小降水量(或 $R=0$)时，为降水异常偏少；出现所取基准 30 年中未有过的大降水量时，为降水异常偏多。

可见，气候异常是在较长资料序列中出现的一种极端情形，是在与基准 30 年资料相比，气候要素偏差极大的极端气候状态。

4.2.1.2 气候异常诊断归因分析

云南省地处中国西南边陲，受全球最强盛的印度季风和东亚季风的交叉影响，形成了四季不分明的低纬气候、干湿季节分明的季风气候和垂直气候变异大的立体气候。云南省全年降水量的85%～95%都集中在雨季(5—10月),发生局部洪涝的频率极高;在干季(11月至次年4月)则降水稀少,极易发生大面积干旱;受地理气候环境影响,"倒春寒"和夏季低温事件时有发生。

大气环流是制约天气和气候变化的重要因子,常态化的大气环流形势往往决定着某一地区的天气气候特征。由于位于低纬高原地区,影响云南省的天气系统非常复杂和广泛,其天气气候的变化不仅受热带、副热带系统的影响,与中高纬度地区的大气环流也有密切的联系。分析云南省气候异常成因,主要从高度场、风场、水汽场、西风带长波、高空急流、西太平洋副热带高压、南亚高压、台风活动、青藏高原低值系统、孟加拉湾风暴、海温、冷空气活动等方面进行。

例如对云南省异常高温干旱事件进行诊断分析时,通常从以下几个方面进行:

①气象干旱特征,与历史同期比较。

②500 hPa、200 hPa高度场异常,850 hPa、200 hPa风场异常,了解影响云南省的高低层大气环流的分布特征。

③整层水汽通量和水汽通量散度,分析云南区域水汽输送特征。

④OLR距平场,了解影响云南省干旱的对流活动特征,造成云南省干旱的物理机制。

而对洪涝、连阴雨、关键期低温进行诊断时,通常进行以下分析:

①西太副高强弱、位置、形状等特征。

②亚洲夏季风活动特征,了解季风活动对云南省夏季洪涝的影响。

③850 hPa、700 hPa高度场和流场,重点分析低空切变线、低层暖湿空气输送以及高原低值系统移动等。

④冷空气活动、海温场变化特征等。

4.2.2 业务流程

云南区域异常气候事件及其成因的诊断,首先是基于气候监测数据,运用统计学方法对气候要素背景、前期气候的演变特点进行深入分析,判断气候有无异常事件出现;其次是进行发生原因的综合诊断分析,将影响云南省气候异常的各种物理信号逐一进行分析,最后综合分析概括出异常气候事件可能的原因与形成物理机制。具体工作流程如图4.19所示。

4.2.2.1 诊断分析

气候诊断产品的核心内容是对气候异常和极端气候事件发生的原因进行科学分析,为政府和社会公众提供解疑释惑。对于不同种类、不同强度的气候异常事件,诊断分析的重点内容不同。对于大范围、持续时间较长的气候异常事件,如持续性干旱、高温热浪、连阴雨、持续性低温等,要从全球气候变化背景入手,重点分析大气环流系统的特征,其次是局地地理环境条件的影响作用。对于时空尺度相对较小的气候要素异常,如局地暴雨、大风等,重点是天气尺度(中、小尺度)系统及局地地理环境条件的作用。

云南省气候诊断分析的流程是基于CIMISS数据库和国家气候中心内网的数据,利用云南气候业务平台、CIPAS系统等工具中的气象要素统计分析和极端事件统计等分析功能,对海洋背景、环流形势等进行分析,得出初步结论。

4.2.2.2 诊断业务会商

在对气候异常及成因进行分析形成初步结论后,由值班首席组织对诊断意见进行充分讨

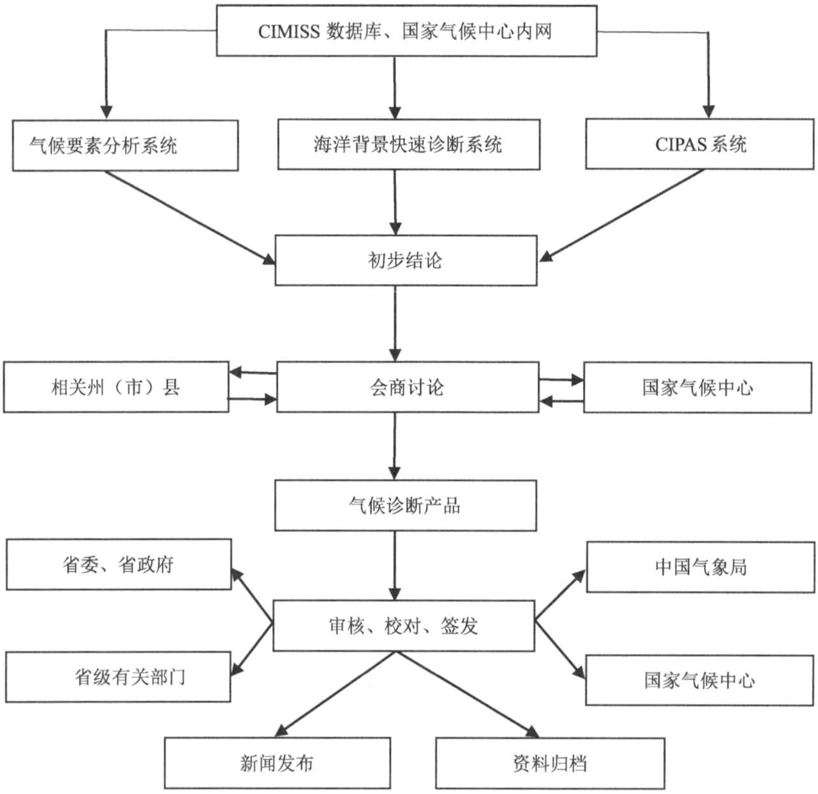

图 4.19　云南省气候诊断业务流程

论会商，以保证诊断结论的科学性和准确性。重大气候事件的诊断分析可上报业务管理部门，由管理部门组织相关专家参加会商，必要时与国家气候中心联系获得上级指导，或者相关州（市）业务技术人员沟通，切实保证气象部门上下对同一气候事件过程诊断分析结论的一致性和可靠性。

4.2.2.3　诊断监测产品发布

气候诊断产品经制作、校对、审核、领导签阅等流程后依据相关规程正式发布。重大气候事件的诊断结果交由业务管理部门按照重要气象信息的流程处置，必要时将气候诊断产品整理成新闻通稿，以供新闻发布会上使用或供新闻媒体发布。

4.2.3　气候统计学诊断方法

在云南省气候诊断业务中，根据诊断分析对象和目标，选择不同的气候统计学方法。常用的方法有气候要素的合成分析、典型相关分析等。诊断两个气候要素场的时空特征及耦合信号时，常用的有主成分分析、典型相关及奇异值分解方法等。

4.2.3.1　气候要素场的合成分析

合成分析就是将相关物理量场分别求和或平均，获得各自合成场。从合成场中可看出信号平均值（正负值）出现的区域，并进一步对合成场中网格点的平均值进行显著性检验。如果网格点的信号值遵从正态分布，则可用如下的统计量进行显著性检验：

$$t = \frac{\overline{X} - \mu}{s / \sqrt{n-1}} \tag{4.16}$$

式中，$\overline{X}$、s 分别为相关物理量信号场中网格点的信号平均值和标准差；μ 为所有样本的信号平均值，由于信号值是标准化值，在所有样本中该值为 0。由此可以计算出在极端天气气候事件发生前期的信号场合成的 t 值场，它可以表示合成场中某个格点的合成信号值与一般无条件情况的比较，差异是否显著的统计检验。为应用简便，当场中某格点值的绝对值大于 2.0，一般可以认为在 5%水平上是显著的，从而说明该格点与一般情况有显著差异。

4.2.3.2 典型相关分析

典型相关分析(Canonical Correlation Analysis，CCA)方法不同于研究某一网格点气象要素之间的相关系数，它主要用于研究两个气象场之间(包含多个网格点)的线性关系，把两个气象场中每个格点看成一个变量，对这两组变量分别进行线性组合，得到两个新变量作为原气象场的代表，进而通过对新变量之间最优相关关系，给出原气象场之间相关最密切的时空演化模态(黄嘉佑，2004)。

设预报要素场有 q 个格点变量，组成矩阵 $\boldsymbol{Y}=(Y_1, Y_2, \cdots, Y_q)$，预报因子有 p 个格点，组成矩阵 $\boldsymbol{X}=(X_1, X_2, \cdots, X_p)$，各变量都有容量为 n 的样本。

因子变量内部的协方差阵：

$$\boldsymbol{S}_{11} = \frac{1}{n}\boldsymbol{X}\boldsymbol{X}' \tag{4.17}$$

预报量内部的协方差阵：

$$\boldsymbol{S}_{22} = \frac{1}{n}\boldsymbol{Y}\boldsymbol{Y}' \tag{4.18}$$

两组变量之间的协方差阵：

$$\boldsymbol{S}_{12} = \frac{1}{n}\boldsymbol{X}\boldsymbol{Y}' \quad \boldsymbol{S}_{21} = \frac{1}{n}\boldsymbol{Y}\boldsymbol{X}' \tag{4.19}$$

对原变量进行线性组合得到新变量：

$$u_1 = c_{11}x_1 + c_{21}x_2 + \cdots + c_{p1}x_p \qquad (\text{记为 } u_1 = c'_1\boldsymbol{X}) \tag{4.20}$$

$$v_1 = d_{11}y_1 + d_{21y2} + \cdots + d_{p1yp} \qquad (\text{记为 } v_1 = d'_1\boldsymbol{Y}) \tag{4.21}$$

对新变量进行标准化有：

$$\frac{1}{n}u_1u'_1 = \frac{1}{n}(c'_1\boldsymbol{X})(c'_1\boldsymbol{X})' = c'_1(\frac{1}{n}\boldsymbol{X}\boldsymbol{X}')c_1 = c'_1\boldsymbol{S}_{11}c_1 = 1 \tag{4.22}$$

$$\frac{1}{n}v_1v'_1 = \frac{1}{n}(d'_1\boldsymbol{Y})(d'_1\boldsymbol{Y})' = d'_1(\frac{1}{n}\boldsymbol{Y}\boldsymbol{Y}')d_1 = d'_1\boldsymbol{S}_{22}d_1 = 1 \tag{4.23}$$

上式中具有平均值为 0、方差为 1 的一对新变量还具有一个特点，即它们之间的协方差(相关系数)在两组变量所有组合而成的新变量中是最大的，即要求新变量协方差(相关系数)

$$r_1 = \frac{1}{n}u_1v'_1 = \frac{1}{n}(c'_1\boldsymbol{X})(d'_1\boldsymbol{Y})' = c'_1\boldsymbol{S}_{12}d_1 \quad \rightarrow \text{最大} \tag{4.24}$$

把具有(4.19)(4.20)(4.21)式性质的新变量 u_1，v_1 称为典型因子，称它们之间的相关系数为典型相关系数。设 $p, q<n, q<p$，则可找到 q 对典型因子。用求解二次型极值方法，可解得：$d_1, d_2, \cdots, d_q$ 是 $\boldsymbol{S}_{22}^{-1}\boldsymbol{S}_{21}\boldsymbol{S}_{11}^{-1}\boldsymbol{S}_{12}$ 矩阵的各顺次的特征值 $\lambda_1 \geqslant \lambda_2 \geqslant \cdots \geqslant \lambda_q$ 对应的特征向量。求出 λ_k 和系数 d_k 就可以很容易求系数 c_k：

$$c_k = \frac{\boldsymbol{S}_{11}^{-1}\boldsymbol{S}_{12}d_k}{\sqrt{\lambda_k}} \qquad (k=1,2,\cdots,q) \tag{4.25}$$

由此即得 q 对典型因子，其组合系数由上述的特征向量所组成，即

$$u_k = c'_k\boldsymbol{X}, v_k = d'_k\boldsymbol{Y} \qquad (k=1,2,\cdots,q) \tag{4.26}$$

典型相关系数就是 $\boldsymbol{S}_{22}{}^{-1}\boldsymbol{S}_{21}\boldsymbol{S}_{11}{}^{-1}\boldsymbol{S}_{12}$ 矩阵的特征值的开方，即

$$r_k = \sqrt{\lambda_k} \qquad (k=1,2,\cdots,q) \tag{4.27}$$

典型相关系数是否显著需要进行检验，统计量 $\chi^2=-[(n-1)-\frac{1}{2}(p+q+1)]\ln L_1$ 遵从自由度为 $p\times q$ 的 χ^2 分布，式中 n 为样本容量，p、q 分别为两组变量个数，L_1 与矩阵的特征值有关，表示为 $L_1=\prod_{i=1}^{s}(1-\lambda_i)$ 其中 $s=\min(p,q)$。

若检验结果拒绝假设，表示第一个特征值 λ_1 是显著的。再检验其余的特征值，这时统计量 $\chi^2=-[(n-1)-\frac{1}{2}(p+q+1)]\ln L_2$ 遵从自由度为 $(p-1)\times(q-1)$ 的 χ^2 分布，$L_2=\prod_{i=2}^{s}(1-\lambda_i)$。如此下去，直到下一个特征值检验为不显著为止。

4.2.3.3 气候要素场的奇异值分解

奇异值分解(Singular Value Decomposition，SVD)是对两个场交叉协方差矩阵进行广义对角化运算。这种矩阵运算与经验正交函数(Empirical Orthogonal Function，EOF)执行的过程类似，但矩阵是矩形和非对称的。当研究两个场相关时，通常代表两个场的空间点数(测站或网格点)是不同的，因而求得的协方差阵不是正方形而是矩形的。由此可知，SVD 比 EOF 有更广泛的适用性。

设矩形矩阵 $V_{q\times p}$ 为两个场的交叉协方差阵，$\boldsymbol{V}$ 的秩 $\boldsymbol{R}(c)=m$，则存在两个正交方阵

$$\boldsymbol{L}_{q\times q}\boldsymbol{R}_{p\times p} \tag{4.28}$$

$\boldsymbol{V}$ 可分解为 $\boldsymbol{V}=\boldsymbol{L}\begin{bmatrix}\Lambda_m & 0\\ 0 & 0\end{bmatrix}\boldsymbol{R}^T$，其中 $\Lambda_m=\mathrm{diag}(\lambda_1,\lambda_2,\cdots,\lambda_m)$ 为对角阵，$\lambda_i>0$，$y=1,2,\cdots,m$，$\lambda_1{}^2,\lambda_2{}^2,\cdots,\lambda_m{}^2$ 为 $\boldsymbol{V}^T\boldsymbol{V}$ 的非零特征根。通常称 λ_i 为 $\boldsymbol{V}$ 的奇异值。称 $\boldsymbol{L}$ 为矩阵 $\boldsymbol{V}$ 的左正交阵，$\boldsymbol{R}$ 为 $\boldsymbol{V}$ 的右正交阵。

基于上述定理，若两个资料场的协方差矩阵是一个 $N_s\times N_z$ 的实矩阵 $\boldsymbol{A}$，其奇异值分解为：

$$\boldsymbol{V}=\sum_{k=1}^{r}\sigma_k\boldsymbol{L}_k\boldsymbol{R}_k{}^T \tag{4.29}$$

其中 $r\leqslant\min(N_s,N_z)$，对 $\boldsymbol{L}$,$\boldsymbol{R}$ 都只取到 r 列(截断到 r 列)。其中 $\boldsymbol{L}_k$ 称左奇异向量，$\boldsymbol{R}_k$ 称右奇异向量($k=1,2,\cdots,m$)。σ_k 为奇异值，且 $\sigma_1\geqslant\sigma 2\geqslant\cdots\geqslant\sigma_r\geqslant 0$。根据奇异向量的正交性，用下式计算典型分布对应的时间系数：

$$A=\sum_{j=1}^{N_z}Z_jL_{ij},\ B=\sum_{k=1}^{N_s}S_kR_{lk} \tag{4.30}$$

求得时间系数 A 和 B 后，就可以定义每对奇异向量对应的时间系数之间的相关系数 $\gamma_k(A,B)$，它反映的是每对奇异向量之间线性组合相关关系的密切程度。根据时间系数矩阵，可以计算出相关系数 $\gamma_k(N_s,B)$ 和 $\gamma_k(N_z,A)$，它们表示一个场的时间系数与另一个场之

间的相关状况。同样,根据时间系数矩阵可以定义同性相关系数 $\gamma_k(N_s,A)$ 和 $\gamma_k(N_z,B)$,它们代表一个场与其时间系数之间的相关分布。

4.2.4 气候诊断业务系统

云南省级气候诊断业务主要在云南气候业务平台中实现,该系统平台针对气候背景、极端天气日数分析、时段极值分析、海洋背景资料分析等自主设计研发。国家气候中心研发并推广的气候信息处理与分析系统(CIPAS)中也有气候诊断分析功能模块,并在业务运行中。

4.2.4.1 省级气候异常的诊断业务系统

云南气候业务平台采用B/S技术编程,可在IE浏览器上通过WEB方式在气象内网上直接运行。系统应用云计算、大数据、互联网+、智能化等现代信息技术,是基于CIMISS气象数据环境搭建的众创型业务发展平台。

平台的气候诊断功能模块由气候背景分析、相似合成分析、相关分析和场分析四个部分组成,包含了气候诊断分析中常用的统计分析方法,是气候诊断业务工作中的主要工具。

4.2.4.1.1 操作流程

用户打开在Windows资源管理器下的Internet Explorer网页浏览器,输入内网网址即可进入Web方式下的系统登录页面,输入用户名和密码后可根据菜单提示进行相关功能模块使用。

4.2.4.1.2 功能模块

(1)资料获取:用于获取全球大气、海洋背景资料、气候异常指标资料和本地气候要素和气候异常指标资料。

(2)诊断分析:用于气候背景场的合成、相似合成、相关分析、回归计算分析等。

(3)地图设置:用于选择最后生成图形产品所对应的地图投影方式、地图显示范围等。

(4)图形产品输出:运用图形显示技术,直观综合显示诊断分析结果。

4.2.4.2 CIPAS业务系统中的诊断分析工具

CIPAS是国家气候中心推广使用的气候业务系统,气候诊断分析涵盖大气环流、海洋等各方面功能,目前主要有合成分析、相关分析、EOF、SVD、多元回归分析、剖面分析、曲线分析等,并支持各种指数的查询分析。在资料方面支持地面观测资料、NCEP再分析资料、各项指数和自定义指数等数据源。

业务技术人员通过工具箱中选择分析类型、数据源、时间尺度、空间范围、时间段、输出类型等进行相应的诊断分析,并通过系统预设的显示方案可以直接输出诊断产品,如需要进一步调整分析结果,可以通过相应的工具进行,如显示模版、填色分级等。

4.2.5 典型实例——2009/2010年云南特大干旱事件分析

在全球变暖背景下,极端天气气候事件频繁发生,对重大天气气候事件和异常天气气候事件的成因分析已成为气候业务服务的重要内容之一。了解和掌握气候系统关键异常信号及其气候影响机理,分析气候异常的成因,对正在发生或刚发生过的气候异常事件及时进行诊断分析,有利于加深对气候异常形成机制或机理的认识,同时为气候预测提供参考借鉴。

下面以2009/2010年云南特大干旱事件及成因分析为例进行介绍(郑建萌等,2015)。

4.2.5.1　干旱过程概况

2009 年 9 月至 2010 年 5 月，云南省发生了有气象记录以来最严重的干旱。

2009 年 7 月至 2010 年 6 月的 12 个月内云南省各月气温均为正距平，有 7 个月气温偏高 1.0 ℃以上，秋季和冬季气温为 1961 年以来的最高值。降水方面，除 2010 年 4 月降水偏多 46.3%(21.3 mm)外，其余各月均偏少，其中有 5 个月偏少 60%以上。2009 年 9 月和 10 月降水分别为 1961 年以来第三少和第一少。进入 2009 年 9 月后降水偏少、气温偏高的幅度显著偏大(图 4.20)。

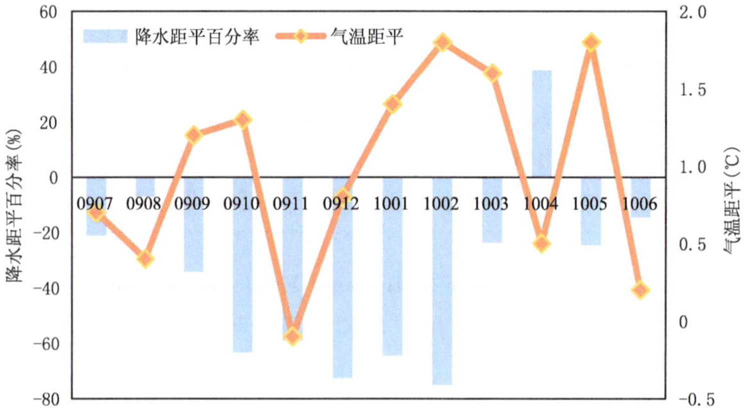

图 4.20　2009 年 7 月—2010 年 6 月云南省降水距平百分率及气温距平

从气象干旱等级的演变看，根据 MCI 监测结果，在 2009 年 9 月开始，云南省气象干旱迅速发展。9 月中旬全省有超过 1/3 的站点出现中等以上的气象干旱，到 11 月 15 日，全省除绥江为轻旱外，其他 121 个站点气象干旱等级达中旱以上，重旱、特旱站点数分别达到 35 个、65 个，出现了严重的秋季干旱(图 4.21)。

进入冬季后降水更为稀少(图 4.22)，但由于气温降低，干旱等级略有下降，但随后迅速发展，2010 年 3 月气象干旱达到最强，一直持续到 5 月。

4.2.5.2　干旱成因分析

持续性干旱主要与大尺度环流背景的维持密切相关，大气环流异常是造成天气气候异常的直接原因。下面对此次干旱过程中两个关键时段 2009 年 9—10 月和 2010 年春季的大气环流特征进行分析，以期找到此次特大干旱的关键成因。

4.2.5.2.1　2009 年秋季对流层环流特征

2009 年 9—10 月 500 hPa 高度和高度距平场上(图 4.23a)，欧亚中高纬呈西高东低的距平分布形势，乌拉尔山至里海为脊区，对应 3 dagpm 的正距平区，青藏高原为弱脊区，使得影响我国大部地区的冷空气势力偏弱。北非副高和西太平洋副高较常年偏强偏大，北非副高的 588 dagpm 线比常年偏东 10 个经度，从 1951 年以来的 9 月副高指数看，北非副高的强度为最强，西太平洋副高面积与 2005 年并列第二大，强度排第三强，西伸脊点位于 95°E，排历史上偏西位置的第二位。200 hPa 上(图 4.23b)，南亚高压季节性虽东南撤，但 1248 dagpm 线控制了 10°～30°N 的印度及以东的东南亚地区，亚洲大部为正高度距平，高原东部以东的中国大部高

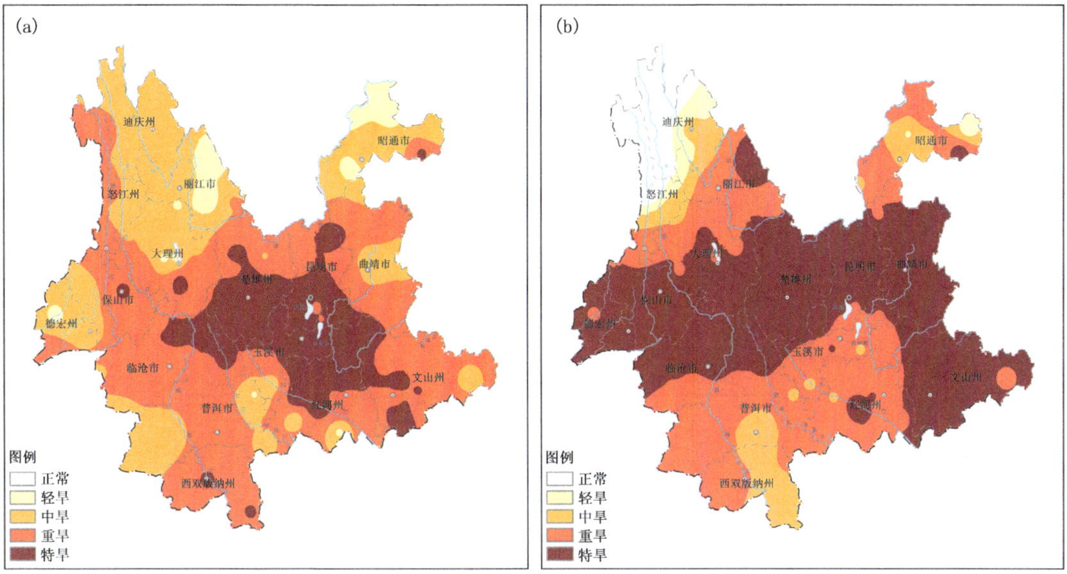

图 4.21　云南省 2009 年 11 月 15 日(a)和 2010 年 3 月 24 日(b)的干旱等级分布图

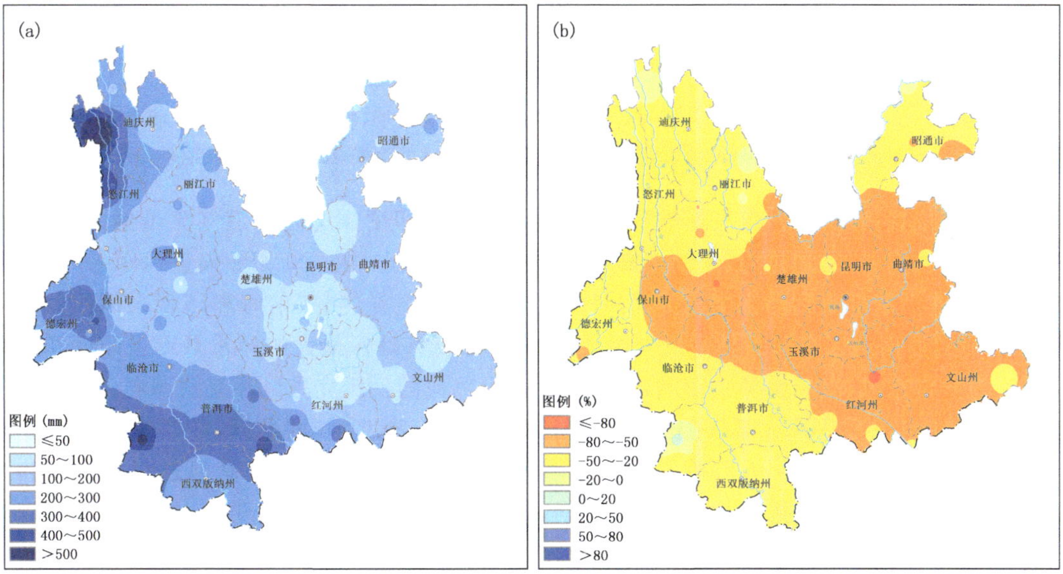

图 4.22　2009 年 9 月—2010 年 3 月降水(a)和距平百分率(b)分布图

度距平达到 3 dagpm 以上，云南省在 1248 dagpm 线和 3 dagpm 正距平区的范围内。

在 850 hPa 矢量风距平场上(图 4.23c)，赤道印度洋大部为异常东南风，进入阿拉伯海后转为异常南风并北上到阿拉伯半岛，异常反气旋中心在斯里兰卡和苏门答腊岛北部，孟加拉湾北部、云南南部、中南半岛为异常西北风。异常西风出现在 10°N 以南、马来半岛以东至菲律宾以东的洋面上，并与西太平洋副高南侧异常的偏东风形成气旋，导致这段时间西北太平洋、南海生成热带气旋较常年偏多(张增海，2009，王文东，2010)，但由于副高偏西偏强，西行路径

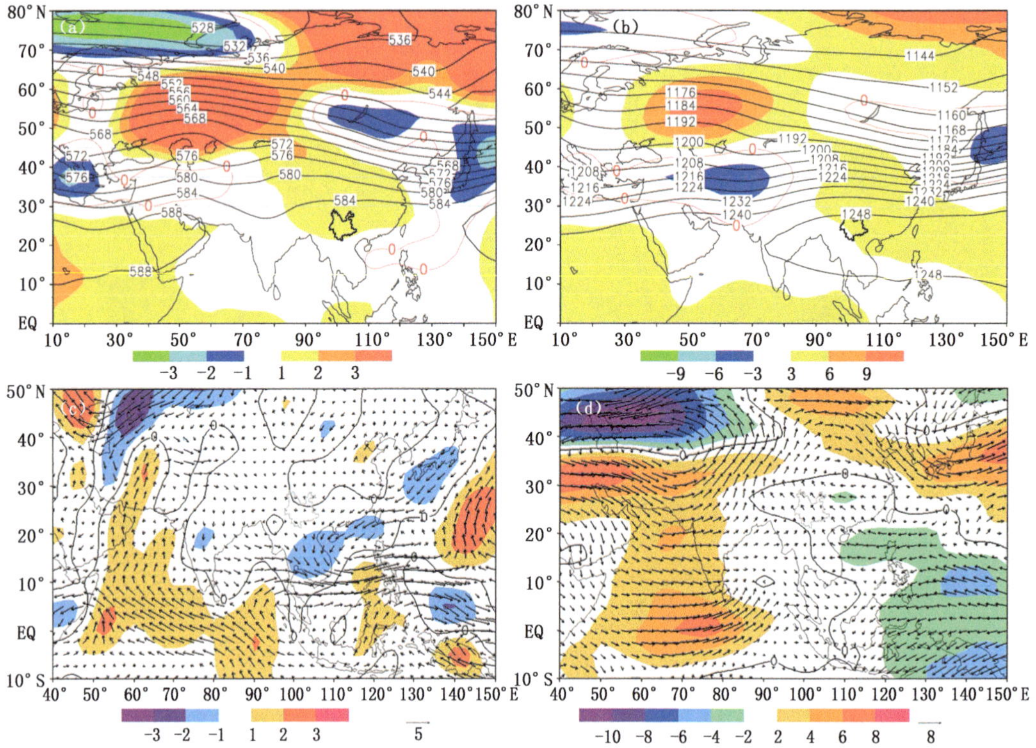

图 4.23　2009 年 9—10 月 500 hPa(a)、200 hPa(b)位势高度场(阴影区为高度距平，dagpm)和 850 hPa(c)、200 hPa(d)矢量风距平(c 中阴影区为经向风距平，d 中为纬向风距平，m/s)

的热带气旋位置相对偏南，没有影响到云南。分析表明，印度洋上越赤道气流虽偏强，但其转向的赤道西风偏弱，孟加拉湾、中南半岛地区西南季风偏弱。在 200 hPa 矢量风距平场上(图 4.23d)，从非洲东部直到马来半岛为西风距平，在赤道印度洋、阿拉伯海和印度大部西风距平大于 2 m/s，西南地区东部为异常反气旋环流。可见，低纬地区最大的异常是赤道印度洋对流层低层为异常东风，高层为异常西风，使得印度洋上纬向的反沃克季风环流圈偏弱。进一步分析表明，2009 年夏季中国大部气温为正距平，云南、湖南、湖北、江西北部、浙江东部和华北地区正距平达 0.9℃以上，7—8 月副高的异常增强西伸导致中国 7—8 月高温过程的发生和维持。可见，9—10 月副高持续偏强偏西，在副高偏强偏西、南亚季风偏弱、冷空气偏弱的背景下，2009 年 9—10 月我国大部地区降水偏少，气温偏高，云南此次特大干旱是与秋季大气环流背景异常相联系的。

4.2.5.2.2　2010 年春季对流层环流特征

在 3 月 500 hPa 高度场上(图 4.24a)，青藏高原以西地区为脊区，西太平洋副高偏强偏大，西伸脊点显著偏西，588 dagpm 与偏强偏大偏东的北非副高打通，控制了 20°N 以南从印度洋至西太平洋的地区，形成坝状高压带。高度距平场上，45°N 以北的欧亚地区为－3 dagpm 以下的负距平区，而 45°N 以南的欧亚地区为 3 dagpm 以上的正距平区，这种北负南正的距平分布导致中纬度地区等压线密集，中高纬西风带以纬向环流为主，低槽和冷空气活动偏北。孟加拉湾南支槽的上游地区从西亚至高原的高度场偏高＋3 dagpm 以上，无明显的西风带波动。

200 hPa 矢量风距平场上(图 4.24b),30°N 以南的西亚地区有异常东风,以北的地区有异常西风,西亚有异常反气旋环流,对应副热带西风急流偏弱,其上的低槽不活跃。

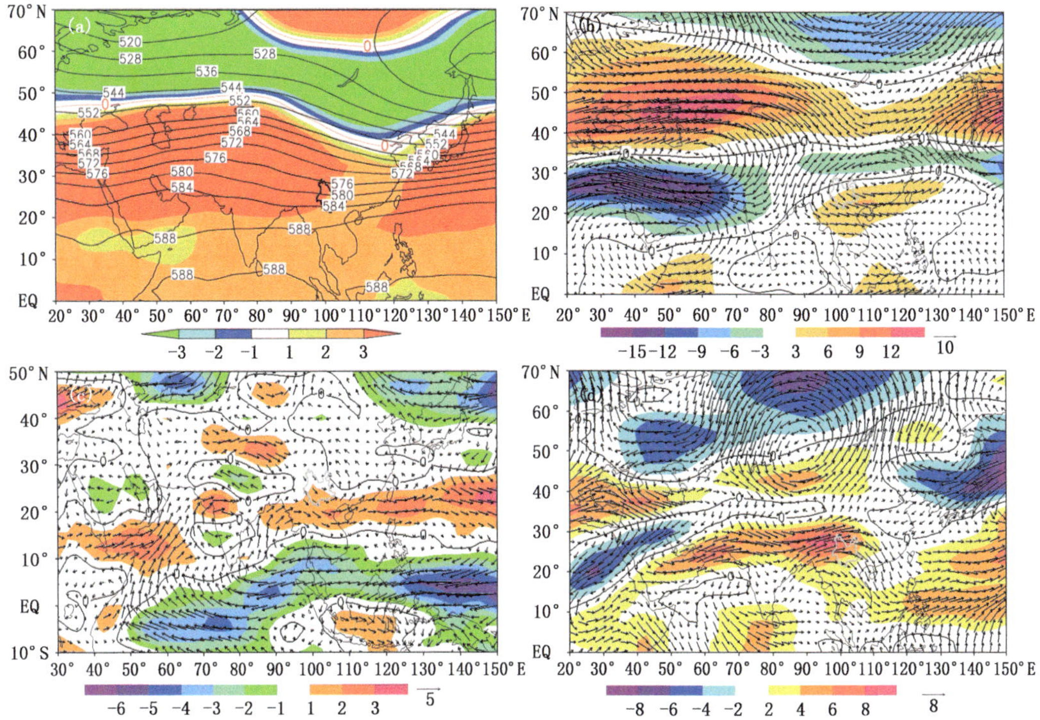

图 4.24 2010 年 3 月 500 hPa 位势高度场(a. 阴影区为距平场,dagpm)、200 hPa 矢量风距平(b. 阴影区为纬向风距平,m/s),2010 年 5 月 850 hPa(c. 阴影区为经向风距平,m/s)和 200 hPa 矢量风距平(d. 阴影区为纬向风距平,m/s)

850 hPa 矢量风距平场上(图 4.24c),云南以东和四川盆地及以东地区为东南风距平,表明南下影响云南的冷空气偏弱。与 500 hPa 西太平洋副高异常偏西对应,低纬地区孟加拉湾至菲律宾以东洋面为异常反气旋控制,印度洋安达曼海为异常反气旋中心,中南半岛 10°N 以北为西北风距平,10°N 以南的地区和印度洋东部为东风距平,赤道西风偏弱。80°E 以西的印度洋越赤道偏南气流偏强,但受西伸副高的阻挡,越赤道气流并未向东进入孟加拉湾,而主要是北上进入阿拉伯海,致使孟加拉湾西南季风爆发偏晚。纬向风距平场上(图 4.24d),亚洲低纬地区为西风距平控制,即南亚高压对应的反气旋环流南部的东风偏弱,说明高度场上的南亚高压虽然偏强,但风场上南亚高压对应的反气旋环流比常年偏弱。同时从阿拉伯半岛到 30°N 以南的高原为西风距平区,6 m/s 以上的大值中心就在高原东南部,表明副热带西风急流北跳时间偏晚。正常情况下,南亚高压和西风急流中心都有从冬到夏的西移北进和从夏到冬的东退南撤现象发生(刘杰等,2010)。亚洲夏季风爆发伴随着东亚副热带西风急流轴的北跳和急流中心的西移,急流轴北跳至 35°N 以北的青藏高原上空,南支西风消失,亚洲季风环流形势建立(张耀存等,2008)。从 5 月的高层流场看,南支西风较常年偏强,不利于南亚高压向北推进,而在低层西太平洋副高阻挡了越赤道气流向东北的推进,亚洲夏季风爆发偏晚。

4.2.5.2.3　水汽输送特征

图 4.25a 是 2009 年 9—10 月的整层(地面至 300 hPa)水汽通量矢量距平和水汽通量散度距平场。从图中可看出,南海至菲律宾北部以东洋面为异常气旋输送的中心,中南半岛为其西侧异常偏北水汽输送,孟加拉湾以西风水汽通量距平为主,从西边和南边进入云南的水汽输送偏弱。在这种输送形式下,水汽的异常辐合区出现在孟加拉湾东部、中南半岛、南海、菲律宾以东洋面,中南半岛北部、云南直到长江中下游都为异常的水汽辐散区,云南有 2×10^{-5} kg/(m^2·s)的辐散距平中心。同期 500 hPa 比湿的距平百分率图上(图 4.25b),30°N 以南的印度和中国南方地区比湿较常年偏少 10%以上,其中在西藏中东部、云南、长江中下游及以南的地区较常年偏少 20%以上。

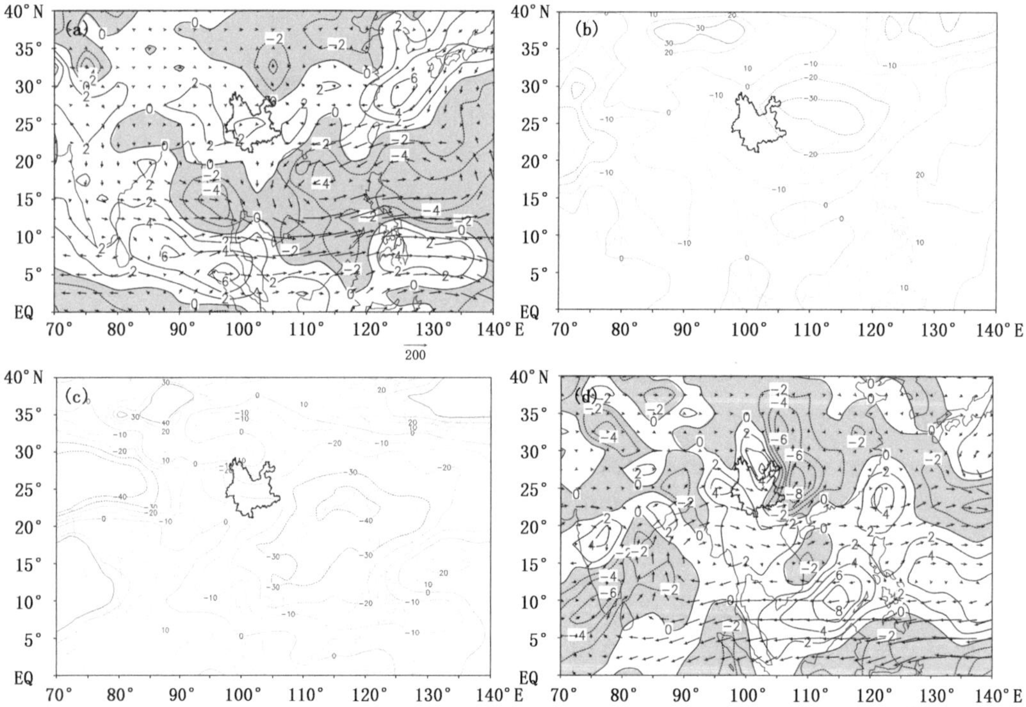

图 4.25　2009 年 9—10 月(a)、2010 年 5 月(d)地面至 300 hPa 水汽通量矢量(kg/(m^2·s))和水汽通量散度距平(阴影区为辐合异常区,10^{-5} kg/(m^2·s));2009 年 9—10 月(b)和 2010 年 3 月(c)500hPa 的比湿距平百分率(%)

500 hPa 比湿距平百分率图上(图 4.25c),云南、中南半岛及以东的江南至南海地区比湿较常年偏少 10%以上。5 月整层水汽通量输送和通量散度距平场上(图 4.25d),与西太平洋副高偏西对应,孟加拉湾东部为异常反气旋水汽输送中心,云南和中南半岛中北部为异常西北水汽输送,表明孟加拉湾的西南季风尚未爆发,水汽散度距平场上中南半岛中北部地区为 2×10^{-5} kg/(m^2·s)的辐散区,云南仅东南部为辐合区,其他地区为辐散区。

可见,在此次干旱关键时段内,由于影响云南的天气系统的异常,导致输送到云南的水汽路径异常,云南为水汽辐散区,水汽含量减少。

4.2.5.2.4　OLR 场特征

从 2010 年 9—10 月的 OLR 场分布上可看出(图 4.26a)，250 W/m^2 线表征的西太平洋副高大规模下沉区从我国东部沿海西伸到云南中东部，这比用 500 hPa 高度场 588 线描述的西太平洋副高更准确，表征北非副高的 250 W/m^2 线在印度东伸到了 85°E。受低层风场的反气旋、气旋的影响，220 W/m^2 线表征的赤道辐合带在孟加拉湾、中南半岛对流偏弱，而在南海至菲律宾以东洋面对流偏强，OLR 负距平中心达－10 W/m^2 以下。因此西太平洋、南海热带气旋活跃，这段时期此区域热带气旋生成个数偏多，受副高外围偏西气流的引导，多为偏西和西北路径，登陆我国的热带气旋也偏多，均在华南地区登陆。

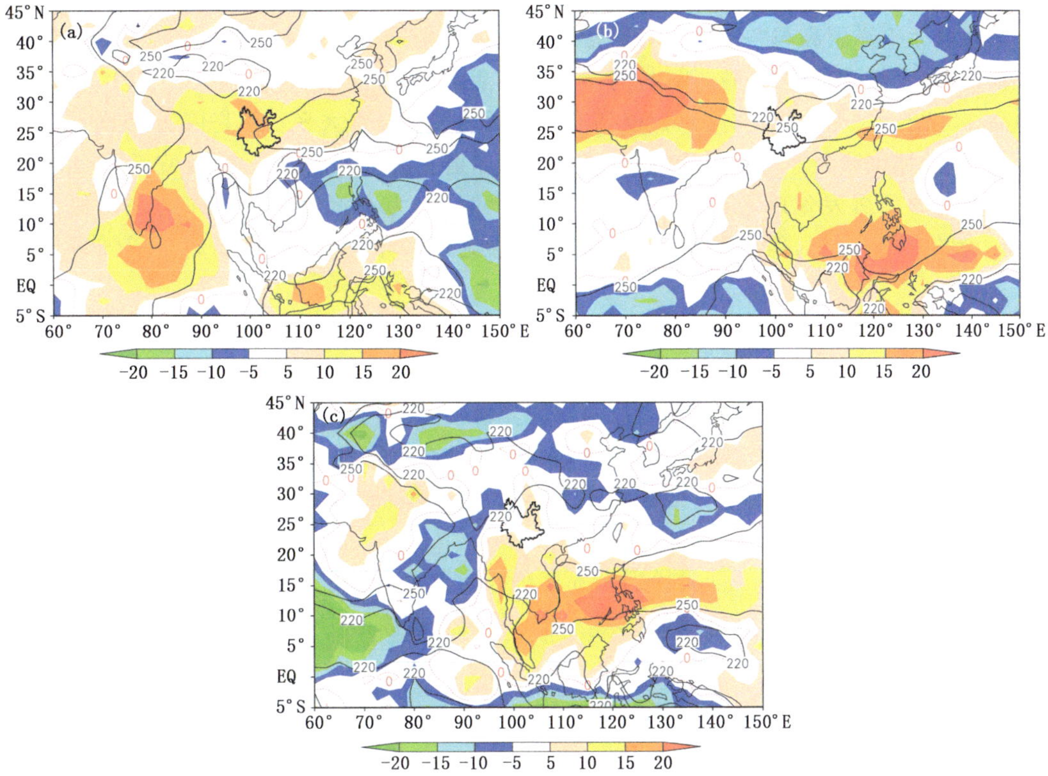

图 4.26　2009 年 9—10 月(a)、2010 年 3 月(b)、2010 年 5 月(c) OLR 及其距平场(W/m^2)

2010 年 3 月的 OLR 距平场上(图 4.26b)，孟加拉湾南支槽的上游西亚到青藏高原西部为 15 W/m^2 以上的正距平控制，表明孟加拉湾南支槽上游地区对流活动不明显，与高度距平场的分析一致，无明显的低槽活动。正是由于处于异常下沉气流区，从 3 月的比湿距平百分率图可见印度北部及以西地区水汽含量异常偏少。孟加拉湾东部、中南半岛及以东地区为正距平，表明西太平洋副高偏西偏强控制这些地区，因此南支槽偏弱不利于云南降水。在 5 月 OLR 场上(图 4.26c)，250 W/m^2 线表征的西太平洋副高主体偏南，西伸到中南半岛东岸的洋面，中南半岛及以东地区为正距平区，220 W/m^2 线表征的赤道辐合带仅在孟加拉湾东南部活跃。

4.2.5.2.5　特大干旱分析小结

(1)2009 年 7 月至 2010 年 6 月云南气温持续偏高，降水持续偏少，全省大范围的气象干旱自 2009 年 9 月出现，一直持续到 2010 年 5 月，部分区域干旱持续时间接近 200 天。期间全省 122 个气象站点的气象干旱强度均达到重旱以上，最强时期重、特旱站点数量突破 1961 年以来的历史记录。这次特大干旱具有出现时间早、持续时间长、影响范围广、干旱等级重的特点。

(2)特大干旱发展阶段。2009 年 9—10 月乌拉尔山、青藏高原东部为高压脊控制，冷空气活动偏弱，北非副高偏东偏强，西太平洋副高偏强偏西。风场上赤道印度洋对流层低层为异常东风、高层为异常西风，印度洋上季风环流圈偏弱，孟加拉湾、中南半岛西南季风偏弱，西南季风通道进入云南的水汽输送偏弱，云南上空水汽含量偏少。南海、菲律宾附近地区的西行热带气旋虽偏多，但由于副高偏强偏大，路径偏南，并未影响到云南。

(3)特大干旱持续阶段。2010 年 3 月欧亚中高纬呈北低南高，以纬向环流为主，冷空气偏北。低纬西太平洋副高与东非副高打通形成坝状高压带，西风带南支槽上游西亚到高原西部高度场偏高，无低槽东移，导致孟加拉湾南支槽不活跃，云南处于水汽辐散区。2010 年 5 月欧亚中高纬为“－＋－”的距平分布，低槽和冷空气活动偏北。西太平洋副高偏强，西伸至印度洋安达曼海，孟加拉湾为异常反气旋控制，阻挡了越赤道气流进入孟加拉湾，致使孟加拉湾、中南半岛的西南季风爆发偏晚，云南为异常西北水汽输送，为水汽辐散区。同时阿拉伯半岛到 30°N以南的高原地区为西风距平，副热带西风急流较常年偏强偏南，不利于亚洲季风偏早爆发。

(4)对 OLR 场的分析表明，2009 年 9—10 月赤道辐合带在南海以东地区对流活跃，在孟加拉湾、中南半岛对流偏弱，西太平洋副高偏强偏西，云南受副高控制处于异常下沉区。2010 年 3 月孟加拉湾南支槽上游西亚至高原西部为异常下沉区，受西太平洋副高控制，孟加拉湾东部、中南半岛及以东地区为下沉区，南支槽偏弱。5 月西太平洋副高偏强偏西，阻挡了夏季风向东的推进，孟加拉湾、中南半岛地区对流不活跃，赤道辐合带偏弱偏南，季风爆发偏晚，造成云南降水持续偏少。

总之，云南省干旱期间不同阶段的大气环流持续异常，不利于冷空气和暖湿气流在云南区域的交汇，产生的高温少雨是造成此次特大干旱的最直接原因。

第5章 气候预测业务

气候预测是根据大气科学的原理，运用现代气候动力学、统计学等方法，在研究气候变异成因的基础上对未来气候趋势和气候灾害进行的科学预测(耿全震，1997；程炳岩等，2012)。在气候预测中，延伸期、月、季、年时间尺度的短期气候预测与社会、经济、农业等的发展关系最为密切，备受政府和社会公众的关注。

云南省地处低纬高原，地形地貌多样，气候复杂多变，是气象灾害及其衍生灾害的多发地区。加强短期气候预测业务，提高短期气候预测的准确性和精细化、客观化、定量化水平，是云南省气象防灾减灾和现代气候业务发展的重点工作。但由于云南省地理环境的特殊性和气候系统的复杂性，气候预测还存在着很大的不确定性，提高气候预测的准确率将是今后相当长时期内的重要任务和努力方向。

5.1 气候预测业务内容

云南省短期气候预测业务主要包括延伸期、月、季、年时间尺度的气候预测以及相应的预测效果检验。各类气候预测产品的内容大体相近，主要是对不同时段内的气候趋势(气温距平、降水距平百分率)进行预测，并对预测时段内的农事关键期和气象灾害给予重点关注。不同时间尺度、不同类别的气候预测产品的重点关注对象有所不同。一般而言，冬季重点关注的是受冷空气活动影响的低温冻害，春季重点关注的是倒春寒、春末夏初干旱、雨季开始期等，夏季的重点关注对象则是夏季高温干旱、夏季低温、暴雨洪涝等，秋季的关注重点是雨季结束期、秋季连阴雨、单点性强降水以及大雾等。各类气候预测产品的主要内容及关注重点详见表5.1。

表5.1 云南省气候预测业务主要内容及关注重点

业务名称	主要内容	发布时间	关注重点
延伸期气候预测	未来11—30天的气候趋势和强降水、强降温、高温天气过程预测	每旬末	10月至次年3月：强降温过程 4—9月：强降水过程 5—9月：高温过程
月气候趋势预测	月尺度气候趋势及月内主要天气过程预测	每月末	旱涝趋势、低温冻害等
今冬明春气候趋势预测	今冬明春(当年12月至次年5月)气候趋势预测	10月末至11月初	低温冷害、倒春寒、春季干旱、雨季开始期等

续表

业务名称	主要内容	发布时间	关注重点
春季气候趋势预测	春季(3—5月)气候趋势预测	2月末	雨季开始期、倒春寒、春季干旱等
汛期气候趋势预测	5月、主汛期(6—8月)、前秋(9—10月)气候趋势预测	3月末至4月初	雨季开始期和结束期、夏季旱涝趋势、夏季低温等
秋季气候趋势预测	秋季(9—11月)气候趋势预测	8月末	雨季结束期、秋季旱涝、秋季连阴雨等
年度气候趋势预测	年度总趋势和1—4月、5月、主汛期(6—8月)、秋季(9—11月)气候趋势预测	12月末	冬春季低温和雨雪霜冻、旱涝趋势、雨季开始期和结束期、夏季低温、秋季连阴雨等
专题气候预测	根据气象服务需求，针对重大自然灾害、重要社会活动等制作专题气候预测	不定期	重大自然灾害、重要社会活动期间气候趋势及高影响天气概率等

5.1.1 延伸期—月气候预测

介于中期天气预报和气候趋势预测之间的延伸期预测是气象业务发展和建立“无缝隙”预报系统的一个重要内容，是近年来短期气候预测开展的一项新兴业务。云南省的延伸期预测主要是基于气候模式，结合统计降尺度释用方法，重点针对云南省内未来11—30天的气候趋势和强降水、强降温、高温天气过程进行预测，并在每旬旬末为云南省气象局内部的相关单位提供滚动预测服务。

月气候预测是短期气候预测业务中长期开展的一项重要工作。自20世纪50年代开始，我国的月尺度气候预测业务经历了简单的经验统计分析、数理统计方法的广泛应用、物理统计方法的深入发展以及动力与统计相结合几个阶段，目前已经建立起较为完善的月尺度短期气候预测业务系统(陈丽娟等，2008；章大全等，2018；贾小龙等，2013；丁一汇，2004)。云南省的月尺度气候预测是针对云南省内未来一个月的气候趋势及月内主要天气过程预测开展的，经过多年的发展，目前已形成以气候数值模式客观预报为主、物理统计订正为辅的综合预测业务，并在每月月末为水利、农业、交通等相关单位提供预测服务。

近年来，随着云南省社会经济的快速发展，政府和公众对气象防灾减灾的要求越来越高，对极端天气气候事件的发生发展及其衍生灾害越来越关注，提高气候预测的准确率和精细化水平已成为气象业务现代化的一个重要方面。云南省将延伸期预测和月尺度气候预测紧密结合，大力开展延伸期—月尺度内的强降水、强变温(持续性高温、强冷空气)等重要天气的过程预测，初步建立了月内极端天气气候事件预测业务，重点开展降水和温度等要素异常(或极端性)发生时段的预测和持续性干旱、降水事件的转型期预测，并制作精细到县的延伸期—月尺度的气候预测产品，针对地方服务需求开展月内精细化的天气过程预测和极端天气气候事件预测。

5.1.2 季节—年度气候预测

云南省季节—年度气候预测以春季、汛期、秋季、今冬明春和年度气候趋势预测为重点，以气候数值模式为基础,大力发展气候动力模式产品解释应用预测技术,探索建立本地化的季节尺度客观预测业务,重点开展降水和气温等要素异常发生时段的预测,并针对暴雨、低温、干旱以及关键农事季节的灾害等开展年度气象灾害展望和年景预评估业务。针对地方需求制作精细到县的气候预测精细化产品,州市级对省级指导产品进行解释订正,县级主要利用上级预测产品开展有针对性的服务。

5.1.3 气候预测检验

云南省气候预测产品检验分为两类,一类是对延伸期重要天气(强降水、强降温、高温)过程预测进行检验,另一类则是对月、季、年尺度的气候趋势预测进行检验。针对不同的检验对象,建立了省级客观、标准和规范的预测检验评估业务,并实现动态检验业务化。

5.2 气候预测业务流程

云南省气候预测业务工作流程包括:资料收集、预测制作、预测会商、预测产品制作与发布、预测结果检验等方面,具体业务流程见图 5.1。

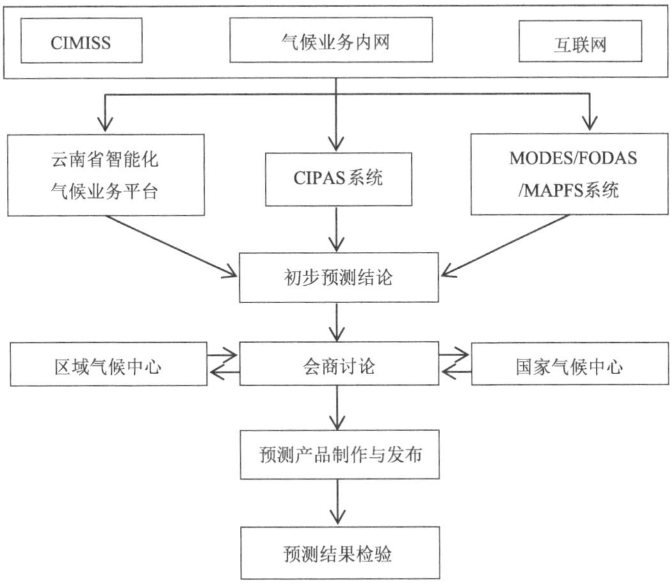

图 5.1 云南省短期气候预测业务工作流程图

5.2.1 资料收集

及时通过 CIMISS 系统、CIPAS 系统、气候业务内网以及互联网等收集、整理最新的气象相关数据资料,主要包括以下内容。

5.2.1.1 气象要素资料

通过 CIMISS 系统获取云南省气象观测站点的历史和实时观测资料。根据气候预测业务需求,重点关注降水量、平均气温、最高气温、最低气温、日照时数、平均风速等要素,时效包括逐日(08—08 时/20—20 时)、逐候、逐月、逐年等时间尺度。

5.2.1.2 大气环流和外强迫信号的监测诊断资料

通过互联网获取 NCEP/NCAR 再分析资料中的逐日和逐月的位势高度场(100 hPa、500 hPa、700 hPa、850 hPa)、风场(200 hPa、500 hPa、700 hPa、850 hPa)、海平面气压场等大气环流资料,通过 CIPAS 系统获取海温、海冰、积雪等外强迫信号的监测资料,通过 CIPAS 系统或气候业务内网获取全国统一使用的基本气候监测指标和气候诊断信息等资料。

5.2.1.3 气候动力模式预测产品

通过互联网获取美国 CFSv2、日本 TCC 等多家国外气候动力模式预测产品,通过 FTP 和气候业务内网获取国家气候中心第二代月动力延伸预测模式(DERF2.0)、次季节—季节多模式(S2S)等国内气候动力模式预测产品。气候动力模式预测产品包括位势高度场、风场、海平面气压场、气温、降水量等要素,预测时效为逐日、逐候、逐周、逐月、逐季等时间尺度。

5.2.1.4 云南省内相关信息

通过气象内网、信件交换、互联网等方式实时关注收集云南省内的干旱、森林火灾、地质灾害等灾情,以及农事关键期、重大社会活动等相关信息,在短期气候预测产品的制作中给予重点关注,做好气候预测服务工作。

5.2.2 预测制作

业务值班人员基于收集整理的气象观测数据、大气环流数据以及气候动力模式预测产品等资料,使用统计方法和针对云南本地开发的模式降尺度释用方法,对未来的气候趋势进行预测,形成初步的预测意见。大体的预测制作思路如下:

5.2.2.1 云南气候背景分析

基于历史气象观测数据,分析预测时段内云南降水量、平均气温、最高气温、最低气温等气象要素的气候态分布和极值概率等特征,为之后的降水距平百分率、气温距平等气候趋势和强降水、强降温、高温过程等极端事件的预测打好基础。基于大气环流的相关历史数据,对预测时段内影响云南气候的关键大气环流系统进行诊断。

5.2.2.2 关键大气环流系统未来的演变趋势分析

分析前期的海温、海冰、积雪等外强迫信号的演变特征并诊断它们对未来大气环流形势特别是关键大气环流系统变化的影响,然后结合气候动力模式对大气环流形势的预测结果,综合分析得出预测时段内影响云南气候的关键大气环流系统未来的演变趋势。

5.2.2.3 影响因子统计诊断分析

利用相关分析、相似合成、EOF、线性回归等统计方法,分析前期外强迫因子、关键大气环流系统与云南降水量、平均气温等气象要素之间的关系,然后结合前期外强迫因子的演变特征和关键大气环流系统未来的演变趋势,对云南未来的气候趋势进行预测。

5.2.2.4 气候动力模式预测结果综合分析和本地化释用

基于国内外气候动力模式产品在云南的预测检验评估结果,综合分析气候动力模式的预测结论。并利用 MODES、FODAS、MAPFS 等系统,针对 DERF 2.0、S2S 等模式产品开发的云南本地化释用方法,对多家气候动力模式产品进行云南本地化降尺度释用,得到云南本地化的模式释用预测结论。

5.2.2.5 预测结论的综合分析

综合以上分析结果，重点关注关键大气环流系统的未来配置情况并结合气候动力模式预测及释用结果，最后得出初步的云南省气候趋势预测结论。

5.2.3 预测会商

预测会商是气候预测业务的一个重要环节，目的是通过会商讨论沟通预报思路、交流预报技术，从而进一步提高预报准确率。云南省气候预测会商包括内部预测会商、区域预测会商、全国会商、专题联合预测会商等，主要的会商详见表5.2。

表5.2 云南省气候预测会商内容及组织形式

会商类别	主要内容	会商时间	会商组织及形式
内部预测会商	对延伸期重要天气过程以及月、季、年气候趋势预测进行会商讨论	产品发布前	主班主持，相关领导、首席及业务人员现场参会
西南区域预测会商	对月、季尺度气候趋势预测进行会商讨论	产品发布前	西南区域中心主持，区域内各省（区、市）气候中心相关人员在汛期和今冬明春预测时参与电视或现场会商，在月尺度和其他季节预测时参与电话会商
华南区域预测会商	对汛期和今冬明春气候趋势进行会商讨论	3月中旬和10月中旬	华南区域中心主持，区域内各省（区）气候中心相关人员参与电视电话会商
全国会商	全国预测会商：对月、季尺度气候趋势预测进行会商讨论	区域会商之后	国家气候中心主持，各省（区、市）气候中心相关人员在汛期和今冬明春预测时参与现场和电视会商，在月尺度和其他季节预测时参与电视电话会商
	全国预测总结会商：对上一个月的月尺度预测进行总结	每月月中	国家气候中心主持，各省（区、市）气候中心相关人员参与电视电话会商
专题联合预测会商	根据气象服务需求，针对重大气候事件和气象灾害、重要社会活动等，组织省内跨部门专家进行会商讨论	不定期	省局业务管理部门主持，邀请省内相关部门的专家现场参会

5.2.3.1 内部预测会商

内部预测会商一般是针对延伸期重要天气过程以及月、季、年气候趋势预测进行内部讨论。会商首先由业务值班人员详细介绍预测思路、预测依据以及初步预测结论，然后相关预测人员针对大气环流变化、外强迫信号影响等多方面进行研讨，有针对性地对国家气候中心相关的预测指导产品进行订正，最后由预测业务首席把关得出最终的预测结论。

5.2.3.2 区域预测会商

西南区域预测会商一般针对月、季尺度气候趋势预测进行讨论，其中月尺度和春季、秋季气候趋势预测会商分别在每月月末和季末由区域气候中心预测主班与区域内各省(区、市)预测主班进行电话会商;汛期气候趋势预测会商在3月中旬前后由区域中心召集各省(区、市)相关业务人员进行现场或视频会商;今冬明春气候趋势预测会商则在10月中下旬由区域气候中心主持,西南区域5个省(区、市)(四川、重庆、贵州、云南、西藏)轮流承办,现场交流会商。

华南区域预测会商一般是在每年3月中旬和10月中旬由华南区域中心主持视频会商,主要是针对当年的汛期和今冬明春的气候趋势进行研讨。

5.2.3.3 全国会商

全国会商分为预测会商和预测总结会商两种,其中全国预测会商一般针对月、季尺度气候趋势预测进行讨论。每年3月下旬和10月下旬国家气候中心组织各省(区、市)气候中心相关预测技术人员到北京参加汛期和今冬明春气候趋势预测现场会商,同时通过视频会商系统向各省(区、市)气候中心进行现场直播。每月月末和季末国家气候中心组织各省气候中心相关预测业务人员开展视频会商,讨论月尺度以及春季、秋季的气候趋势预测。

全国预测总结会商是每月月中由国家气候中心组织的对上一个月月尺度气候趋势预测进行总结的视频会商,各省(区、市)气候中心组织相关业务人员收听收看。

5.2.3.4 专题联合预测会商

专题联合会商主要针对云南省内重要气候事件、气象灾害趋势等进行研讨,不定期举行,形式和时间都比较灵活。会商一般由云南省气象局业务管理部门主持,邀请相关部门参与。例如针对雨季开始期预测邀请省内高校、研究所的相关专家进行会商;针对旱涝趋势、森林火险趋势等与水利厅、自然资源厅、林业和草原厅等部门联合会商;针对重大活动和重要节日邀请铁路交通、机场航运、旅游、安全监管等部门进行会商。

5.2.4 产品制作与发布

业务值班人员根据最终的预测结论,制作预测报文、预测分县材料等产品,并按相关文件要求对预测产品进行发布。目前,除了按规定向中国气象局上传预测报文以外,延伸期重要天气过程预测产品主要在云南省气象局系统内部进行交流应用,月、季、年气候趋势预测产品则以电子文档的形式服务于政府和相关部门。

5.2.5 预测结果检验

在预测时段结束后对延伸期、月、季时间尺度的预测结果进行质量检验。其中延伸期强降水、强降温、高温天气过程预测分别根据中国气象局下发的《月内强降水过程预测检验评分方法》《月内强降温过程预测检验评估方法》以及《延伸期高温过程预测检验评估方法》进行检验。月、春季(3—5月)、夏季(6—8月)、秋季(9—11月)、冬季(12月至次年2月)的气温、降水趋势预测根据《月、季气候预测质量检验业务规定》进行检验。

5.3 气候预测技术方法

5.3.1 主要的统计预测技术方法

气候统计预测理论是将预测对象视为一种气候状态,从许多气候状态的关联及其自身演变规律出发，利用气候统计方法建立预测模型(黄嘉佑等，2004)。这类方法充分利用了气候的过去信息，容易建立预测模型，在大力发展气候数值模式预测的今天仍是我国短期气候预测业务的重要手段。

5.3.1.1 多元线性回归

在气象统计预报中，通常气象要素的变化和多个因子有关，因此大部分气象统计预报中的回归分析都是多元回归。所谓多元回归是对某一预报量，研究多个因子与它之间的定量统计关系。多元回归分为多元线性回归和多元非线性回归，但在实际应用中许多多元非线性问题都可以化为多元线性回归来处理。

设预报量 y 与自变量 $x_1, x_2, \cdots, x_k$ 的线性回归模型为：

$$y = \beta_0 + \beta_1 x_1 + \beta_2 x_2 + \cdots + \beta_k x_k + \varepsilon \tag{5.1}$$

式中，β_0 为回归常数；$\beta_1, \beta_2, \cdots, \beta_k$ 为回归系数；ε 是随机误差。系数 β_1 表示在其他自变量不变的情况下，自变量 x_1 变动一个单位时引起的预报量 y 的变化，即 β_1 是 x_1 对 y 的偏回归系数。其他回归系数的含义相似，从集合意义上来说，多元回归是多维空间上的一个平面。

多元线性回归方程为：

$$\hat{y} = \hat{\beta}_0 + \hat{\beta}_1 x_1 + \hat{\beta}_2 x_2 + \cdots + \hat{\beta}_k x_k \tag{5.2}$$

其中回归系数的计算可以采用最小二乘法。即残差平方和 $SSE = \sum (y - \hat{y})$ 达到最小，也就是 SSE 对 $\hat{\beta}_0, \hat{\beta}_1, \cdots, \hat{\beta}_k$ 的偏导数必须为零。

将 SSE 对 $\hat{\beta}_0, \hat{\beta}_1, \cdots, \hat{\beta}_k$ 求偏导数，并令其等于零，加以整理后可得到 $k+1$ 个方程式：

$$\frac{\partial SSE}{\partial \beta_i} = -2 \sum (y - \hat{y}) = 0 \tag{5.3}$$

$$\frac{\partial SSE}{\partial \beta_0} = -2 \sum (y - \hat{y}) x_i = 0 \tag{5.4}$$

通过求解这一方程组便可分别得到 $\hat{\beta}_0, \hat{\beta}_1, \cdots, \hat{\beta}_k$，从而建立多元线性回归方程，通过自变量 $x_1, x_2, \cdots, x_k$ 来对预报量 y 进行计算。

5.3.1.2 逐步回归

在气象预报中，常常需要从可能影响预报量的许多因素中挑选一批关系较好的作为预报因子，然后应用多元线性回归的方法建立回归方程来做预报。逐步回归方法就是自动从大量可供选择的因子中选取预报因子，据此建立回归方程进行预测。

逐步回归的基本思想是在一定的显著性检验标准下，将因子一个一个引入回归方程，引入因子的条件是该因子的方差贡献是显著的。同时每引入一个新因子后，要对老因子逐个检验，将方差贡献变为不显著的因子剔除，直到回归方程中所含的所有因子的方差贡献都显著时，才考虑引入新的因子。对所有待选因子重复以上步骤，直到最后再没有显著因子可以引入，也没有不显著的因子需要剔除为止。

逐步回归方法的计算步骤如下：

(1)准备工作：从标准化变量出发，建立求标准回归系数的标准方程组。

计算变量均值 $\bar{x}_1, \bar{x}_2, \cdots, \bar{x}_n, \bar{y}$ 以及差平方和 $L_{11}, L_{22}, \cdots, L_{pp}, L_{yy}$，记各自的标准化变量为：

$$u_j = \frac{x_j - \overline{x_j}}{\sqrt{L_{jj}}} \qquad (j = 1,\cdots,p; u_{p+1} = \frac{y - \overline{y}}{\sqrt{L_{yy}}}) \tag{5.5}$$

计算 $x_1,x_2,\cdots,x_p,y$ 的相关系数矩阵 $\boldsymbol{R}^{(0)}$ 。

(2)引进因子

设要引入第 k 个因子,则回归方程中就有 k 个变量 $x_{i1},x_{i2},\cdots,x_{ik}$,且 $i_1,i_2,\cdots,i_k$ 互不相同,$\boldsymbol{R}^{(0)}$ 经过变换后为 $\boldsymbol{R}^{(k)} = (r_{i_j}^{(k)})$。对 $j = 1,2,\cdots,k$ 逐一计算标准化变量 u_{i_j} 的方差贡献 $V_{i_j}^{(k)} = \frac{(r_{i_j,(p+1)}^{(k)})^2}{r_{i_ji_j}^{(k)}}$,记 $V_l^{(k)} = \max\{V_{i_j}^{(k)}\}$,对其进行 F 检验:

$$F = \frac{V_l^{(k)}}{r_{(p+1)(p+1)}^{(k)}/(n-k-1)} \tag{5.6}$$

若通过检验即可引入因子。

(3)剔除因子

引入第 k 个因子后,记 $V_l^{(k)} = \min\{V_{i_j}^{(k)}\}$,若其未通过 F 检验则剔除方差贡献最小的因子。

(4)建立回归方程

重复步骤(2)和(3),直至无须再引入和剔除因子。设最终选上了 k 个变量,其对应的回归方程为:

$$\frac{\hat{y} - \overline{y}}{\sqrt{L_{yy}}} = r_{i_1,(p+1)}^{(k)} \frac{x_{i_1} - \overline{x_{i_1}}}{\sqrt{L_{i_1i_1}}} + \cdots + r_{i_k,(p+1)}^{(k)} \frac{x_{i_k} - \overline{x_{i_k}}}{\sqrt{L_{i_ki_k}}} \tag{5.7}$$

通过代数运算可得最终的回归方程为 $\hat{y} = b_0 + b_{i_1} x_{i_1} + \cdots + b_{i_k} x_{i_k}$ 。

5.3.1.3 最优子集回归

挑选回归方程最彻底的办法就是将全部因子按所有不同的排序组合与预测量建立全部可能的回归方程。假设有 m 个因子的回归,除去方程一个变量也不含的空集外,实际有 2^m-1 个变量子集。建立最优回归预测方程就是要从所有可能的回归中确定出一个效果最优的子集回归。选定一种变量选择准则 s,每一个子集回归都能算出一个 s 值。s 越小(或越大)对应的回归方程效果就越好。在 2^m-1 个子集中,最小(或最大)值对应的回归就是最优子集回归(张万诚等,2000;柯宗建等,2009)。它与逐步回归的区别在于所建立的模型是全局最优的,逐步回归中置信度很高的回归方程不一定是最优的方程,而最优方程经常是显著性方程。

选择合适的最优子集回归的识别准则是建立最优回归预测模型的关键。针对不同的目的,可以选择不同的识别准则。CSC 准则是针对气候预测特点提出的一种考虑数量和趋势预测效果的双评分准则。其定义为:

$$C = S_1 + S_2 \tag{5.8}$$

式中,S_1 为数量评分;S_2 为趋势评分。令

$$Q_x = \frac{1}{n}\sum_{t=1}^{n}(x_t - \overline{x})^2 \tag{5.9}$$

为每次都用均值作为预报量而得到的数量评分,其中 x_t 表示 t 时刻的观测值,$\overline{x}$ 为平均值,n 为样本量。

如果在预报方程中引入 k 个因子,用 $\hat{x}_t$ 表示模型对观测值 x_t 的估计,则预报模型的残差

平方和为：

$$Q_k = \frac{1}{n}\sum_{t=1}^{n}(x_t - \hat{x}_t)^2 \tag{5.10}$$

数量评分则定义为：

$$S_1 = n(1 - \frac{Q_k}{Q_x}) \tag{5.11}$$

Q_k / Q_x 的含义是：一个好的预报方法，其误差必须小于气候预报，即 $Q_k / Q_x < 1$。当 $n \to \infty$ 时，S_1 为自由度 $v_1 = k$ 的 χ^2 分布。

趋势度量取最小判别信息统计量 $2I$：

$$S_2 = 2I = 2[\sum_{i=1}^{I}\sum_{j=1}^{I} n_{ij}\ln(n_{ij}) + n\ln(n) - (\sum_{i=1}^{I} n_i\ln(n_i) + \sum_{j=1}^{I} n_j\ln(n_j))] \tag{5.12}$$

式中 I 为预报趋势类别数，n_{ij} 为 i 类事件与 j 类估计事件列联表的个数，其中

$$n_i = \sum_{j=1}^{I} n_{ij} \tag{5.13}$$

$$n_j = \sum_{i=1}^{I} n_{ij} \tag{5.14}$$

列联表的确定与实际的问题有关。

在事件相互独立的假设下，$2I$ 的渐近分布为 χ^2 分布，自由度 $v_2 = (I-1)(I-1)$。根据 χ^2 分布的可加性，有：

$$\chi_v^2 = \chi_{v1}^2 + \chi_{v2}^2 \tag{5.15}$$

为 χ^2 分布，自由度 $v = k + (I-1)^2$。因此用 C 筛选回归方程因子的标准为 $max(C) = C$。

综上，最优子集回归的计算，就是按照一定的顺序求出一切可能子集回归的 C 值，然后确定其中最大值对应的子集回归方程就是最优子集回归方程。

5.3.1.4 经验正交函数(EOF)分解

经验正交函数(Empirical Orthogonal Function，EOF)是气候要素场分析的重要方法，它本身不能用于预报，但是可以通过对分解出来的时间系数进行预测从而实现对要素场的预测。

EOF 分解的基本原理是把包含 p 个空间点的场随时间的变化进行分解。设样本时间长度为 n，则场中任一空间点 i 和任一时间点 j 的距平观测值 x_{ij} 可看成 p 个空间函数 v_{ik} 和时间函数 $y_{ki}(k=1,2,3,\cdots,p)$ 的线性组合，即

$$x_{ij} = \sum_{k=1}^{p} v_{ik}\, y_{kj} = v_{i1}\, y_{1j} + v_{i2}\, y_{2j} + \cdots + v_{ip}\, y_{pj} \tag{5.16}$$

将上式表示为矩阵形式为：

$$\boldsymbol{X} = \boldsymbol{VY} \tag{5.17}$$

式中，$\boldsymbol{X}$ 为 $p \times n$ 的资料阵，

$$\boldsymbol{V} = \begin{bmatrix} v_{11} & \cdots & v_{1p} \\ \vdots & \vdots & \vdots \\ v_{p1} & \cdots & v_{pp} \end{bmatrix} \tag{5.18}$$

$$\boldsymbol{Y} = \begin{bmatrix} y_{11} & \cdots & y_{1n} \\ \vdots & \vdots & \vdots \\ y_{p1} & \cdots & y_{pn} \end{bmatrix} \tag{5.19}$$

V 称为空间函数矩阵，**Y** 称为时间函数矩阵。它们是根据场的资料阵 **X** 分解出来的，分解的函数没有固有的函数形式，因而是"经验"的。但分解出来的函数具有"正交"性的特点，即要求

$$\begin{cases} v'_k v_l = \sum_{i=1}^{p} v_{ik} v_{il} = 0(k \neq l) \\ y_k y'_l = \sum_{j=1}^{n} y_{ki} y_{lj} = 0(k \neq l) \end{cases} \tag{5.20}$$

因此有 $\boldsymbol{XX'}=\boldsymbol{VYY'V'}$。根据实对称阵分解定理有

$$\boldsymbol{XX'} = \boldsymbol{VBV'} \tag{5.21}$$

式中，**B** 为 $\boldsymbol{XX'}$ 矩阵的特征值组成的对角阵；**V** 为对应的特征向量为列向量组成的矩阵。故有

$$\boldsymbol{YY'} = \boldsymbol{B} \tag{5.22}$$

$$\boldsymbol{V'V} = \boldsymbol{VV'} = \boldsymbol{I} \tag{5.23}$$

由此可知空间函数矩阵可从 $\boldsymbol{XX'}$ 矩阵的特征向量求得，而时间函数则可以由下式计算

$$\boldsymbol{Y} = \boldsymbol{V'X} \tag{5.24}$$

至此就完成了矩阵 **X** 的经验正交函数(EOF)分解。

空间函数矩阵 **V** 的每一个列向量代表分解出来的一个空间模态，时间函数矩阵 **Y** 中对应行数的行向量为相应空间模态的时间系数，可通过对时间系数的预测实现对空间模态的预测。

5.3.2 动力模式产品在云南省气候预测业务中的释用

动力气候模式是目前国内外开展气候预测的主要工具。随着动力气候模式的日趋成熟，我国在气候预测业务中逐步形成了以动力气候模式客观预报为主、物理统计订正为辅的综合预测局面，动力模式产品早已成为短期气候预测业务中的重要依据(李维京等，2005；严小冬等，2006)。受模式性能的影响，模式对大尺度环流特征具有较好的模拟能力，但对于降水、气温等地面要素的模拟效果却较差；再加上云南省地处低纬高原，受南亚季风和东亚季风的共同影响，模式对云南的降水、气温等地面要素的预测效果远不能满足业务预测和服务的需求。因此开展动力模式产品在云南的降尺度释用——将模式预测效果较好、技巧较高的环流场预报转化为小尺度的地面气候要素预测，是非常重要的。

目前常用的动力模式释用方法主要有统计降尺度释用和动力降尺度释用两种，其中统计降尺度方法是利用模式大尺度环流预测产品，借助气候统计学方法，建立大尺度气候预报因子与区域气候要素之间的统计函数关系，从而对区域气候要素进行预测的一种降尺度解释应用方法，它将气候动力学方法与统计学方法有机地结合在一起，相互取长补短，是提高短期气候预测准确率的有效方法之一，也是目前我国短期气候预测业务中最常用的动力模式产品降尺度释用方法。

云南基于国家级动力气候模式产品进行了多种统计降尺度释用技术研究，研究成果已应用于短期气候预测业务，成为气候预测业务中的重要工具。

5.3.2.1 EOF＋逐步回归方法

EOF＋逐步回归方法使用模式中 500 hPa 高度场作为预报因子，首先对 500 hPa 高度场作 EOF 分解，提取能反映大尺度环流变化主要信息的时间序列集合，然后将它们与云南省各站点的地面气象要素作逐步回归，从而对气象要素进行预测。具体计算步骤如下：

(1)给定某起报日 **D**,选择模式中某空间范围内逐年 **D** 日开始的未来 500 hPa 高度场回算数据作预报因子场 **S**;

(2)选择云南省各站点逐年 **D** 日开始的相应时段内地面气象要素(降水量、平均气温等)的实况值作预报对象场 **B**;

(3)对 **S** 场进行 EOF 分解,选择方差贡献超过 95%的前若干个主分量进入待选因子库 **P**;

(4)利用 **P** 中的主分量集合与 **B** 中每一个站点的地面气象要素进行逐步回归建立预报方程,并代入模式预报年的 500 hPa 高度场预测数据,最终得出所有站点未来气象要素预报值。

5.3.2.2 最优因子选择+最优子集回归

利用 NCEP 再分析资料与模式资料,寻找既能反映模式预报大尺度气候要素的高技巧区,同时也能反映实际影响某一地区站点气候要素的环流信息,把这些公共区域内模式资料代表性格点作为预测因子,利用最优子集回归方法和双评分准则,建立模式大尺度信息与站点观测数据间的回归预测模型,得到所预报站点的地面气象要素预测方程,从而预测站点气象要素。

为了最大可能地利用模式有用信息,结合模式回算和预报结果,利用相关系数法寻找关键因子。首先利用每个站点的气象要素资料与模式输出的 200 hPa、500 hPa、700 hPa、850 hPa 的位势高度场、u 风场、v 风场求相关,然后再用站点同样的气象要素资料与 NCEP 再分析资料对应的要素场求相关,在全球范围内搜索站点与模式数据和再分析资料的相关系数一致达到 0.01 显著性水平的区域作为预测因子,该区域面积保证大于 4×4 网格点。将所有满足以上条件的关键区域的代表性格点挑选出来形成因子集。经过该过程挑选出来的因子至少满足三个条件:

①利用实况资料选择的预报因子与预报量有很强的相关性;

②选择的预报因子能够被模式准确地模拟出来,即该因子落在模式预报的高技巧区;

③选择满足条件①和条件②的公共区域,该区域为达到 0.01 显著性水平的 4×4 网格点以上的成片区域。

利用历史资料,将满足上述三个条件的因子选出后,形成最优因子集。然后利用相同数据采用最优子集回归的方法建立预测模型,从而进行气象要素的预测,具体流程见图 5.2。

5.3.2.3 高度场相似释用方法

相似预报是一种在天气预报业务中广泛使用的统计预报方法,其原理主要是基于前期相似的天气形势或气象要素变化特征会导致后期产生相似的天气过程这一客观规律。针对当前天气形势或数值模式对未来天气形势的预测,与历史上相应时段曾经出现过的形势作比较,通过计算相似量,从历史资料中找出最相似的一个或多个个例,进而推断未来最可能出现的天气状况。

制作相似预报,除了要选用好的预报因子外,还要有适用的相似性度量指标。目前气象研究中对两个空间场相似程度定量度量的参数较多,常用的有:海明距离、均方根差值、相似系数、相关系数等。这些度量参数可分为两大类,即"值"相似判据如海明距离、均方根差值等,和"形"相似判据如相似系数、相关系数等。具体到对 500 hPa 高度场的相似研究,前者主要刻画了样本间的振幅(能量)差异,后者则侧重于样本间的流型(位相)差异。显然,一个好的相似不仅要求两个样本场之间平均值接近,而且要求样本场之间高低值中心、槽脊位置等相互对应。

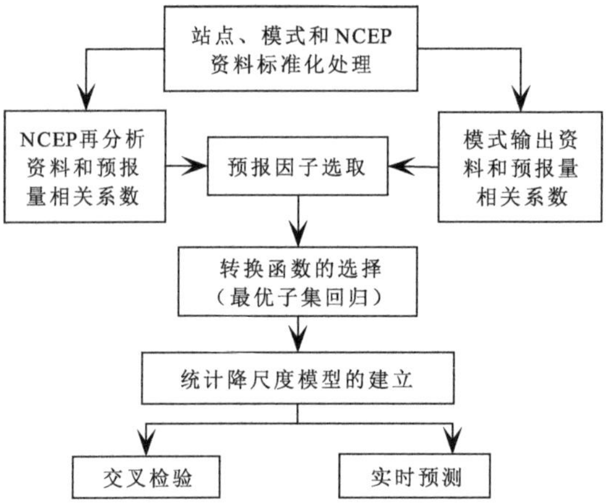

图 5.2　最优因子选择＋最优子集回归方法的预测流程图

5.3.2.4　模式释用效果检验

基于国家气候中心 DERF2.0 模式资料，针对延伸期时段对以上三种统计降尺度方法在云南的释用结果进行检验，对比评估它们在云南的预测效果。

利用 1983—2016 年的 DERF2.0 模式回算/预测资料、NCEP/NCAR 再分析资料以及云南省 124 站的逐日气象观测资料，使用 EOF＋逐步回归和最优因子选择＋最优子集回归两种降尺度方法对云南省 2013 年 11 月—2016 年 6 月每月 21 日起报的未来 1—40 天逐候气温和降水进行预测，并利用距平符号一致率（*R*）和距平相关系数（*ACC*）对预报结果进行检验（李蕊等，2016）。检验结果表明，EOF＋逐步回归对于延伸期候平均气温预测的平均评分为 48.84%（*R*）和 0.07（*ACC*），最优因子选择＋最优子集回归的平均评分为 50.72%（*R*）和 0.06（*ACC*）。EOF＋逐步回归对于延伸期候平均降水预测的平均评分为 48.37%（*R*）和 0.02（*ACC*），最优因子选择＋最优子集回归的平均评分为 50.39%（*R*）和 0.04（*ACC*）。两种降尺度方法对于延伸期候平均气温的预测效果优于候平均降水。在气温预测中，两种降尺度方法的预测效果相差不大。但在降水预测中，最优因子选择＋最优子集回归方法的预测效果（*R*：50.39%，*ACC*：0.04）优于 EOF＋逐步回归方法（*R*：48.37%，*ACC*：0.02）。

表 5.3 给出了两种降尺度方法对云南省四季延伸期候平均气温和降水的预测检验评分。春季两种降尺度方法对延伸期候平均降水的预测评分均高于气温。最优因子选择＋最优子集回归方法对气温和降水的预测评分均高于 EOF＋逐步回归方法。夏季两种降尺度方法对延伸期候平均气温的预测评分均高于降水，它们对候平均气温的预测效果是四个季节中最好的。秋季 EOF＋逐步回归方法对延伸期候平均气温的预测评分比降水高，而最优因子选择＋最优子集回归方法则是对降水的预测评分比气温好。冬季 EOF＋逐步回归方法对延伸期候平均降水的预测评分均高于最优因子选择＋最优子集回归方法。

两种降尺度方法的距平符号一致率（*R*）和距平相关系数（*ACC*）空间分布表明（图略），在候平均气温的预测中 EOF＋逐步回归方法在云南中部及以西地区预测效果较好，最优因子选择＋最优子集回归方法则在云南中部、东部边缘和西部边缘地区表现更佳。在候平均降水的预测中，EOF＋逐步回归方法预测评分较高的地区主要分布在云南东部和西北部，而最优因子选择＋最优子集回归方法的较高评分则分布在云南中部及以东地区。

表 5.3 EOF+逐步回归和最优因子选择+最优子集回归方法对云南四季延伸期候平均气温和降水的预测检验评分

	气温				降水			
	EOF+逐步回归		最优因子选择+最优子集回归		EOF+逐步回归		最优因子选择+最优子集回归	
	$R(\%)$	ACC	$R(\%)$	ACC	$R(\%)$	ACC	$R(\%)$	ACC
春季	43.00	−0.12	50.00	0.04	46.53	0.19	52.55	0.25
夏季	50.76	0.16	50.45	0.22	50.36	−0.10	50.60	−0.12
秋季	50.40	0.09	50.94	−0.07	47.47	−0.11	53.05	−0.01
冬季	43.48	0.13	48.39	0.06	54.33	0.07	51.32	0.06

以云南省2014年汛期(5—10月)延伸期时段内逐旬降水过程预测为例介绍高度场相似释用方法的应用效果。使用DERF2.0模式滚动预测发布的500hPa高度场预测资料,使用均方根差值*RMSD*、相关系数*COR*、相似离度*XSND*、最优相似系数*BS*这四个指标,与1961年以来逐年NCEP历史同期500 hPa高度场资料计算相似程度,选取最相似年份集合。在此基础上,计算由最相似年份集合合成的云南省五个区域(滇东北、滇东南、滇中、滇西北、滇西南)在延伸期预报时段内的降水量,并与1961年以来同一区域降水量的气候平均值进行比较,得出最相似年份集合在云南省不同地域降水量与气候平均值间的变化差异,从而对逐旬降水过程进行预测检验。若某区域某日相似年份合成的日降水量超过该区域多年平均日降水量的1.5倍,即确定在该区域该日(旬)前后有一次降水过程。依据该定义,降水过程预测评分=预报正确次数/(预报正确次数+空报次数+漏报次数)×100%。

云南省五个区域2014年汛期(5—10)月共计18个旬的逐旬降水过程预测评分中,滇东北的平均评分最高,为30.0%;滇中次之,平均评分为28.7%;滇东南第三,平均评分为22.9%;滇西北第四,平均评分为21.6%;滇西南平均评分最低为17.6%。四种指标评分之间差别不大,*XSND*评分最高,为26.4%;*COR*其次,评分为24.1%;*BS*评分为23.5%,*RMSD*评分最低为22.7%,四种指标在云南省五个区域的预测评分平均为40.4%。2014年10月8日的降水过程预测平均评分最高,达40.44%;而10月28日降水过程评分最低,平均仅3.1%。

5.4 气候预测业务系统

在云南省短期气候预测业务中,常用的预测业务系统主要有:月内重要过程与趋势预测系统(MAPFS)、云南延伸期重要天气过程预测业务系统、多模式解释应用集成预测系统(MODES)、动力—统计集成的季节气候预测系统(FODAS)等。

5.4.1 延伸期气候预测系统

5.4.1.1 月内重要过程与趋势预测系统(MAPFS)

月内重要过程与趋势预测系统(MAPFS)是在中国气象局现代气候业务发展与改革工作的支持和推动下,上海市气候中心牵头,联合河北省气候中心、重庆市气候中心、甘肃省气候中心、云南省气候中心、湖北省气候中心共同开发研制的(陈伯民等,2013)。该系统的预测产品可供省级气候业务部门开展月内延伸期(11~30天)重要天气过程预测业务参考,已在全国推广应用。系统主要包含过程预测、背景预测以及预测检验三大功能(图 5.3)。上海市气候中心承担了系统平台的整体设计和预测检验模块的开发建设工作,其研发的低频图方法模块、低频波方法模块与河北省气候中心研发的异常相似释用方法模块、重庆市气候中心研发的环流相似方法模块、湖北省气候中心研发的多初值集合方法模块可通过动力、统计、经验等多种主、客观预测技术方法对延伸期时段内(11～30 天)的重要天气(强降水、强降温、高温)过程进行预测。而甘肃省气候中心研发的 150 天韵律方法模块、上海市气候中心研发的 EOF 迭代释用方法模块以及云南省气候中心研发的逐候趋势释用方法模块则是对延伸期时段内逐候的气候趋势进行预测,从而为延伸期重要天气过程预测提供预测背景。云南省气候中心研发的逐候趋势释用方法模块可基于 DERF2.0 模式,选用 EOF＋逐步回归或最优因子选择＋最优子集回归这两种降尺度释用方法,对未来 1～8 候逐候的气候趋势进行预测。

图 5.3　MAPFS 系统主界面

5.4.1.2　云南延伸期重要天气过程预测业务系统

随着气候业务的发展,延伸期重要天气过程预测业务内容不断增加,所需的数据资料越来越繁杂,预测方法也复杂多样,亟须一个一体化平台来对云南延伸期重要天气过程预测业务进行整合,从而规范云南延伸期气候预测业务,提高业务人员的工作效率。2012 年,云南省首次建立了延伸期天气预报业务系统并投入业务运行(程建刚等,2014)。根据业务需求,2018 年云南省气候中心基于云南智能化气候综合业务服务平台研发了云南延伸期重要天气过程预测业务系统。系统包括延伸期气候背景分析、多模式集合预测、模式释用预测模型管理、预测结果集成与显示应用四个模块(图 5.4)。功能模块化、独立化,核心算法扩展易用,模型计算并行,产品制作智能交互,可实现精细到县的云南延伸期重要天气过程预测产品的分析与制作。

云南延伸期重要天气过程预测业务系统中的“延伸期气候背景分析”模块通过智能交互,可以实现云南省任意区域、任意时段内关键气候要素(降水量、最高气温、最低气温、平均气温等)的“常年分布”“逐年变化”“极值概率”的统计功能,并自动高效地实现分析结果的显示与输出,从而为延伸期重要天气过程预测提供气候背景参考(图 5.5)。

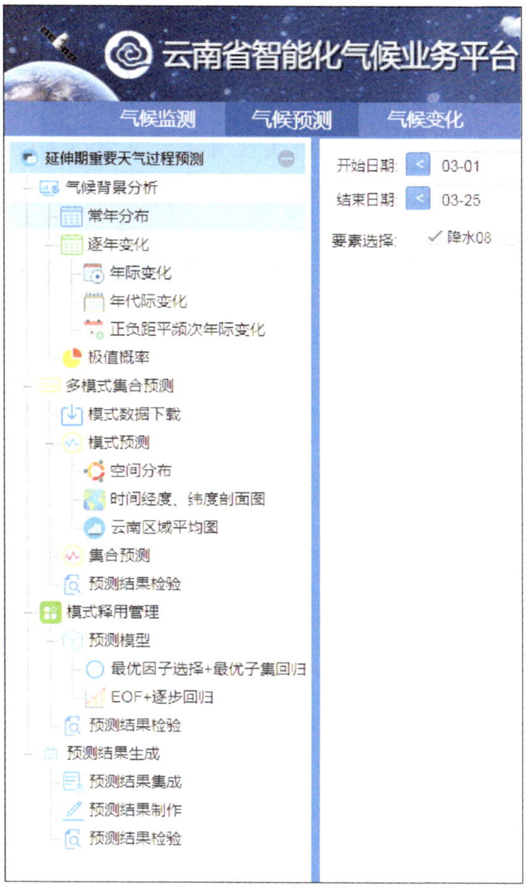

图 5.4　云南延伸期重要天气过程预测业务系统总体框架

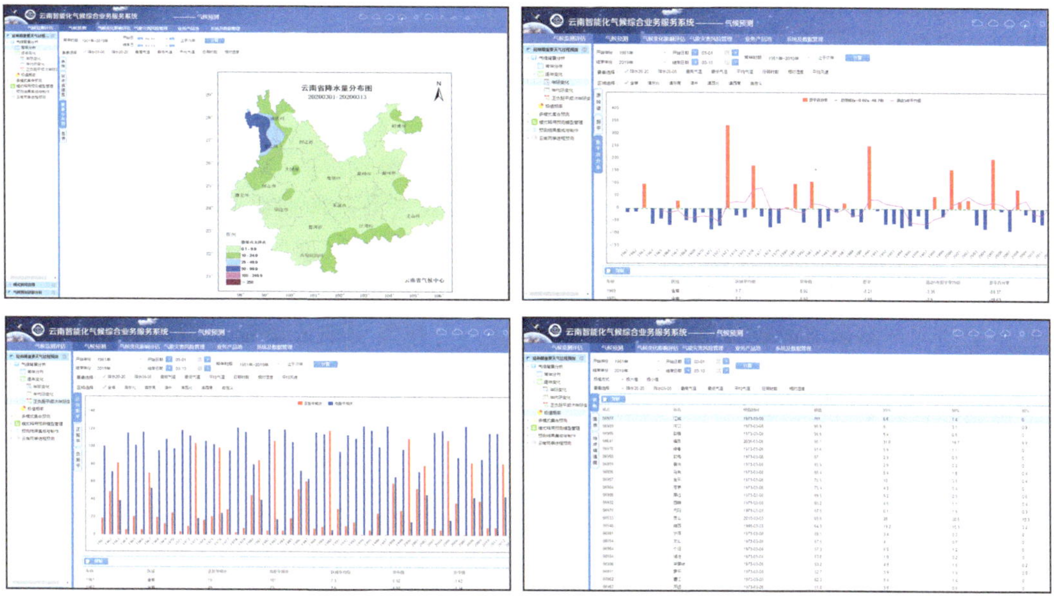

图 5.5　云南延伸期重要天气过程预测业务系统中的“延伸期气候背景分析”模块

“多模式集合预测”模块可实现国家气候中心 DERF2.0、次季节—季节多模式预测(S2S)和美国 CFSv2 数据的定时自动下载与多要素多形式的预测显示，并可通过智能交互，使用多种模式预测产品多种集成方法(等权平均、加权平均、超级集合预报)对延伸期关键气候要素(降水量、平均气温)实现集合预测，最终还可实现对集合预测结果的检验评估(距平符号一致率和距平相关系数)。预测和检验结果均可自动高效地进行显示与输出(图 5.6)。

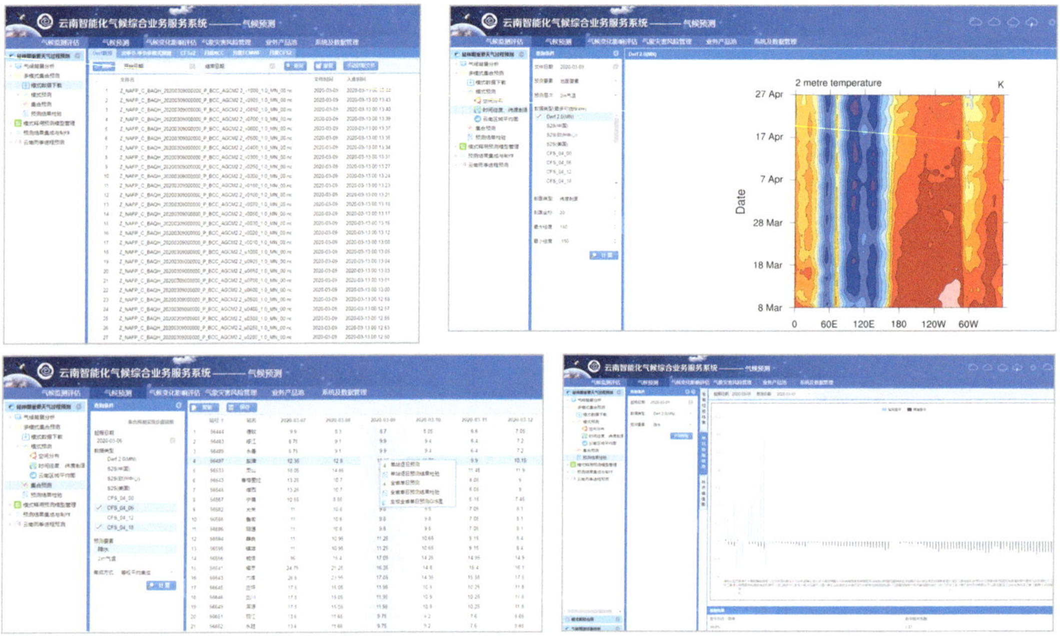

图 5.6　云南延伸期重要天气过程预测业务系统中的“多模式集合预测”模块

“模式释用预测模型管理”模块实现了针对云南延伸期预测研发的 EOF+逐步回归模型、最优因子选择+最优子集回归模型以及高度场相似释用模型的综合管理和调用，对各模型运行所需数据文件和预测结果产品进行规范有序管理，并实现了模型预测结果的回算检验评估(距平符号一致率和距平相关系数)和智能化查询、作图、下载(图 5.7)。研制过程中预留了易于扩充功能的接口，便于对模式释用预测模型进行增删或修改。

“预测结果集成与显示应用”模块可根据之前模块对云南延伸期多方法、多模型的预测回算检验结果，实现有针对性地选择预测结果数据进行综合集成(回归集成、权重集成、平均集成)并进一步开展检验评估工作(距平符号一致率和距平相关系数)。该模块还建立了针对云南延伸期预测产品的智能交互制作工具(精细到县)，可智能实现云南延伸期预测产品的统一制作，包括生成延伸期强降水、强降水和高温过程预测编报报文，云南省未来 11—30 天重要天气过程预测材料等(图 5.8)。

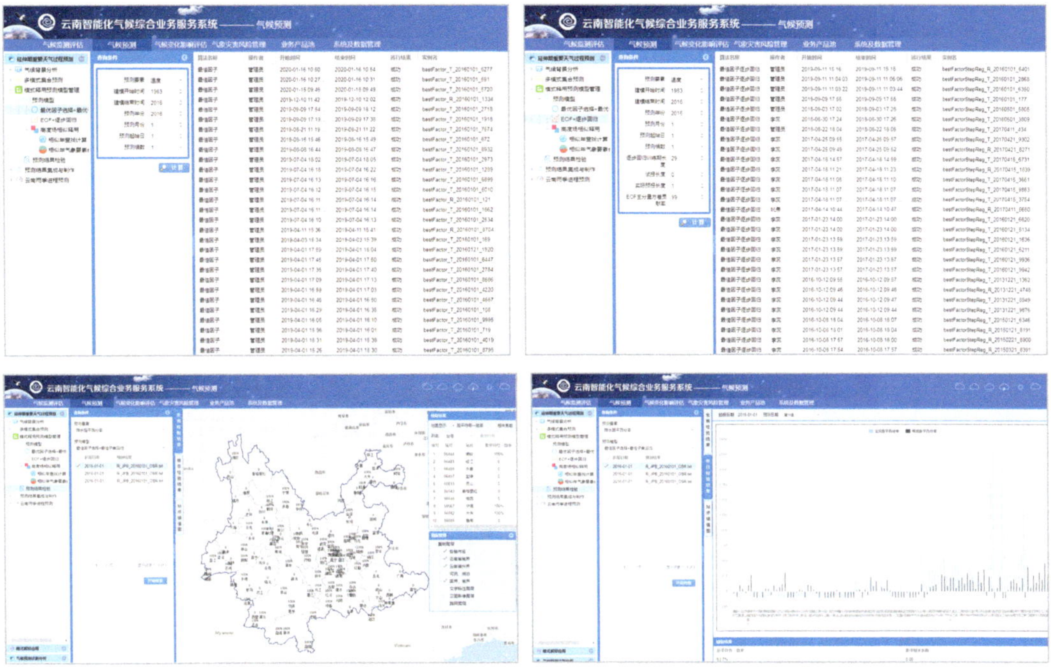

图 5.7　云南延伸期重要天气过程预测业务系统中的“模式释用预测模型管理”模块

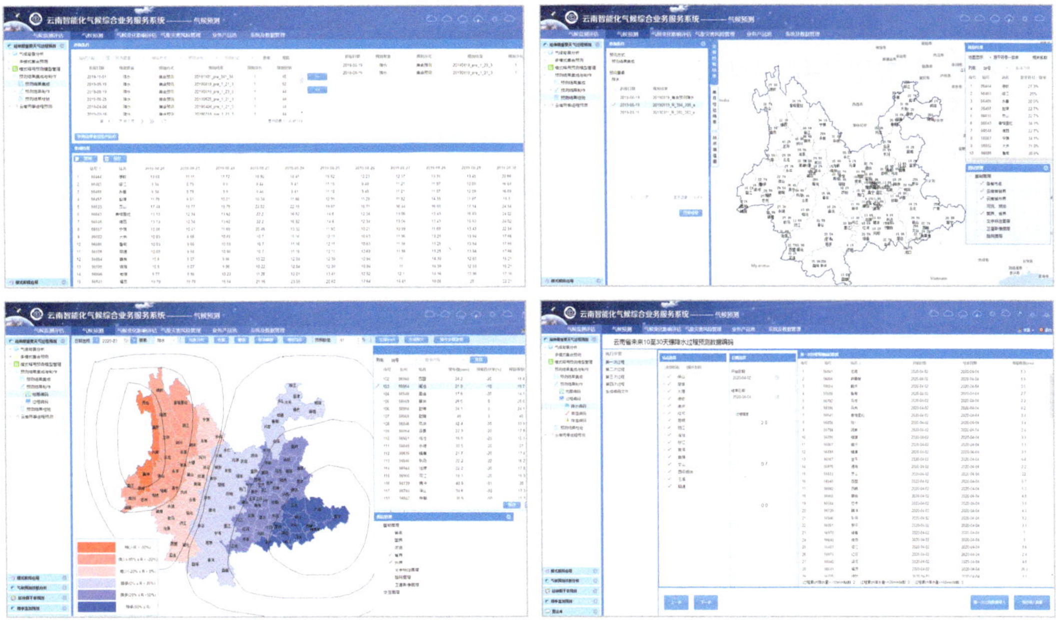

图 5.8　云南延伸期重要天气过程预测业务系统中的“预测结果集成与显示应用”模块

5.4.2 月、季尺度气候预测系统

5.4.2.1 MODES 和 FODAS 简介

多模式解释应用集成预测系统（MODES）和动力—统计集成的季节气候预测系统（FODAS）是由国家气候中心研发、省级气候中心进行本地化应用的月、季尺度客观化气候预测系统（图 5.9）。

多模式解释应用集成预测系统（MODES）是基于多个国内外气候模式预测产品解释应用集成开发的预测平台，可满足省级单位对多模式气候预测产品的不同需求（刘长征等，2013）。云南本地化的 MODES 系统包括“模式资料管理和观测资料整合功能”“精细图像显示与不同站点类型的配置整合功能”“预测产品检验与评估功能”“气候要素聚类分区的多模式降尺度预报模块”“多模式产品应用的分析诊断功能模块”等，它可利用国家气候中心 NCC、美国 NCEP、日本 TCC 等的模式产品数据，选取 BP 典型相关分析法、EOF-ITE、OSR 等降尺度方法以及权重集成、超级集成、区域最优、EOF 等集成方法，通过对模式降尺度方法和各集成方法进行挑选从而选择历史同期预测效果最佳的一种方法来实现对云南省月、季尺度的降水和气温的客观化定量化预测。

动力—统计集成的季节气候预测系统（FODAS）以气候模式作为动力核心，分析模式的误差特征，将其作为预报对象；以历史相似作为统计核心，进行有针对性的预报，从而将动力和统计方法的优点有机结合。云南本地化的 FODAS 系统是集数据实时接收、历史实况和模式结果检索、全国降水和气温的动力统计客观化预测、云南省降水和气温的动力统计客观化定量化预测、检验评分等一体的综合系统，它在对国家气候中心季节气候模式（BCC_CGCM）的月、季尺度降水和气温预报误差分析的基础上，结合 132 项海—气系统的气候因子，诊断模式存在误差的主要原因，确定既有一定物理意义，又与模式预报误差有一定联系的关键因子，基于关键因子选取历史相似年的模式预报误差，与当前模式预报结果进行叠加从而得到云南省月、季尺度客观化定量化的降水和气温预测结果。

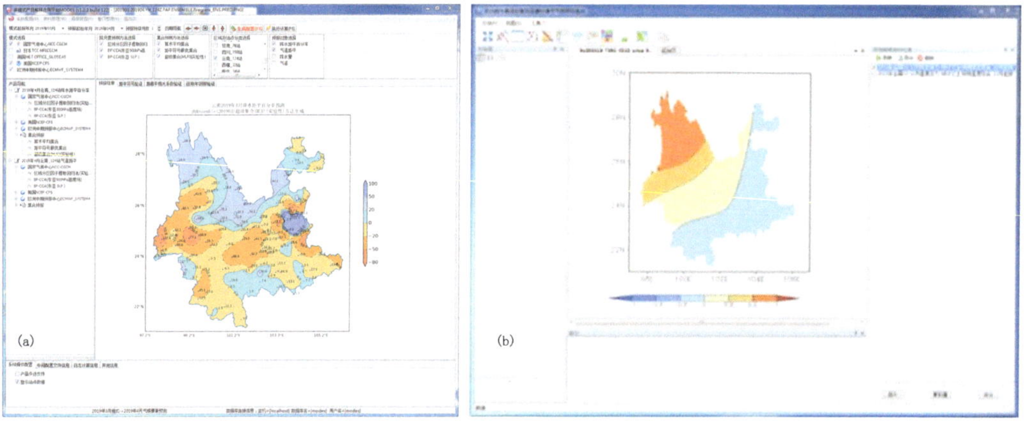

图 5.9 MODES(a)和 FODAS(b)系统在云南的本地化应用

5.4.2.2 基于数值产品的云南月气候趋势预测系统

基于数值产品的云南月气候趋势预测系统是基于高分辨率的 DERF2.0 模式产品，采用动力—统计相结合的模式产品释用方法建立的可逐日滚动预测、精细到县、客观定量的云南月尺度气候预测业务系统。系统采用 Java 开发语言和 BS 构架设计，操作简便，易于维护，可方便对 DERF2.0 模式直接输出的大气环流和气候要素预测产品进行图形显示，并调用 EOF＋逐步回归和最优因子选择＋最优子集回归两种释用方法生成云南本地的气候要素预测产品，为云南省精细到县的客观定量月预测业务提供技术支撑。

基于数值产品的云南省月气候趋势预测系统可对 DERF2.0 模式中指定日期的 500 hPa 和 700 hPa 高度场、风场等大气环流预测产品作图显示（图 5.10），也可对 2 m 气温和降水量等气候要素预测产品进行展示（图 5.11）。

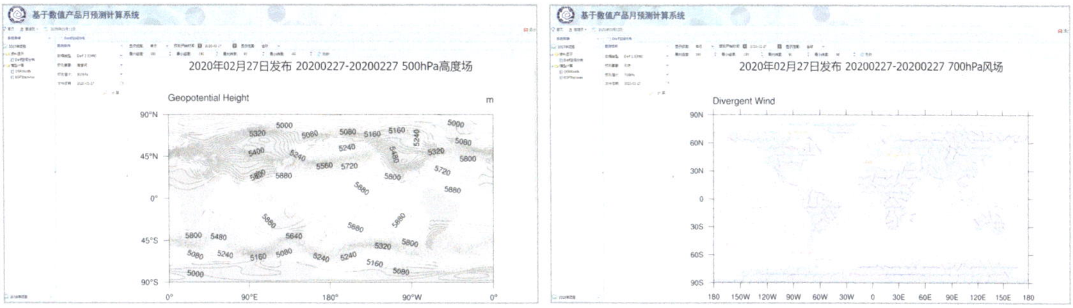

图 5.10 基于数值产品的云南月气候趋势预测系统对 DERF2.0 模式中大气环流预测产品的显示

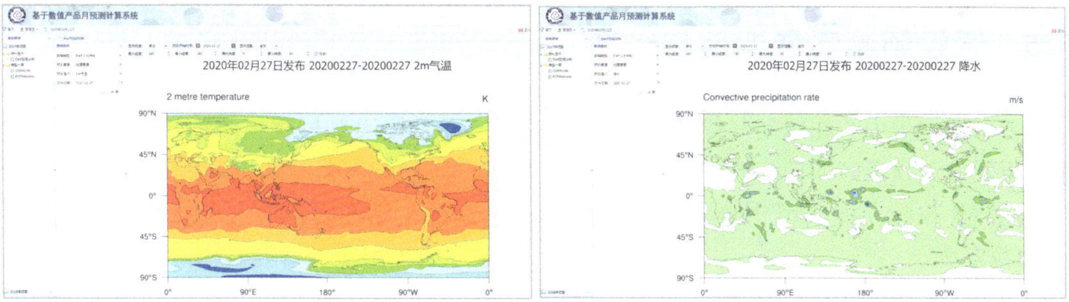

图 5.11 基于数值产品的云南月气候趋势预测系统对 DERF2.0 模式中气候要素预测产品的显示

系统还可调用两种释用方法生成云南本地的气候要素预测产品并进行显示，图 5.12 给出了系统调用 EOF＋逐步回归方法计算云南未来 30 天气温预测的操作图。

(a) 计算参数设置

(b) 运行日志

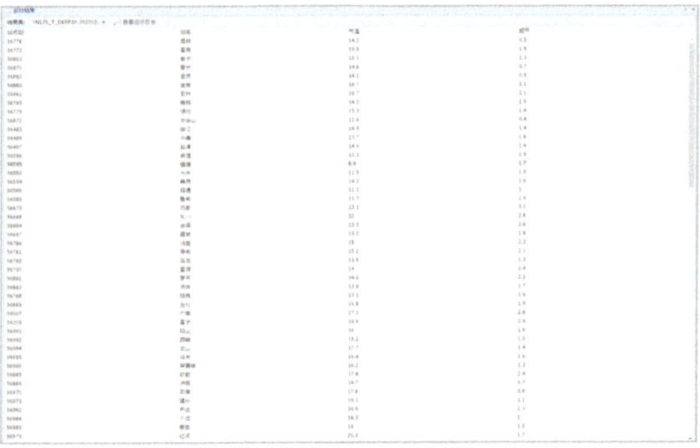

(c) 预测结果

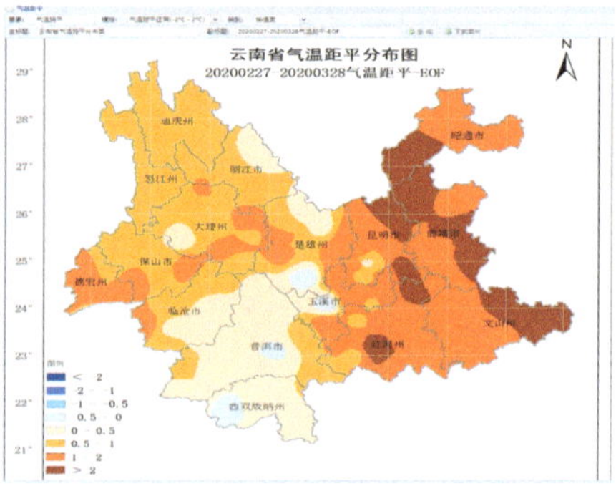

(d) 距平预测图

图 5.12　基于数值产品的云南月气候趋势预测系统调用 EOF+逐步回归方法计算云南未来 30 天气温预测的操作图

5.5　气候预测质量评定与检验

云南省气候中心在短期气候预测业务中，对延伸期重要天气过程预测的检验使用中国气象局下发的气预函〔2013〕43 号文、气预函〔2014〕96 号文以及气预函〔2017〕37 号文中均提及的 *Zs* 和 *Cs* 检验方法；对于月、季尺度气候趋势预测检验使用的是气预函〔2013〕98 号文中的 *Ps* 检验方法。

5.5.1　延伸期重要天气过程预测检验方法

在对延伸期重要天气过程预测进行检验之前，首先要对强降水、强降温、高温过程进行判定。

强降水过程是指过程降水的强度（P_c）达到或超过强降水阈值（P_t），或者降水过程内的最大日降水量（P_b）大于等于 P_t 的 3 倍。即某一降水过程满足上述两个条件之一（$P_c \geqslant P_t$，或 $P_b \geqslant 3P_t$）就称之为强降水过程。其中：P_t 为强降水阈值，即界定某过程降水的强度是否为强降水过程的阈值，云南的 P_t 取值为 15 mm。P_c 为某过程降水的强度，某过程降水强度基于 EID（“Extreme” Intensity-Duration，极端事件强度与历时的理论关系）确定，即：$P_c = P_a(n)^{0.5}$，n 为过程总天数，P_a 为某过程平均日降水量：$P_a = P_z/n$，P_z 为某过程的总降水量,即过程内逐日降水量的总和。

若某次冷空气过程的降温幅度达到或超过其阈值 ΔT_t,且降温过程内的某日最低气温小于 10 ℃,就可确定该过程为一次强降温过程。即:满足 $\Delta T_c \geqslant \Delta T_t$ 且 $T_d < 10$ ℃的冷空气过程为强降温过程。其中:$\Delta T_t = 4$ ℃为界定降温过程强度的阈值。T_d 为某降温过程内日最低气温的最小值。ΔT_c 为某降温过程内的降温幅度,即:$\Delta T_c = \Delta T_a \sqrt{(n-1)}$,$n$ 为过程首末日间的总天数,ΔT_a 为某降温过程内的日平均降温幅度:$\Delta T_a = \Delta T_z/(n-1)$,$\Delta T_z$ 为某降温过程内的总降温幅度,即:$\Delta T_z = T_g - T_d$,T_g 为某降温过程内日最低气温的最大值,T_g 出现日期须早于 T_d 出现日期,以反映降温过程。

高温过程是指高温过程强度(T_c)达到或超过 35 ℃的天气过程,即需同时满足:$T_c \geqslant T_t - 1$ 且 $T_m \geqslant T_t$,其中:① T_t 为高温过程的阈值,设定为 $T_t = 35$ ℃;② T_c 为某高温过程强度,即:$T_c = (\sum_{i=1}^{n} T_i)/n$,其中:$n$ 为过程总天数,T_i 为某高温过程中各日的日最高气温;③ T_m 为某高温过程中的日最高气温的最高值。

Zs 检验评分方法主要是对预测时段内重要天气过程次数的预测质量进行检验,主要侧重于两个方面:①天气过程强度是否达到判定标准(强降水、强降温、高温过程判定标准),②是否预测出未来 11~30 天的 2 次最强天气过程(2 个最强降水日、2 次 24 小时最强降温、2 个最强高温日)。若所预测的重要天气过程达到判定标准,则认为本次过程预测准确,记为正确 1 次;否则为不正确,记为空报 1 次。月内准确预测重要天气过程次数累计为正确数,月内空报次数累计为空报数。所预测的若干次重要天气过程时段内,包含 2 次最强天气过程的则无漏报,其余未包含 2 次最强天气过程的,均算漏报 1 次,最多记漏报 2 次。预测时段内漏报次数累计值为漏报数。如果预测时段内实况出现的天气过程中 2 次最强天气过程均未达到重要天气过程判定标准中的阈值,即 2 个最强降水日的实况降水量均小于 P_t、2 次 24 小时最强降温的幅度均小于 ΔT_t、2 个最强高温日的日最高气温均小于 T_t,则记为无漏报数。单站 Zs 评分的计算公式如下:

$$Zs = \frac{\text{预报正确的过程数}}{\text{预报正确过程数} + \text{空报过程数} + \text{漏报过程数}} \tag{5.25}$$

若预测正确过程数+空报过程数+漏报过程数=0,即实况没有出现重要天气过程,也没有预测该站月内有重要天气过程,则该站不作记分处理。区域预测 Zs 评分等于区域内各考核站 Zs 的平均值。

Cs 检验评分方法主要是对预测时段内重要天气过程日数的预测质量进行检验,即针对重要天气过程预测正确、空报、漏报的日数进行评分。预测正确日数是指实况中达到重要天气过程阈值(即强降水过程中每日降水量$\geqslant P_t$、强降温过程中每日降温幅度$\geqslant \Delta T_t$、高温过程中每日最高气温$\geqslant T_t$)的日期包含在过程预测时段内的日数(容许偏差 1 日)。空报日数指实况中在过程预测时段内未出现达到重要天气过程阈值的日数。漏报日数指实况中未包含在过程预测时段内(偏差 2 日及以上)的达到重要天气过程阈值的日数。单站 Cs 评分的计算公式如下:

$$Cs = \frac{\text{预报正确日数}}{\text{预报正确日数} + \text{空报日数} + \text{漏报日数}} \tag{5.26}$$

若预测正确日数+空报日数+漏报日数=0,也就是说实况没有出现重要天气过程,也没有预测该站有重要天气过程，则该站不作记分处理。区域预测 Cs 评分等于区域内各考核站 Cs 的平均值。

5.5.2 月、季尺度气候趋势预测检验方法

Ps 检验方法是针对气候趋势预测和异常级预测结果设不同权重来综合进行检验评分的方法。其检验评分比较直观，在趋势项预测正确得分的基础上，仍可获得异常项预测正确得分，其预测评分能相对反映气候预测能力和水平。

该方法主要分别考虑预报的趋势项、异常项和漏报项。趋势是以预报和实况的距平符号是否一致为判断依据，采用逐站进行评判。当预测(A)和实况距平(距平百分率，B)符号一致时认为该站预测正确(表 5.4 和表 5.5)。

表 5.4 降水预测的趋势评分标准

预测	实况					
	$B\geqslant50\%$	$50\%>B\geqslant20\%$	$20\%>B\geqslant0$	$0>B>-20\%$	$-20\%\geqslant B>-50\%$	$B\leqslant-50\%$
$A\geqslant50\%$	√	√	√	×	×	×
$50\%>A\geqslant20\%$	√	√	√	×	×	×
$20\%>A\geqslant0$	√	√	√	×	×	×
$0>A>-20\%$	×	×	×	√	√	√
$-20\%\geqslant A>-50\%$	×	×	×	√	√	√
$A\leqslant-50\%$	×	×	×	√	√	√

表 5.5 气温预测的趋势评分标准

预测	实况					
	$B\geqslant2$ ℃	2 ℃$>B\geqslant1$ ℃	1 ℃$>B\geqslant0$	$0>B>-1$ ℃	-1 ℃$\geqslant B>-2$ ℃	$B\leqslant-2$ ℃
$A\geqslant2$ ℃	√	√	√	×	×	×
2 ℃$>A\geqslant1$ ℃	√	√	√	×	×	×
1 ℃$>A\geqslant0$	√	√	√	×	×	×
$0>A>-1$ ℃	×	×	×	√	√	√
-1 ℃$\geqslant A>-2$ ℃	×	×	×	√	√	√
$A\leqslant-2$ ℃	×	×	×	√	√	√

异常是以考察预报对一级异常($50\%>X\geqslant20\%$，$-20\%\geqslant X>-50\%$；2℃$>X\geqslant1$ ℃，-1 ℃$\geqslant X>-2$ ℃)和二级异常($X\geqslant50\%$，$X\leqslant-50\%$；$X\geqslant2$ ℃，$X\leqslant-2$ ℃)的预报能力。采用逐站、逐级进行评判(表 5.6～表 5.9)。

表 5.6 降水的一级异常预报评分标准

预报	实况			
	$B\geqslant50\%$	$50\%>B\geqslant20\%$	$-20\%\geqslant B>-50\%$	$B\leqslant-50\%$
$50\%>A\geqslant20\%$	×	√	×	×
$-20\%\geqslant A>-50\%$	×	×	√	×

表 5.7 气温的一级异常预报评分标准

预报	实况			
	$B\geqslant 2$ ℃	2 ℃ $>B\geqslant 1$ ℃	-1 ℃ $\geqslant B>-2$ ℃	$B\leqslant -2$ ℃
2 ℃ $>A\geqslant 1$ ℃	×	√	×	×
-1 ℃ $\geqslant A>-2$ ℃	×	×	√	×

表 5.8 降水的二级异常预报评分标准

预报	实况	
	$B\geqslant 50\%$	$B\leqslant -50\%$
$A\geqslant 50\%$	√	×
$A\leqslant -50\%$	×	√

表 5.9 气温的二级异常预报评分标准

预报	实况	
	$B\geqslant 2$ ℃	$B\leqslant -2$ ℃
$A\geqslant 2$ ℃	√	×
$A\leqslant -2$ ℃	×	√

评分步骤如下：

①逐站判定预报的趋势是否正确，统计出趋势预测正确的总站数 $N0$；

②逐站判定一级异常预报是否正确，统计出一级异常预测正确的总站数 $N1$；

③逐站判定二级异常预报是否正确，统计出二级异常预测正确的总站数 $N2$；

④没有预报二级异常而实况出现降水距平百分率≥100%或等于−100%、气温距平≥3 ℃或≤−3 ℃的站数（称为漏报站，记为 M）；

⑤统计实际参加评估的站数 N，即规定参加考核站数减去实况缺测的站数；

⑥使用公式

$$Ps=\frac{a\times N0+b\times N1+c\times N2}{(N-N0)+a\times N0+b\times N1+c\times N2+M}\times 100\% \qquad (5.27)$$

a、b 和 c 分别为气候趋势项、一级异常项和二级异常项的权重系数，本办法分别取 $a=2$，$b=2$，$c=4$。

第6章 气候评价业务

气候评价(Climatic Assessment)是利用气候系统观测资料，对特定区域气候环境条件的利弊及其影响进行的综合性分析，既反映气候资源的状况、变化及利用政策建议，也反映气象灾害的活动特点、影响以及防御的措施建议等。

气候评价业务包括气候影响评价、气候区划和气象灾害风险区划等内容，发展的重点是完善基本气候评价业务，提高对关键要素分布变化的气候特征、气象灾害特点以及灾害性、极端性天气气候事件的定量评价能力，增强基本气候评价产品的准确性和时效性以及灾害影响评价产品的综合性和权威性。

6.1 气候影响评价

气候影响评价业务是国家、省、市、县四级气象部门的基本业务，是在综合分析气候系统五大圈和人类活动等因子的基础上，评价气候对人类社会、经济、生态系统和自然环境等各个方面的影响，是对气候影响的综合性总结。

云南省气候影响评价业务的内容，主要有定期气候影响评价和不定期专题气候影响评价。定期气候影响评价是按月、季、年开展的气候影响评价工作，产品有月气候影响评价、季气候影响评价、年气候影响评价和年度气候公报；专题气候影响评价是根据政府和社会不同专业用户的特殊需求而开展的专题气候分析。

6.1.1 业务产品

云南省气候影响评价业务产品分为常规(月、季、年)评价产品、年度公报和专题气候影响评价产品(表6.1)。月、季、年评价产品包括逐月、逐季和年度气候影响评价，年度公报产品主要有年度气候公报。各类产品按照统一的产品命名方式、时段划分、编写内容要求进行编制。

表6.1 气候影响评价业务产品分发时间表

产品名称	产品评价时段	电子产品发布时间	印刷产品发布时间
月气候评价	当月	次月5日前	—
季气候评价	当季	季末次月10日前	—
年度气候评价	1—12月	次年1月31日前	—
年度气候公报	1—12月	次年1月31日前	次年1月31日前
专题气候影响评价	不定期	不定期	—

6.1.1.1 月、季、年气候评价

云南省气候影响评价业务产品主要包括:气候影响评价和年度气候影响评价。根据中国气象局《气候影响评价业务规定》,月、季、年气候影响评价产品的主要内容包括:综述、基本气候概况、主要气候事件及影响、气候专题影响评价、气候趋势展望、气候预评估及对策建议等。

6.1.1.2 年度气候公报

年度气候公报对年度气候概况、重大气候事件、气象灾害、气候影响等进行综合分析评价。

云南省气候公报主要包括以下内容:气候概况、主要天气气候事件、气象及其衍生灾害影响评估和气候影响评价四大部分,其中,气候概况包括降水(月、季、年降水概况,雨季开始期和结束期,强降水日数等)、气温(月、季、年平均气温概况,高温和低温日数等)、日照三个要素;气候影响评价主要包括气候对水资源、农业、生态、林业、旅游、交通等行业的影响评价。

云南省气候公报通过印刷版向社会公开发布。

6.1.1.3 专题气候影响评价

当出现极端气候事件或重大气候灾害时,根据服务需求不定期制作专题气候影响评价。

专题气候影响评价针对特定时期气候情况或特定气候事件,重点分析所评估的时期或事件的影响,因此选择的气象要素与评价内容应根据实际需要来确定。

6.1.2 业务流程

云南省气候评价分析通过云南省气候业务平台实现,该系统集成了气象要素分析和极端气候事件监测等功能。

云南省气候影响评价业务工作流程包括:资料收集、分析评估、产品制作与发布等(图6.1)。

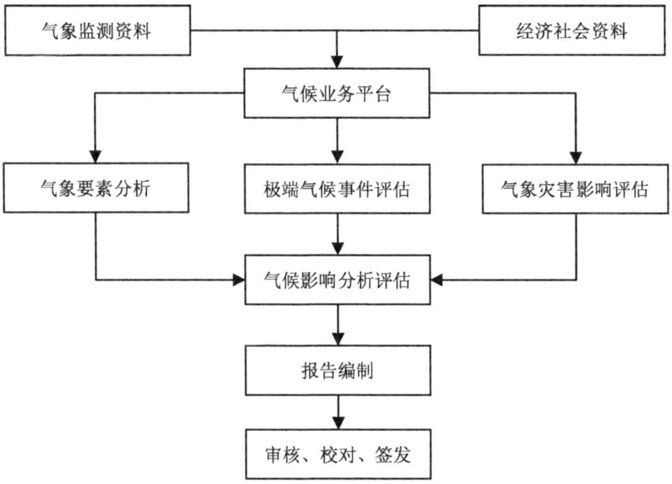

图6.1 气候影响评价业务流程

6.1.2.1 资料收集

资料收集包括基本气象资料和社会经济资料两类。

基本气象资料包括温度、降水、日照、辐射、湿度、蒸发量、风和各种天气现象等。基本气象资料的收集，主要是利用云南省气候业务平台提取气象整编数据和 CIMISS 系统的实时观测记录，以及通过调查、资料共享等途径来实现的其他数据。

社会经济资料内容较广泛，主要包括灾害资料、经济指标资料和其他行业资料等。灾害资料指的是由于气象灾害所造成的人民生命财产的损失数据。经济指标资料主要有国民总收入、工农业总产值、粮食总产量等统计数据。其他行业资料包括水文、交通旅游、电力等行业。

6.1.2.2 分析评估

6.1.2.2.1 评价时段内的基本气候条件

主要分析评价时段内的气温、降水量、日照等气候要素，通过与历史同期的要素距平来反映气候是否正常以及异常的程度等。

年度气候公报除常规气象要素分析外，还增加了年度内的雨季开始（结束）期、强降雨日数、高温日数、低温日数等分析内容。

专题气候影响评价重点针对需求开展气象要素分析评价，包括但不限于上述要素。

6.1.2.2.2 重大天气气候事件

分析总结评价时段内的极端天气气候事件，重点评价事件的极端性（异常程度、历史排位、影响范围等）。

6.1.2.2.3 气象灾害影响评估

主要对暴雨洪涝、干旱、低温冷害、强对流天气、气象地质灾害等主要气象灾害及其衍生灾害的发生范围、强度、持续时间以及影响对象所遭受的损失作出分析评估。

6.1.2.2.4 气候条件对经济社会各领域的影响

主要分析气候条件对水资源、农业、生态、林业、交通、旅游等领域的影响，包括有利和不利两个方面的影响。

6.1.2.2.5 对未来气候趋势的展望与生产建议

根据短期气候预测结果，结合前期气候变化特点，对未来一段时间内的气候趋势及影响进行展望评价，并对有关工农业生产等提出合理建议及风险评价。

年度气候公报不涉及该部分内容。

6.1.2.3 产品制作、审核与签发

6.1.2.3.1 月、季、年气候影响评价

月、季、年气候影响评价产品由值班技术人员根据相关业务规范，编辑组稿生成电子文档，经过对数据、图表、文字、格式等的认真检查并校对无误后定稿，由首席服务专家审核，制作单位值班领导签发。

6.1.2.3.2 年度气候公报

云南省气候公报以年为时间尺度，由编写委员会组织编写。编写委员会由云南省气象局分管领导担任主任，成员由云南省气象局相关管理部门、编制单位的领导和专家担任。

云南省气候中心牵头与相关业务单位组成编写小组，负责具体的组织及编制工作。

年度气候公报初稿完成后由编写小组组织集体讨论，经修改、校对后完成送审稿。

送审稿提交编写委员会讨论，修改完善后完成最终付印稿，由编写委员会主任签发。

6.1.2.3.3 专题气候影响评价

专题气候影响评价由气候业务部门根据气候异常情况或气象灾害影响的严重程度提出编

写方案，或者由省级气象业务管理部门根据服务需求下达编制任务。

由气候业务部门提出的专题气候影响评价，由编制单位值班技术人员编写，首席服务专家审核，分管领导签发。

由省级气象业务管理部门下达的专题气候影响评价任务，由编制单位值班技术人员编写，首席服务专家初审后报业务管理部门再审，并交省气象局分管领导签发。专题气候影响评价由业务管理部门决定是否形成业务指导产品下发基层气象部门使用。

6.1.2.4 产品发布

气候影响评价产品的发布主要有电子文档、印刷纸质文档和新闻通报三种形式。

月、季、年度气候影响评价一般制作电子文档，通过云南省气象系统办公网、业务共享平台、电子邮件等途径发送到指定单位或个人，作为常规服务产品向相关用户发送，向上级业务部门报送，并作为业务指导产品下发基层气象部门使用。

年度气候公报通过印刷版向地方党委、政府和有关部门报送，并向社会公众发布。电子版同时报送上级业务部门并与其他省级业务单位交换。

专题气候影响评价按需求由业务管理部门按相关渠道报送，并作为业务指导产品下发基层气象部门使用。

6.1.3 业务规定

根据《气候影响评价业务规定》，结合云南省气候影响评价业务实际，云南省气候影响评价的编制规定包括业务布局、评价指标、编制要点及格式、考核规定等。

6.1.3.1 业务布局

省级气候影响评价业务单位负责收集本地区气候影响情报和资料，制作和分发本行政区域内气候影响评价产品，指导州(市)、县级气候影响评价业务技术。

各州(市)、县级气候影响评价业务单位负责收集本地区气候影响情报和资料，制作和分发所属区域的气候影响评价产品。

6.1.3.2 评价指标

6.1.3.2.1 气候标准值

即常年平均值，指30年平均值，目前采用1981—2010年30年统计量作为气候标准值。

6.1.3.2.2 极端天气气候事件

指在特定地区和时间的罕见天气或气候事件。极端天气事件的罕见程度一般相当于观测到的概率密度函数小于第10个或大于第90个百分位点。

6.1.3.2.3 历史排序

各站点极端值采用自有气象观测记录以来的资料进行排序，区域平均(包括全省平均)值采用1961年以来的资料进行排序。

6.1.3.2.4 评价等级和指标

(1)云南省依据国家标准《气温评价等级》(GB/T 35562—2017)，采用固定阈值或标准差，给出了气温的旬、月、年评价等级，分为异常偏低、明显偏低、偏低、正常(接近常年)、偏高、明显偏高、异常偏高七个等级。以固定阈值方法为例，按评价时段的值与常年平均值的差作为指标(表6.2)。

季节评价等级参照年评价等级规定。

表 6.2 气温评价等级

评价等级	评价指标		
	旬	月	年
异常偏低	$\Delta T<-6.0$ ℃	$\Delta T<-4.0$ ℃	$\Delta T<-2.0$ ℃
明显偏低	-6.0 ℃$\leqslant\Delta T<-4.0$ ℃	-4.0 ℃$\leqslant\Delta T<-2.0$ ℃	-2.0 ℃$\leqslant\Delta T<-1.0$ ℃
偏低	-4.0 ℃$\leqslant\Delta T<2.0$ ℃	-2.0 ℃$\leqslant\Delta T<1.0$ ℃	-1.0 ℃$\leqslant\Delta T<0.5$ ℃
正常(接近常年)	-2.0 ℃$\leqslant\Delta T\leqslant2.0$ ℃	-1.0 ℃$\leqslant\Delta T\leqslant1.0$ ℃	-0.5 ℃$\leqslant\Delta T\leqslant0.5$ ℃
偏高	2.0 ℃$<\Delta T\leqslant4.0$ ℃	1.0 ℃$<\Delta T\leqslant2.0$ ℃	0.5 ℃$<\Delta T\leqslant1.0$ ℃
明显偏高	4.0 ℃$<\Delta T\leqslant6.0$ ℃	2.0 ℃$<\Delta T\leqslant4.0$ ℃	1.0 ℃$<\Delta T\leqslant2.0$ ℃
异常偏高	$\Delta T>6.0$ ℃	$\Delta T>4.0$ ℃	$\Delta T>2.0$ ℃

(2)云南省年、月降水量评价等级参照《云南省短期气候预测质量评定办法的补充规定》，按照降水量距平百分率划分为五个等级(表 6.3)。季节评价等级参照年评价等级规定。

表 6.3 降水量评价等级

评价等级	评价指标	
	月	年
特少	$\Delta R\leqslant-50\%$	$\Delta R\leqslant-30\%$
偏少	$-50\%<\Delta R\leqslant-20\%$	$-30\%<\Delta R\leqslant-10\%$
正常(接近常年)	$-20\%<\Delta R<20\%$	$-10\%<\Delta R<10\%$
偏多	$20\%\leqslant\Delta R<50\%$	$10\%\leqslant\Delta R<30\%$
特多	$\Delta R\geqslant50\%$	$\Delta R\geqslant30\%$

(3)云南省日照时数评价等级参照降水量评价等级规定。

6.1.3.3 编制要点及格式

6.1.3.3.1 编制要点

(1)摘要

简明扼要地对评价时段的气候特点、气候异常和气候灾害及其影响进行综合评述。

(2)基本气候概况

包括基本气候特点评价和主要气候要素的时空分布及变化特点分析。

基本气候特点评价:通过对评价时段内的基本气候参数(如平均值、离散值或指数等)的统计分析,对主要气候特点作出评述,指出有利和不利的气候条件,给出气候年景评价。

主要气候要素的时空变化特点分析:对降水量、气温、日照时数等要素的时空变化特点分析,重点分析这些要素与常年同期的偏离程度,并与上年或典型年同期比较。主要气候要素的时空变化分析应当给出气候要素时空变化的文字描述,以及相关要素及其距平的空间分布图和历年演变图。当某要素出现极值时,应评述极值出现的时间、地点、历史排位及其强度等。

(3)主要气候事件(气候灾害)及其影响

当评价时段内出现异常气候事件、极端气候事件,或出现影响较大的气候灾害(包括:干旱、暴雨洪涝、台风、低温阴雨、强对流天气、高温热浪、寒潮、雪害等)时,须对其发生范围、强度、持续时间以及影响对象所遭受的损失做出评价。

(4)气候影响评价

利用定量模式和定性评价相结合的方法,重点对农业、林业、牧业、水资源、能源、交通运输、生态环境、人类健康和旅游等方面作出专题评价。评价的内容和对象应保持连续性,各专题影响评价要包括有利影响和不利影响的两个方面。

(5)展望性气候影响评价(未来预评价)和对策建议

根据中期天气预报和短期气候预测结果,结合前期的气候变化特点,对未来一段时间内的气候趋势及影响进行展望(预测)评价,并针对有关生产、生活等提出风险预评价和对策建议。

6.1.3.3.2 产品编写格式

(1)月、季、年气候影响评价和专题气候影响评价

①标题及相关标识。应注明产品名称、产品时段、发布单位、发布时间、制作单位、制作人、审核人、签发人等内容。

②正文。包括摘要、基本气候概况、主要气候事件(气象灾害)及其影响、气候影响评价、展望性气候影响评价(未来预评价)和对策建议等。分析时要配以必要的图表。

③附注。编制单位联系方式、发送范围以及其他需要说明的事项。

(2)年度气候公报

①封面。应注明产品名称、产品时段、发布单位、发布时间等内容。封面设计要体现产品特点并力求活泼精致。

②目录。包括一级、二级标题及其页码。

③正文。包括摘要、气候概况、主要天气气候事件、气候及其衍生灾害影响评估、气候影响评估。分析时要配以必要的图表,力求编排美观大方。

④扉页。注明编委会、编写小组组成人员名单,以及其他需要说明的事项。

⑤封底。注明产品编制单位及联系方式等。

6.1.4 业务考核

中国气象局主管职能机构负责考核国家级和各省(区、市)级气候影响评价业务,省(区、市)气象局业务管理单位负责考核省(区、市)以下气候影响评价业务。

6.1.5 业务系统

云南省气候评价分析通过云南省气候业务平台实现,其功能包括资料收集下载、数据分析处理、评估指标判断、基本图形制作等。

6.2 气候区划

气象要素存在地理空间上的差异,在云南省复杂的地形地貌和多样性的气候条件下差异尤为明显。气候区划是根据气象要素地理空间分布的特点进行概括的分类过程,其目的是找出气候相似的区域,更好地掌握各地的气候特点,为产业发展规划、气候资源开发利用、气象灾害防御等提供技术支撑。

根据对象和目的不同，气候区划可分为综合气候区划和专项气候区划，如气候带划分、气候资源区划、农业气候区划等等。本节主要介绍云南省气候带划分和气候资源区划。

6.2.1 气候区划的工作流程

普适性的气候区划主要分为区划指标建立、空间插值分析和报告编制三个工作内容（图6.2）。

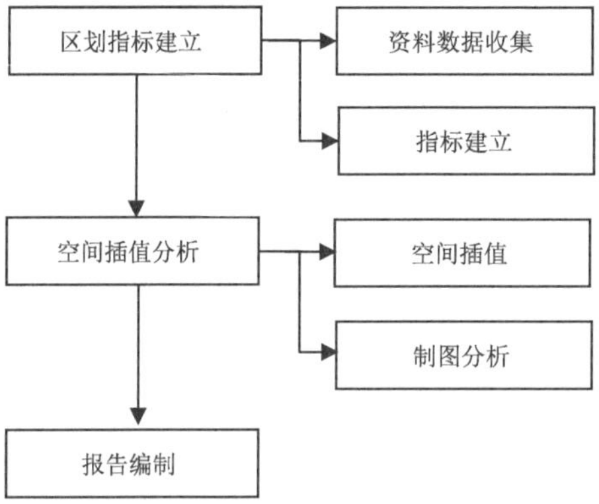

图 6.2 气候区划业务流程

6.2.1.1 区划指标建立

气候区划应建立在区划指标的基础上，指标的选定随区划的目的、种类而异。资源区划主要考虑资源量的大小，例如太阳能资源区划以太阳总辐射为依据；农业气候区划以光照、温度、降水及作物对气象条件的要求等指标较为重要。

一般区划指标有两类：一类是气候指标，这些指标是无形的，其代表性随观测地点而异，是定量指标；另一类是其他自然因子的指标，如地貌类型、地势高度、土壤类型、植被类型等，这些指标是有形的，但一般难以定量。气候区划应以气候指标为主，其他自然因子指标为辅。因此，在确定与区划目标相关的气候要素时，尽可能收集整理到更多的气候要素观测资料。由于观测站点数量有限、分布不均匀等，出于精细化的考虑，需要对资料进行细网格推算，推算的方案依据不同要素、不同地区而定。推算值应当进行误差分析，建立代表区域内的订正系数，对各站点推算值进行订正处理。

在资料收集整理的基础上，需认真分析气候与区划目标的关系，建立区划指标。

6.2.1.2 空间插值分析

实际应用中，需要将上一步骤所得到的站点值插值到需要评估的区域内的格点值，并制作区域分布图，分析气候要素分布状况。

GIS 空间分析也称空间数据分析，是基于地理对象空间布局的地理数据分析技术。空间分析也可以看作是一个空间知识发现和挖掘的过程。通过 GIS 提供的空间分析功能，用户可以从已知地理数据中得出隐含的重要结论。

插值分析是空间分析的重要组成，其基本思路是对已知样点数据拟合一个空间结构模型，进行空间结构量化分析，从而对某一区域的未知点进行推算。

ArcGIS 空间分析模块（Spatial Analyst）提供了三种插值方法：

(1)反距离加权法(Inverse Distance Weighted):认为与未采样点距离最近的若干个点对未采样点值的贡献最大,其贡献与距离成反比。

(2)克立格法(Kriging):充分吸收了地理统计的思想,认为任何在空间连续性变化的属性是非常不规则的,不能用简单的平滑数学函数进行模拟,其中的参数估计较为复杂。

(3)样条函数法(Spline):是使用函数逼近曲面的一种方法。样条函数易操作,计算量不大,它与克立格法相比具有以下特点:不需要对空间方差的结构做预先估计;不需要做统计假设,而这些假设往往是难以估计和验证的;同时,当表面很平滑时,也不牺牲精度。

在通过对三种插值方法的比较后,根据各自的特点并使用试验数据多次调试后,选定一种方法进行插值。经过比较试验,一般认为样条函数法在云南省区划中具有较好的适用性。

样条函数就是三次多项式,其实质为采用三次多项式对采样进行分段修匀,每次分段拟合仅利用少数采样点的观测值,并要求各分段的连接处连续,即光滑可导。

样条函数法拟合必须满足观测值与拟合值之差的平方和最小:

$$\sum_{i=1}^{n} W_i^2 \left[z(x_i, y_i) - f(x_i, y_i) \right]^2 = \min \tag{6.1}$$

式中,W_i为拟合权重,与(x_i, y_i)点处拟合误差的方差成反比;$z(x_i, y_i)$为(x_i, y_i)点处的采样值,n为总采样数。

在实际工作中,需将推算得到的太阳总辐射站点资料插值到区域格点,格距可根据需要选取,一般应不大于 0.1 个经纬度。

6.2.1.3 报告编制

将所得到的成果编制成报告。报告一般应当包含以下内容:

(1)概述:包括编制的目的和意义、要解决的问题、区划的区域界定、区域地理气候特征。

(2)相关标准和技术规范、所采用的资料、区划的技术指标和方法等。

(3)所选气候要素的分布和变化特征。

(4)区划指标。

(5)区划结果分析。

(6)对区划成果的使用建议。

(7)区划图集:包括气候要素单项区划和综合区划图集。

6.2.2 气候带划分

云南省地处低纬高原山地,气候类型复杂而特殊。由于海拔高差变化差异,造成了云南气候带多样性,是云南省气候的一大特征。

6.2.2.1 区划指标

参照张家诚和林之光(1985)所提出的指标,主要以≥10 ℃积温为主导,以持续日数为辅助,建立云南省气候带划分指标(程建刚等,2009),见表 6.4。按照云南省的划分习惯,北温带和高原气候区域统称为高原气候区。

需要说明的是,由于低纬高原地区气温年较差小的气候特点,在相同的年平均气温条件下,云南区域稳定≥10 ℃积温和持续日数、最冷月平均气温等指标与国内其他地区相比是偏高的,即积温的有效性高,因而在确定气候带界限温度时比全国的标准偏低。

表 6.4 云南省气候带的划分标准

气候带	≥10 ℃天数(d)	≥10 ℃积温(℃·d)
高原气候区	≤100	≤1600
中温带	101～160	1601～3200
南温带(暖温带)	161～220	3201～4200
北亚热带	221～240	4201～5000
中亚热带	241～300	5001～6000
南亚热带	301～350	6001～7500
北热带(边缘热带)	>350	>7500

6.2.2.2 推算模型

由于云南省的地形地貌复杂，山地特征明显，故在进行气象要素小网格空间分析时对基本数据进行了海拔、纬度和经度订正。具体方法是将积温(J)看成是纬度(φ)、经度(λ)和海拔(h)的函数，即 $J=f(\varphi, \lambda, h)$，采用多元回归方法建立模型：

$$J = a_0 + a_1\varphi + a_2\lambda + a_3h$$

再将经度、纬度和海拔代入即可得到网格点积温的拟合值。

利用 GIS 上获取的地理信息，用该回归模型将云南省范围内按纬向和经向上均取 0.01°建立小网格数据集，求得各年代稳定≥10 ℃的积温总计约 7.8×10^5 个网格点数据。

为了最大限度地减小误差，计算网络点数据与对应的站点数据间的相对误差，并将相对误差插值到每一个网格点进行误差订正，最后利用地理信息系统绘制气候带分布图(见图 2.5)。

6.2.3 气候资源区划

本节以太阳能资源区划为例，介绍气候资源区划的基本思路、方法和技术路线。

太阳能资源区划指对特定区域开展太阳能资源评估区划。云南省气候中心 2016 年开展了云南省太阳能资源区划工作，其成果主要用于太阳能资源开发利用规划、光伏电站的宏观选址和与光照资源有关的农业气候资源利用等。

6.2.3.1 资料收集

太阳能资源主要通过太阳辐射、日照时数等气象要素来表征，其中太阳辐射辐照量是最直接的表征参数。

由于全省气象观测站网中太阳辐射站点较少(云南省目前仅有昆明、蒙自、景洪、丽江、腾冲五个国家气象站开展辐射观测)，其他站点的辐射值需要推算才能得到。因此，除了收集长序列的辐射资料外，还应收集国家气象观测站点中长序列的日照时数、日照百分率等资料，并尽可能收集非国家气象观测站点观测到的辐射资料，用于资料的补充和订正。

6.2.3.2 站点资源推算

6.2.3.2.1 太阳能资源的表征

太阳辐射包括直接辐射和散射辐射两个部分，太阳能的强弱一般采用太阳总辐射辐照量表征。

太阳总辐射辐照量采用的基本单位是瓦时每平方米(W·h/m²)或焦耳每平方米(J/m²)表示，其中 W 是功率的单位，W·h 是能量单位，W·h/m² 就是每平方米接受的太阳辐射量；J

是能量的单位，J/m^{2}是每平方米接收的太阳辐射量，其换算关系式为：

$$1\ \mathrm{W \cdot h/m^2} = 3600\ \mathrm{J/m^2}$$

在实际应用中，由于太阳总辐射数值较大，表征给定时段的太阳总辐射一般将其单位放大。例如年太阳总辐射采用千瓦时每平方米（kW·h/m^2）或兆焦耳每平方米（MJ/m^2）表示，其换算关系式为：

$$1\ \mathrm{kW \cdot h/m^2} = 3.6\ \mathrm{MJ/m^2}$$

为了直观表示太阳能资源量，有时将电量折算为标准煤的能量，其换算关系式为：

$$1\ \mathrm{kW \cdot h} = 0.327\ \mathrm{kg}(\text{标准煤})$$

应当注意的是，一地的太阳能资源一般采用水平面太阳能总辐射表征，但在实际应用时，需要根据建设地的地理坐标、气温等因素确定一个最佳倾角，以获得最大的资源量。

太阳能资源状况一般用太阳总辐射量来表征。一般情况下，某地的太阳总辐射受天文辐射、日照百分率、地形起伏、海拔等因素的综合影响，在计算太阳辐射时应综合考虑。

6.2.3.2.2 天文辐射

天文辐射是指理想状态下，某地大气上界处的水平面上，在单位时间，单位面积上所获得的太阳辐射能量（或者某时段内的辐射总量）。它完全未受大气的任何影响，是可由天文关系准确计算的理论值。

某日天文辐射可由下式计算：

$$Q_d = \frac{T}{\pi} d_m^2 S_0 (\omega_0 \sin\varphi \sin\delta + \cos\varphi \cos\delta \sin\omega_0) \tag{6.2}$$

式中，Q_d为天文辐射日总量，T为一昼夜的时间（24 h），d_m为日地距离订正系数，S_0为太阳常（1981年世界气象组织公布的太阳常数值为1368 W/m^2），ω_0为日出或日落时刻的太阳时角，φ为纬度，δ为太阳赤纬。其中，d_m、δ、和ω_0式(6.3)～式(6.5)计算：

$$\begin{aligned} d_m = {} & 1.00011 + 0.034221\cos T_R + 0.00128\sin T_R \\ & + 0.000719\cos(2T_R) + 0.000077\sin(2T_R) \end{aligned} \tag{6.3}$$

$$\begin{aligned} \delta = \frac{180}{\pi} [& 0.006918 - 0.399912\cos T_R + 0.070257\sin T_R - 0.006758\cos(2T_R) \\ & + 0.000907\sin(2T_R) - 0.002697\cos(3T_R) + 0.00148\sin(3T_R)] \end{aligned} \tag{6.4}$$

$$\omega_0 = \arccos(-tg\varphi \cdot tg\delta) \tag{6.5}$$

其中

$$T_R = 2\pi(d_n - 1)/365 \tag{6.6}$$

式(6.3)中，d_n为一年中的日序，即1月1日为1，2月1日为32，依此类推。

由式(6.2)可见，影响天文辐射的地理因子仅与研究对象所在的纬度有关。

对于云南省而言，最南端(21°8′N)的区域全年天文辐射量为12521.85 MJ/(m^{2}a)，最北端(29°15′N)的全年天文辐射量为11861.55 MJ/(m^{2}a)，南、北两地全年天文辐射量之比为1.056。可见，在云南省范围内，天文辐射的空间分布变化并不显著，也就是说，云南省的太阳能资源与单一的纬度变化关系并不大（王学锋等，2009）。

6.2.3.2.3 太阳总辐射的推算

在推算太阳总辐射时，需要用到周边辐射观测站的辐射观测资料。

某个地理位置上的太阳总辐射Q，与天文辐射Q_0和日照百分率S具有很好的相关性，可通过下式进行推算：

$$Q = Q_0(a + b \times S) \tag{6.7}$$

式中，a、b 为计算系数。

实际计算中，可选择与计算点距离较近、大气背景相似、观测环境差异不大的辐射观测站点，利用站点长序列观测资料通过统计方法求出 a、b 系数，再将当地的天文辐射 Q_0 和日照百分率 S，代入式(6.7)进行推算。

实际工作中，应对有记录以来的观测数据进行逐月计算和统计。

6.2.3.3　区划指标

国家标准《太阳能资源等级　总辐射》(GB/T 31155—2014)将太阳能资源按照到达地面的水平面太阳总辐射年辐照量划分为 4 个等级(表 6.5，R_S表示水平面年太阳总辐射量)。

表 6.5　太阳总辐射等级表

等级	符号	分级阈值(kW·h/(m²·a)或 MJ/(m²·a))
最丰富	A	$R_S \geqslant 1750$ 或 $R_S \geqslant 6300$
很丰富	B	$1400 \leqslant R_S < 1750$ 或 $5040 \leqslant R_S < 6300$
丰富	C	$1050 \leqslant R_S < 1400$ 或 $3780 \leqslant R_S < 5040$
一般	D	$R_S < 1050$ 或 $R_S < 3780$

出于精细化考虑，依据上述标准，结合云南省太阳能资源利用分析，重点是太阳总辐射量辐照量应用于光伏发电的开发价值，对云南省所涵盖的年辐照量范围按 50 kWh/m² 等距进行划分，得到适合于云南省的五个等级，其中：Ⅰ级(资源很好)分为三个亚级，Ⅱ级(资源良好)分为四个亚级，Ⅲ级(资源较好)分为四个亚级，Ⅳ级(资源一般)分为四个亚级，Ⅴ级(资源较差)分为三个亚级(表 6.7)。

表 6.7　云南省太阳资源等级

等级名称	水平面太阳总辐射量年辐照量分级阈值		资源描述
	(kW·h/m²)	(MJ/m²)	
Ⅰ	$G \geqslant 1650$	$G \geqslant 5940$	资源很好
Ⅱ	$1450 \leqslant G < 1650$	$5040 \leqslant G < 5940$	资源良好
Ⅲ	$1250 \leqslant G < 1450$	$4500 \leqslant G < 5220$	资源较好
Ⅳ	$1050 \leqslant G < 1250$	$3780 \leqslant G < 4500$	资源一般
Ⅴ	$G < 1050$	$G < 3780$	资源较差

上述划分较国家标准更为细化，对太阳能资源利用更具指导性，同时也兼顾了云南省传统上的太阳能资源评价。

6.2.3.4　结果分析

根据上述区划指标，利用 GIS 技术制作云南省太阳能资源区划图(图 6.3)。

对于更小区域的区划，可将指标进一步细化，以得到更精细的区划结果

6.2.3.4.1　Ⅰ区(资源很好)

太阳总辐射年辐照量在 1650 kW·h/m²(5940 MJ/m²)以上，对于光伏发电具有很好的

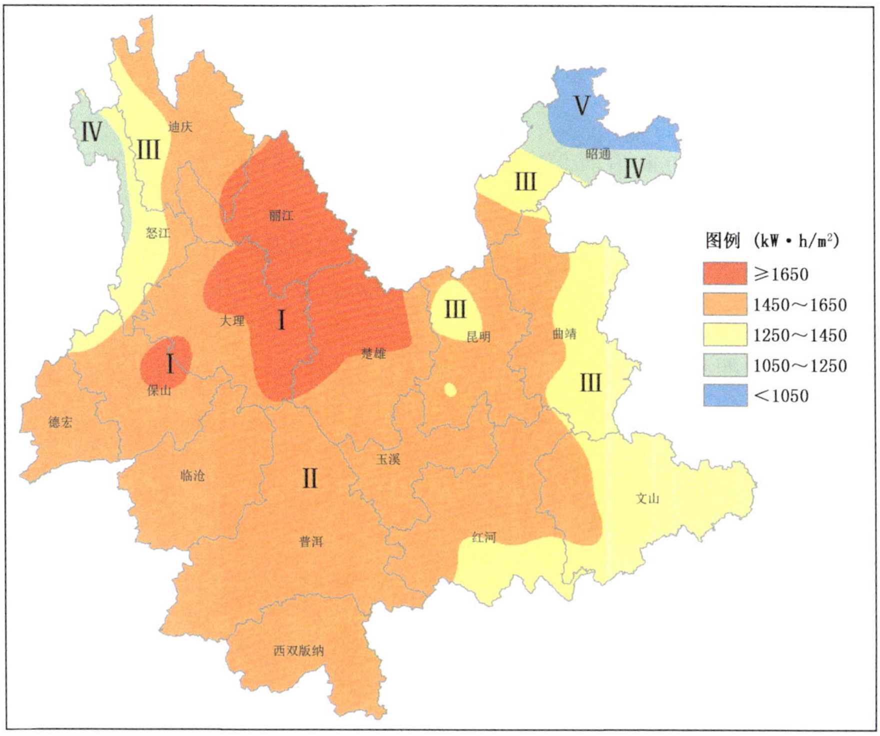

图 6.3 云南省太阳能资源区划图

开发价值，是全省太阳能资源最丰富的地区。

该区主要分布在滇西东部和滇西北东南部，涉及保山、大理、迪庆、丽江、楚雄 5 个州市的 26 个县（含县级市、市辖区，下同），总面积 5.50 万 km^2，约占全省面积的 14.0%。

该区是云南省资源最好的地区，对于太阳能资源的开发利用，资源量适合于大型并网光伏电站、分布式光伏、农业光伏和太阳能热利用等全方位综合开发利用。

6.2.3.4.2 Ⅱ区（资源良好）

太阳总辐射年辐照量在 1450～1650 kW·h/m^2（5220～5940 MJ/m^2），对于光伏发电具有良好的开发价值，是全省面积最大、分布最广的分区。

该区广泛分布于滇中、滇西、滇西北东部和滇西南地区，涉及全省 16 个州市的绝大部分县，总面积约 24.45 万 km^2，约占全省面积的 62.0%，是云南省分布最广的区域。

该区属于云南省资源良好的地区，对于太阳能资源的开发利用，资源量支持在低价值用地上进行并网光伏电站开发，在城镇和农村适合于分布式光伏开发和太阳能热利用，在农用地可进行以发电为主的农业光伏开发。

6.2.3.4.3 Ⅲ区（资源较好）

太阳总辐射年辐照量在 1250～1450 kW·h/m^2（4500～5220 MJ/m^2），对于光伏发电具有一定的开发价值。

该区主要分布在滇东南、滇东北南部和滇西北边缘地区，涉及保山、迪庆、怒江、昆明、曲靖、红河、文山、昭通八个州市，总面积约 7.40 万 km^2，占全省面积的 18.0%。

该区属于云南省资源较好的地区，对于太阳能资源的开发利用，资源量支持在城镇和农村适合于分布式光伏开发和太阳能热利用，在农用地可进行农业光伏开发。

6.2.3.4.4　Ⅳ区(资源一般)

太阳总辐射年辐照量在 1050～1250 kW·h/m^2(3780～4500 MJ/m^2)，对于光伏发电的开发价值一般。

该区主要分布于滇东北和滇西北边缘地区，涉及怒江、昭通两个州市的 7 个县，总面积约 1.15 万 km^2，占全省面积的 2.9%。

该区属于云南省资源一般的地区，对于太阳能资源的开发利用，资源量支持在城镇和农村适合于分布式光伏开发和太阳能热利用，在农用地可进行以农业生产为主的农业光伏开发。

6.2.3.4.5　Ⅴ区(资源较差)

太阳总辐射年辐照量低于 1050 kW·h /m^2(3780 MJ/m^2)，资源较为贫乏。

该区主要分布在滇东北的北部，仅涉及昭通市的 8 个县和怒江州的局部，总面积约 0.91 万 km^2，占全省面积的 2.3%。

该区属于云南省资源较差的地区，对于太阳能资源的开发利用，在目前的技术水平下不具备光伏发电的开发价值，可开展太阳能光热利用。

6.2.3.5　报告编制模板及内容

区域太阳能资源报告应包括资源时空分布特征、资源储量计算、开发价值评价和资源图集等。建议的编制模板如下。

①概述。包括太阳能资源简介、评价区域地理气候特征及对太阳能资源的影响、评估资料和技术方法等。

②日照时数时空分布。包括影响日照时数的一般因子、空间分布和时间分布特征等。

③日照百分率时空分布。包括日照百分率的定义与影响因子、空间分布和时间分布特征等。

④太阳能资源分析。包括天文辐射、太阳总辐射的推算、太阳能空间和时间分布特征。

⑤太阳能资源储量分析。包括总储量、地形影响下的可利用总储量、技术可获得量等。

⑥太阳能资源开发评价。划定资源等级，描述各等级资源分布及开发价值。

⑦太阳能资源图集。包括区域日照时数、日照百分率和太阳总辐射分布图。

6.3　气象灾害普查

6.3.1　气象灾害普查及数据库建设

气象灾害普查通过对历史气象灾害数据的收集整理，建立气象灾害数据库，为灾害分析评估、灾害风险区划等提供基础支撑。

以风险库建设内容为依托，气象灾情收集上报系统收集整理气象灾情，建立重大气象灾害调查业务，建立气象灾害数据库，建立和完善全省气象灾情咨询信息服务系统，实现对全省灾情不同区域和任意时段的查询、统计和分析。

2007 年，根据中国气象局组织安排，云南省组织全省气象部门开展了一次较大规模的气象灾害普查工作，目标是收集整理 1984 年以来的气象灾害记录，建立气象灾害数据库。

6.3.1.1　气象灾害分类

根据中国气象局下发的《全国气象灾情收集上报技术规范》，普查数据需按统一格式和统一规范进行整理和重新录入建库。按21种气象灾害类别进行分类，每个类别又分为归属的常见气象灾害名称，例如森林草原火灾分为森林火灾和草原火灾两种(表6.7)。

有些灾种在云南省不会出现，例如赤潮、凌汛等，因此在数据库中也不会出现灾害记录。为保证数据库与国家级气象灾害数据库的衔接，遇到这种情况，则该灾害栏目仍然保存，但记录数为空。

表6.7 气象灾害类别的划分编码及说明

类别编号	灾害类别	应归属的常见灾害编号	应归属的常见灾害名称	类别编号	灾害类别	应归属的常见灾害编号	应归属的常见灾害名称
0001	台风	0101	热带低压	0008	低温冷害	0801	夏季低温
		0102	热带风暴			0802	寒露风
		0103	强热带风暴			0803	冬季寒害
		0104	台风			0804	冷雨
		0105	强台风			0805	湿雪
		0106	超强台风			0806	倒春寒
0002	暴雨洪涝	0201	暴雨	0009	冻害	0901	雨凇
		0202	强降水			0902	雾凇
		0203	洪水			0903	混合凇
		0204	山洪			0904	冰凌
		0205	涝灾			0905	冻雨
		0206	融雪性洪水			0906	电线结冰
		0207	渍涝			0907	道路结冰
		0208	农田积涝			0908	冰冻
		0209	城市内涝			0909	霜冻
0003	干旱	0301	春旱	0010	沙尘暴	1001	浮尘
		0302	夏旱			1002	扬沙
		0303	秋旱			1003	沙尘暴
		0304	冬旱			1004	强沙尘暴
		0305	冬春旱			1005	黑风
		0306	春夏旱	0011	高温热浪		
		0307	夏秋旱	0012	大雾		
		0308	秋冬旱	0013	连阴雨		
		0309	黑灾	0014	干热风		
0004	大风	0401	寒潮大风	0015	凌汛		
		0402	雷雨大风	0016	气象地质灾害	1601	滑坡
		0403	龙卷			1602	泥石流
		0404	飑线				
0005	冰雹					1603	崩塌
0006	雷电			0017	风暴潮		

续表

类别编号	灾害类别	应归属的常见灾害编号	应归属的常见灾害名称	类别编号	灾害类别	应归属的常见灾害编号	应归属的常见灾害名称
0007	雪灾	0701	暴风雪	0018	寒潮		
		0702	暴雪	0019	森林草原火灾	1901	森林火灾
		0703	雪崩			1902	草原火灾
		0704	冰崩	0020	大气污染	2018	霾
		0705	雪害			2019	酸雨
		0706	积雪	0021	其他	2101	病虫害
		0707	雪凇			2102	赤潮

6.3.1.2 普查结果

6.3.1.2.1 灾情数据来源

(1)云南省九五攻关课题收集到的灾害数据资料(1984—2000 年)。

(2)现行的气象灾情收集上报系统收集的灾情数据(2001—2006 年)。

(3)向其他有关部门收集补充的灾情数据。

(4)查询其他相关资料集补充的灾情数据。

(5)各州市气象局向当地有关部门收集补充的灾情数据。

6.3.1.2.2 普查内容

灾害普查的内容为灾害过程出现的时间、强度、路径、区域、范围和影响行业、程度、经济损失、人员伤亡情况等。未出现灾情的重大天气气候事件不在统计范围之内。

6.3.1.2.3 普查时间

普查时间从 1984 年起,截至 2006 年。

6.3.1.2.4 完成情况

通过普查,收集整理了云南省 1984—2006 年气象灾害数据共 11042 条。

2006 年以后,由于灾情上报工作逐步规范,灾情直报系统所获得的数据日愈完整精细,其后的灾情补充即通过该系统直接收录。

6.3.1.3 数据库设计

6.3.1.3.1 数据格式

2007 年,根据中国气象局的相关规定,按 16 个灾害类别进行分类。

2010 年,中国气象局对数据库格式进行了调整,灾害类别从 16 种增加到 21 种,共 96 个字段,见表 6.8。

表 6.8 气象灾情上报基本字段及属性

类别序号	类别名称	字段序号	字段名称	数据类型*	单位	缺省说明	备注
1	基本信息	1	记录编号	文本		不可空	主键
		2	省(自治区、直辖市)	文本		不可空	按标准名称填写
		3	市(地、州)	文本		不可空	按标准名称填写
		4	县(区、市)	文本		不可空	按标准名称填写
		5	县编码	文本		不可空	县级行政单位编码
		6	灾害发生地名称	文本		不可空	县级以下地区名称
		7	灾害类别	文本		不可空	参照表 6.7
		8	应归属的常见灾害名称	文本		可空	只填写一种名称
		9	伴随灾害	文本		可空	可以填写多个灾害主类
		10	灾害开始日期	日期型		不可空	YYYY-MM-DD
		11	灾害结束日期	日期型		不可空	YYYY-MM-DD
		12	气象要素实况	文本			灾害强度(天气学指标)
		13	灾害影响	文本			灾害总体描述
2	社会影响	14	受灾人口	整型	人		整数
		15	死亡人口	整型	人		整数
		16	失踪人口	整型	人		整数
		17	受伤人口	整型	人		整数
		18	被困人口	整型	人		整数
		19	饮水困难人口	整型	人		整数
		20	转移安置人口	整型	人		整数
		21	倒塌房屋	整型	间		整数
		22	损坏房屋	整型	间		整数
		23	引发的疾病名称	文本			可以填写多种疾病名称
		24	发病人口	整型	人		整数,引发的各种疾病发病总人数
		25	停课学校	整型	所		整数
		26	直接经济损失	单精度	万元		保留 2 位小数
		27	其他社会影响	文本			除上述内容以外的其他社会影响
3	农业影响	28	受灾农作物名称	文本			可以填写多种农作物名称
		29	农作物受灾面积	单精度	公顷		保留 1 位小数
		30	农作物成灾面积	单精度	公顷		保留 1 位小数
		31	农作物绝收面积	单精度	公顷		保留 1 位小数
		32	损失粮食	单精度	吨		保留 1 位小数
		33	损坏大棚	整型	座		整数
		34	农业经济损失	单精度	万元		保留 2 位小数
		35	农业其他影响	文本			除上述内容以外的其他农业影响

续表

类别序号	类别名称	字段序号	字段名称	数据类型*	单位	缺省说明	备注
4	畜牧业影响	36	影响牧草名称	文本			可以填写多种牧草名称
		37	牧草受灾面积	单精度	公顷		保留1位小数,所有牧草总的受灾面积
		38	死亡大牲畜	整型	头		整数
		39	死亡家禽	整型	只		整数
		40	饮水困难牲畜	整型	头		整数
		41	畜牧业经济损失	单精度	万元		保留2位小数
		42	畜牧业其他影响	文本			除上述内容以外的其他畜牧业影响
5	水利影响	43	水毁大型水库	整型	座		整数
		44	水毁中型水库	整型	座		整数
		45	水毁小型水库	整型	座		整数
		46	水毁塘坝	整型	座		整数
		47	水毁沟渠长度	单精度	米		保留1位小数
		48	堤坝决口情况	文本			标名地点和长度
		49	水情信息	文本			水位、流量
		50	水利经济损失	单精度	万元		保留2位小数
		51	水利其他影响	文本			除上述内容以外的其他水利影响
6	工业影响	52	停产工厂	整型	间		整数
		53	工业设备损失	整型	台		整数
		54	工业经济损失	单精度	万元		保留2位小数
		55	工业其他影响	文本			除上述内容以外的其他工业影响
7	林业影响	56	林木损失	单精度	棵		整数
		57	林业受灾面积	单精度	公顷		保留1位小数
		58	林业经济损失	单精度	万元		保留2位小数
		59	林业其他影响	文本			除上述内容以外的其他林业影响
8	渔业影响	60	捕捞船只翻(沉)数量	整型	只		整数
		61	捕捞船只翻(沉)吨位	单精度	吨		保留1位小数
		62	渔业影响面积	单精度	公顷		保留1位小数
		63	渔业经济损失	单精度	万元		保留2位小数
		64	渔业其他影响	文本			除上述内容以外的其他渔业影响
9	交通影响	65	飞机航班延误	整型	架次		整数
		66	交通工具停运时间	整型	小时		整数
		67	交通工具损毁	整型	辆		整数
		68	铁路损坏长度	单精度	公里		保留2位小数
		69	公路损坏长度	单精度	公里		保留2位小数

续表

类别序号	类别名称	字段序号	字段名称	数据类型*	单位	缺省说明	备注
9	交通影响	70	水上运输船只翻（沉）数量	整型	只		整数
		71	道路堵塞	文本			描述道路堵点数、堵塞长度等
		72	滞留旅客数	整型	人		整数
		73	交通经济损失	单精度	万元		保留2位小数
		74	交通其他影响	文本			除上述内容以外的其他交通业影响
10	电力影响	75	电力倒杆	整型	根		整数
		76	电力倒塔	整型	座		整数
		77	电力断线长度	单精度	千米		保留2位小数
		78	电力中断时间	单精度	小时		保留1位小数
		79	电力经济损失	单精度	万元		保留2位小数
		80	电力其他影响	文本			除上述内容以外的其他电力影响
11	通信影响	81	通信中断时间	单精度	小时		保留1位小数
		82	通信经济损失	单精度	万元		保留2位小数
		83	通信其他影响	文本			除上述内容以外的其他通信影响
12	基础设施影响	84	损坏桥梁涵洞	整型	座		整数
		85	基础设施经济损失	单精度	万元		保留2位小数
		86	基础设施其他影响	文本			除上述内容以外的其他基础设施影响
13	商业影响	87	停业商店数	整型	家		整数
		88	商业经济损失	单精度	万元		保留2位小数
		89	商业其他影响	文本			除上述内容以外的其他商业影响
14	其他行业影响	90	其他行业影响	文本			除上述行业以外的其他行业影响
15	图像视频信息	91	图片				
		92	图片信息说明	文本			
		93	视频				
		94	视频信息说明	文本			
16	说明	95	数据来源	文本			灾情信息来源
		96	备注	文本			填写过程中需要进一步说明的内容

* 计算机数据类型专业名词。文本：可以是数字、空格和非数字字符的组合；日期型：用于表示日期的数据类型；整型：不带小数部分的数据；单精度：有效数字为8位以内的实数。

6.3.1.3.2 系统建设

基于CIMISS系统，建立气象灾害信息数据库；由集约化平台提供整个系统的硬件资源，划分7台X86服务器，划分20TB存储资源；由气象业务内网提供应用系统整合的集约化平台。

设计考虑和遵循的原则：

（1）准确性原则：只有准确的数据才有分析和利用的价值，入库的资料都进行了反复的核对。

（2）规范化原则：在系统设计与实施过程中，各种灾害数据的分类都遵守气象行业相关数据规范与标准。

（3）完备性原则：通过各种途径对气象灾害数据进行尽可能的收集整理，确保灾害数据的完整性和一致性。

（4）可扩充性原则：充分考虑了用户需求变化和未来发展可能趋势，系统架构灵活，易于扩充。

6.3.1.3.3　历史灾情数据采集系统

以县（区）为单元，全面普查区域内的历史灾害。基于气象业务内网建设一套基于数据库和 GIS 技术的历史灾情资料的填报系统，以替代类似 Word 形式的电子资料文档或部分纸质类的收集工作。

历史灾情数据采集系统组成结构：

（1）基础信息及配置管理：对采集模板进行配置，对系统运行的基础信息进行增、删、改维护管理。

（2）历史灾情信息录入：信息采集系统的核心功能，支撑数据的采集、数据导入、数据复查、在线审核、数据评估等工作。

（3）系统管理：实现系统运行访问的基础保障工作，进行组织机构、用户、角色、权限的管理。

6.3.2　气象灾情直报系统简介

6.3.2.1　概述

2004—2005 年，为加强气象灾害的收集、整理、上报及气象灾害评估能力，国家气象中心研制了“全国气象灾情直报系统 1.0 版”。

2008 年，为改进灾情直报数据质量和平台功能，国家气象中心发布“全国气象灾情直报系统 2.0 版”，并自 2009 年实现气象灾情月报、年报收集的业务化运行。

2009 年 11 月，国家气象中心发布“全国气象灾情直报系统 2.3 版”，重点增加预警信号发布、维持、撤销功能，改进数据传输模块。

2015 年 8 月灾情直报 Web 版上线，2015 年 11 月灾情直报 Web 版部署到业务内网。2016 年 5 月灾情直报、月报、年报统计功能研发完成，并于 10 月正式部署。

气象灾害管理系统是基于 Web 的实时灾情信息交互式在线编辑填报业务系统，实现了基于 Web 的灾情直报、灾情月报、灾情年报等业务在线填报，实现实时灾情自动转化历史灾情统计信息，实现在线数据校验和质量控制，建设以面向决策气象服务业务为核心，建立国家级气象灾害管理系统，实现灾情信息的快速收集、快速上报和深度应用，极大提升灾害信息发布的灵活性与便利性，提高灾情数据统计分析能力，从而提高决策气象服务业务单位的业务能力和技术水平。

6.3.2.2 气象灾害类别

6.3.2.2.1 灾害类别

气象灾害是指由气象原因直接或间接引起的，给人类和社会经济造成损失的灾害现象。包括台风、暴雨洪涝、干旱、大风、龙卷、冰雹、雷电、雪灾、低温冷害、冻害、沙尘暴、高温热浪、大雾、连阴雨、地质灾害、寒潮、森林草原火灾、其他等18类。各类灾害所属常见灾害、地方别名以及灾害说明等详见表6.9。

全国气象灾情的收集和上报中灾害类别必须严格按照上述18类进行填写，不得随意增加其他灾害类别。

表6.9 气象灾害类别的划分及说明

类别编号	气象灾害类别	具体说明及包含的灾害
01	台风	热带低压、热带风暴、强热带风暴、台风、强台风、超强台风
02	暴雨洪涝	暴雨、强降水、洪水、中小河流洪水、山洪、涝灾、融雪性洪水、渍涝、农田积涝、城市内涝，非台风(但包括台风外围云系影响)降雨灾害
03	干旱	春旱、夏旱、秋旱、冬旱、冬春旱、春夏旱、夏秋旱、秋冬旱、黑灾，其中牧区冬季发生的黑灾，实际上就是干旱灾害
04	大风	雷雨大风、飑线，但台风、沙尘暴不属于大风灾害
05	龙卷	
06	冰雹	
07	雷电	
08	雪灾	暴风雪、暴雪、雪(冰)崩、雪害、积雪、雪凇、吹雪、白灾
09	低温冷害	春季倒春寒、夏季低温、秋季寒露风、冬季寒害、冷雨、湿雪，零度以上的低温危害
10	冻害	霜冻、冰冻、冻雨、冰凌、电线结冰、道路结冰、雨凇、雾凇、冰挂、混合凇，零度以下的低温危害
11	沙尘暴	浮尘、扬沙、沙尘暴、强沙尘暴、黑风
12	高温热浪	
13	大雾	
14	连阴雨	春季连阴雨、华西秋雨
15	地质灾害	气象条件引发的滑坡、泥石流、崩塌
16	寒潮	
17	森林草原火灾	气象条件引发的森林火灾、草原火灾
18	其他	作物病虫害、草原虫(鼠)害、林业病虫害、赤潮，不属于1～17类的灾害均填写为其他类

6.3.2.2.2 灾情上报字段及说明

月、年、历史灾情(灾情普查)、灾情直报上报基本信息以灾害性天气过程为时间单元、以县为地域单元，按照表6.8所列字段名称、数据类型及单位等规范填报。县级过程灾情上报字段共包含32项，分属：基本信息、灾情信息及附加信息3类。各项字段名称、数据类型、单位及说明等参见表6.10。

表 6.10　气象灾情上报基本字段及属性

类别序号	类别名称	字段号	字段名称	数据类型	单位	缺省说明	备注
1	基本信息	1	记录编号	文本		不可空	主键
		2	上报所在地行政编码	文本		不可空	标准行政码
		3	上报单位所在地名称	文本		不可空	省市县
		4	发生区域(地图选择)	文本		不可空	地图中发生区域(点、线、区域、行政区等)
		5	填报人	文本		不可空	填报人姓名
		6	联系电话	文本		不可空	上报单位联系电话
2	灾情信息	7	灾害类别	文本		不可空	参照表 6.9
		8	伴随灾害	文本			可以填写多个灾害主类(标准名称按表 6.9)
		9	灾害开始日期	日期型		不可空	YYYY-MM-DD
		10	灾害结束日期	日期型			YYYY-MM-DD
		11	气象要素实况	文本			天气过程概述
		12	预警发布情况描述	文本			发生灾害前发布的预警情况,包括当地气象部门发布的预警、预警信号、警报,以及发布的手段和受众情况。
		13	受灾人口	整型	人		整数
		14	死亡人口	整型	人		整数
		15	失踪人口	整型	人		整数
		16	受伤人口	整型	人		整数
		17	紧急转移安置人口	整型	人		整数
		18	倒塌房屋数	整型	间		整数
		19	直接经济损失	单精度	万元		保留 2 位小数
		20	农作物受灾面积	单精度	公顷		保留 1 位小数
		21	农作物成灾面积	单精度	公顷		保留 1 位小数
		22	农作物绝收面积	单精度	公顷		保留 1 位小数
		23	农业经济损失	单精度	万元		保留 2 位小数
		24	其他具体灾情	文本			除上述影响以外的其他影响描述,包括社会影响、农业影响、畜牧业影响、水利影响、林业影响、渔业影响、交通影响、电力影响、通信影响等方面的灾情。

续表

类别序号	类别名称	字段号	字段名称	数据类型	单位	缺省说明	备注
3	附加信息	25	图片				
		26	图片信息说明	文本			
		27	视频				
		28	视频信息说明	文本			
		29	音频				
		30	音频信息说明	文本			
		31	数据来源	文本			灾情信息来源
		32	备注	文本			填写过程中需要进一步说明的内容

6.3.2.3　气象灾情收集、整理和上报流程

各级气象部门通过设立气象信息员实地采集数据，或从政府和应急管理、民政、水利、农业、交通运输等有关部门及时获取灾情及影响数据，灾情数据来源应确保合法可靠。

6.3.2.3.1　灾情直报

当发生表6.9中所涉及的气象灾害，且预估灾情达到小型气象灾害及以上标准时，或造成了较大的社会影响时，县级、州市级气象部门应当在灾害发生的24小时内及时进行灾情数据收集和初报；按照灾情直报系统终端要求认真填写灾情初步情况。对于需要更新或者修订的数据应在48小时内及时更正并经过确认审核后上报；从政府或有关部门获取到最终灾情数据后，应该完成灾情终报。省级气象部门应及时对重大灾害性天气过程进行汇总、上报。灾情填写后应由有关人员审核签发。没有县级气象部门的区县当地灾情由区县所在上级气象部门开展灾情收集上报工作；地级市区内设立区气象部门的区，当地灾情由该区气象部门开展灾情收集上报工作。对于非突发性天气造成的灾情如干旱、病虫害等，可以视具体情况适当延长报送时效和灾情数据更新时间间隔。

6.3.2.3.2　以县为统计单元的灾情月报、年报

省级气象部门应当及时、全面地收集、整理、审核灾情数据，形成以灾害性天气过程为时间单元、以县为地域单元的规范的气象灾情月报和年报，于每月2日通过灾情直报系统月、年报界面上报。为保证气象灾情年报实时性，每年1月10日省级气象部门上报上一年的灾情，灾情月报和年报上报内容一致。

对于跨月发生的灾害性天气过程，上报上月灾情月报时只填写当月的灾情，灾害的结束日期填写当月最后一天的日期，但在下一个月上报时应按完整的灾害过程上报。在最后的灾情年报上报时应注意整理这种跨月的灾情记录，避免灾情数据的重复。

6.3.2.3.3　省级灾情月报、年报

省级气象部门需每月3日前完成本省上月内主要气象灾害灾情表，主要收集、汇总、审核、上报以省级为单元的灾情月报、年报，满足现有的月评价、年鉴等业务需求，重点参考本省民政等灾情信息主管部门的数据。

国家级负责气象灾情收集、整理的部门建立全国重大灾害性事件库，将特大型、大型灾害及时整理入库。

6.3.2.4　气象灾害管理系统基本操作

气象灾害管理系统平台的主要内容为：实时灾情发布、灾情月报发布、灾情年报发布。

灾情直报管理系统 Web 上报功能：

①采用 BS 框架，登录即可上报，无须维护和升级；

②采用响应式框架，一套平台可实现 PC、移动端兼容；

③实时灾情采用初报、续报、终报流程；

④灾情月/年报采用逐级上报；

⑤年报月报制作提醒；

⑥未完成编辑续报功能。

平台栏目结构如图 6.4 所示。

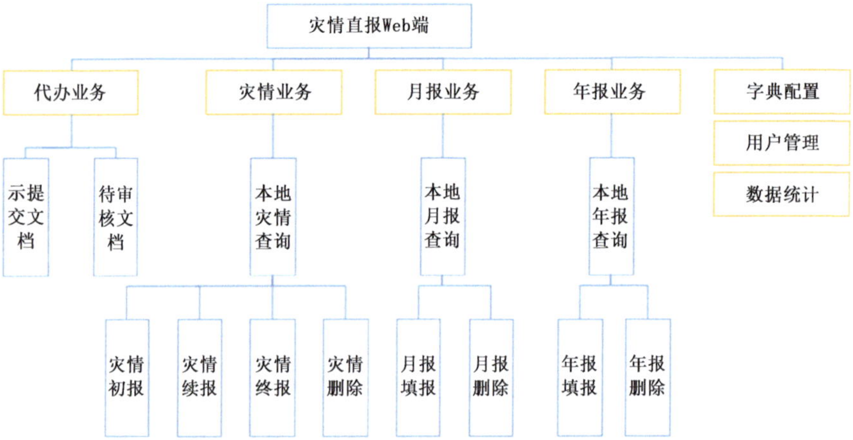

图 6.4　气象灾害管理系统平台栏目结构

6.3.2.4.1　系统登录

气象灾情直报系统通过内网登录，建议采用 Chrome、360（急速模式）、Firefox3.5 以上、IE10 以上版本浏览器。

登录界面录入用户名和密码，点击登录，系统进入到气象灾害管理系统首页，并显示当前登录用户。

用户登录成功，默认显示首页，地图上默认显示最近 3 天上报的灾情信息，点击地图上的灾害图标，查看到该灾情的基本信息，点击地图上左下角的灾情列表，查看到最近 3 天上报的所有灾情的基本信息，双击灾情数据，可以跳转到灾情查询界面查看灾情详情。

6.3.2.4.2　灾情直报

(1)灾情查询

录入查询条件（查询范围、起始时间、结束时间、灾情类型、死亡人数范围、经济损失范围），查询符合查询条件的灾情数据，并且在地图上显示出来。

灾情查询主要用于查询通过 WEB 端上报的灾情信息，同时针对管理本账号上报的数据进行管理,包括上报、续报、终报、撤销、查看和删除等操作。

手机上报灾情查询:录入查询条件(灾害时间、灾害类别、灾害地区),查询符合查询条件的灾情数据,并且在地图上显示出来。

(2)灾情上报

灾情上报主要用于各级登录用户对灾情信息进行实时上报,可以根据灾情的影响范围和影响领域填写灾情情况。系统新增受灾区域可选择点、线、圆、多边形、行政区域功能,地图框选灾情范围只能框选用户所在行政区划的范围,超过该范围会进行自动切割超过的部分。

未完成编辑本地保存:系统提供了编辑过程中,数据本地保存功能,该功能指实时灾情编辑过程中用户可以直接将数据存储到本地浏览器中(仅限于支持基于 html5 的浏览器),用户下次进入编辑界面后,系统会自动调取上次保存到本地的数据。

6.3.2.4.3 灾情月报

(1)月报查询

用于对上报的灾情月报数据进行管理,包括灾情查询、查看和下载等操作。根据查询范围、月报发布日期、灾害类型、死亡人数、失踪人数和经济损失进行条件查询(特别说明:月报/年报查询,仅能查询省级发布的正式月报/年报数据。市、县发布的过程数据需要到上报页面中进行查询)。

(2)月报报表

用于对省级单位上报的月报数据进行统计查看。可查看月报详情、月报记录、月报灾情详情。

(3)月报制作

用于制作灾情月报,月报数据主要来源于直报、下级月报、手动编辑和无灾害发布等方式,并可修改月报制作的基本信息、删除月报灾情数据,点击提交,完成上报工作。

(4)月报监控

用于监控下级的月报上报情况。查询上报地区与上报月份,看到该地区该时间段内的月报上报情况,并对下级部门未上报月报的地区进行月报催报。

6.3.2.4.4 灾情年报

(1)年报查询

用于对上报的灾情年报数据进行管理,包括灾情查询、查看和下载等操作。根据查询范围、灾害发生时间段、灾情类型、死亡人数、失踪人数和经济损失进行条件查询;查看该年报的灾情基本信息,如果有附件,点击附件可以进行下载;以报文形式下载该条年报数据;以 Excel 文件导出所有查询出来的年报灾情数据。

(2)年报报表

用于对省级单位上报的年报数据进行统计查看。根据上报年份、上报地区进行条件查询;查看年报详情;查看年报记录;查看年报灾情详情。

(3)年报制作

用于制作灾情年报,年报数据主要来源于直报、月报、下级年报上报、手动编辑和无灾上报的内容。可修改年报制作的基本信息;用年报灾情数据(来源有五种渠道:直报数据、月报数据、年报数据、手工编辑、无灾上报)制作年报,年报制作选取灾情数据错误的时候可以点击按钮删除数据,并提交年报数据。

(4)年报监控

用于监控各省(区、市)的年报上报情况,对未上报年报的省份进行年报催报;查询该年所有省份的年报上报情况。

6.3.2.4.5 统计分析

(1)直报统计

用于对灾情直报内容进行汇总统计,包括灾情类型及灾害损失等信息的统计。根据统计方式、灾害发生起始时间、结束时间、灾害发生地(省、市)、灾害类型与灾害损失进行条件统计查看受灾信息,并可选择以列表、柱状图、饼状图、色斑图的形式对查询结果导出。

(2)月报统计

用于对灾情月报内容进行汇总统计,包括灾情类型及灾害损失等信息的统计。根据统计方式、灾害发生起始时间、结束时间、灾害发生地(省、市)、灾害类型与灾害损失进行条件统计,查看受灾信息,并可以选择以列表、柱状图、饼状图、色斑图的形式对查询结果导出。

(3)年报统计

用于对灾情年报内容进行汇总统计,包括灾情类型及灾害损失等信息的统计。根据统计方式、灾害发生起始时间、结束时间、灾害发生地(省、市)、灾害类型与灾害损失进行条件统计,查看受灾信息,并可以选择以列表、柱状图、饼状图、色斑图的形式对查询结果导出。

6.3.2.4.6 系统管理

(1)个人中心

用户可以在个人中心对公告通知及系统提示进行查看,同时也可以对个人信息进行设置修改。在"系统提醒"中可查看"个人上报记录"及"下级上报查看"。如果其上级进行了月报或年报的催报,点击上级催报提醒记录数可以跳转到催报页面并进行上报,如果超过了终报、月报、年报提醒时间还未进行上报,点击系统业务提醒记录数可以进行上报。

(2)公告发布

用于编辑和发布通知公告,发布内容会在个人中心的通知公告中进行展示。

(3)提醒设置

用于设置终报、月报、年报的提醒时间。录入终报间隔时长、月报提醒时间、年报提醒时间,点击保存。完成提醒设置。

6.3.3 山洪地质灾害风险普查

2014 年起,中国气象局开展了山洪地质灾害防治气象保障工程建设,山洪地质灾害风险普查和风险区划是建设内容之一。根据中国气象局安排,2014—2016 年云南省气候中心联合省内各州(市)气象局完成山洪地质灾害风险普查工作。

6.3.3.1 灾害记录分析整理

6.3.3.1.1 基础信息管理

主要录入基础数据(包括中小河流、山洪沟、滑坡、泥石流),该模块的数据会被数据收集模块、数据复核模块、数据审核模块引用,以代码作为唯一识别。

6.3.3.1.2 数据收集

数据收集模块需引用基础信息管理模块中的基础数据,填写好的数据会自动流转到数据复核模块。提供新增、修改、删除、在线导入数据、历史导入数据的功能,导入时必须使用对应的正确模板。中小河流包含中小河流基本情况、流域土地利用、隐患点等23个调查表；山洪沟包含山洪沟基本情况、流域土地利用、隐患点等24个调查表；泥石流包含泥石流沟基本情况、附近人类活动、预警指标等11个调查表；滑坡包含滑坡基本情况、附近人类活动、预警指标等11个调查表。

降水历史极值及日期统计包含全省各地区不同重现期下的降水历史极值信息。

6.3.3.1.3 数据复核

在数据收集模块填写的收集数据会自动流转到数据复核模块。通过复核，该条数据流转到“数据审核”模块；复核未通过，又被退回到数据复核阶段，显示“审核退回”。

6.3.3.1.4 数据审查

数据审查是此流程中的最后一个步骤，在该模块可修改数据、审查数据、退回数据。数据审核通过后，该条数据入库，审核不通过，退回数据，数据流转到“数据复核”模块。已入库的数据，如果需要修改该条数据，请在数据收集模块修改，修改后的数据会再次走流程（数据复核—数据审核—数据入库）。国家级、省级、市级、县级用户都可以在数据查询页面查询到审核通过的数据。国家级用户可以查询到全国已审核通过的数据；省级、市级、县级用户可以查询到本省已审核通过的数据。

6.3.3.1.5 质量评估

省级用户该模块提供全省各州（市）的综合完整率查询以及中小河流、山洪沟、泥石流、滑坡四种灾害填报的各调查表的综合完整率，便于信息的补充完善。

6.3.3.1.6 数据统计

省级用户可以查询到全省各州（市）的各灾种的记录数、各调查表的记录数、用户注册量、访问量和编码使用情况。

6.3.3.2 中小河流洪水临界（面）雨量确定

6.3.3.2.1 相关术语与定义

（1）面雨量

整个区域内单位面积上的平均降水量，能较客观地反映整个区域的降水情况。

（2）致灾临界（面）雨量

降雨是造成中小河流洪水的直接因素和主要激发条件。在一个流域内，降雨量（或面雨量）达到或超过某一量值和强度时，该流域可能发生洪水灾害，造成淹没农田、房屋、冲毁桥梁等损失以及人员伤亡，常把这一量值及强度称为该流域的致灾临界（面）雨量、雨强。致灾临界（面）雨量是洪涝灾害气象预警发布及采取相应预防措施的关键指标，它的大小与地质、地貌、地形等特征、土壤、植被、人类活动等情况有关。不同流域内不同地点的致灾临界（面）雨量也不同。致灾临界（面）雨量随前期条件如降水、土壤水分、水位的不同也会有所不同，这些条件的不断变化，致灾临界（面）雨量也呈现动态变化。

（3）水位基面

计算水位和高程的起始面。在水文资料中涉及的基面有：绝对基面、假定基面、测站基面、冻结基面等四种。

（4）水位

水体的自由水面高出基面以上的高程，其单位为米。

（5）警戒水位

在江、河、湖泊水位上涨到河段内可能发生险情的水位，一般来说，有堤防的大江大河多取决于洪水普遍漫滩或重要堤段水浸堤脚的水位，是堤防险情可能逐渐增多时的水位。它是我国防汛部门规定的各江河堤防需要处于防守戒备状态的水位。是防汛特征水位之一。

(6)保证水位

指堤防工程所能保证自身安全运行的水位。又称最高防洪水位或危害水位。系指堤防设计水位或历史上防御过的最高水位。也是中国根据江河堤防情况规定的防汛安全上限水位，往往就是堤防设计安全水位。是防汛特征水位之一。

(7)防洪高水位

水库遇到下游保护对象的设计标准洪水位时，在坝前达到的最高水位。是水库特征水位之一。

(8)设计洪水位

当遇到大坝设计标准洪水时，水库经调洪后(坝前)达到的最高水位。它是水库在正常运用情况下允许达到的最高洪水位。是水库特征水位之一。

(9)校核洪水位

遇到大坝校核洪水时，坝前水库达到的最高水位，也称非常洪水位，是水库特征水位之一。

6.3.3.2.2 资料

基础资料应是正式发布的或相关主管部门认可的权威性资料。

气象、水文资料应是相应机构整编的资料，一般不少于 30 年(建站少于 30 年的应从建站起收集整理)，序列至少为逐日资料。小河流应当有小时降雨资料。

地理数据主要为 1∶50000 基础地理信息数据集，或者为测绘部门所认可的其他地理信息数据。

隐患点信息来自于实地考察、调查，或者被相关部门认可的资料。

灾情资料来源应是权威的历史文献、档案和灾情调查报告，或被相关部门所认可的资料。

(1)气象水文资料

①气象站的基本信息，包括站名、站号、地理坐标等；

②气象站(包括区域自动气象站)的降水、温度等要素历史序列，时间分辨率为日、小时；

③水利部门降雨观测历史资料，特别是洪水过程的降雨资料；

④主要控制水文站的基本信息，包括站名、站号、地理坐标等；

⑤主要控制水文站的水位、流量等要素的历史序列；

⑥主要控制水文站警戒、保证水位，典型场次洪水的水位、流量、洪量等；

⑦河堤、水库等水利工程水位特征值；

⑧河流典型控制断面水位—流量关系曲线。

(2)地理资料

①地形图，比例尺：1∶250000 及更高精度；

②行政区划图，比例尺：1∶250000 及更高精度，县级行政区划；

③水系图，比例尺：1∶250000 及更高精度；

④交通路网，居民点图，比例尺：1∶50000 及更高精度；

⑤土地利用类型图，比例尺：1∶100000 及更高精度；

⑥河流堤坝高度和性质，分段填写；

⑦土壤特征参数；

⑧其他，为准确判断中小河流位置，还需要收集中小河流所在或流经乡镇名称或相关地标。

(3)隐患点资料

历史上最大洪水淹没的居民点、医院、学校、企业、道路、桥梁等重要设施的海拔高度和经纬度以及人口、经济等基本信息。

(4)历史灾情资料

历史洪水灾害资料应包括雨情、水情记载、灾害损失、影响人数、水毁工程等；场次水灾发生时段，淹没信息(分布、水深、面积、淹没历时等)。

(5)资料完整性与必要性说明

以上资料收集依托暴雨洪涝灾害风险普查工作来开展，从普查数据集中提取相应资料。针对所研究区域可根据分析需求开展更为细致的调查和收集工作，以获取更为完整的资料。

6.3.3.2.3 临界(面)雨量确定方法

(1)致灾条件识别

中小河流洪水一般由于降雨集中、强度强、持续时间长，造成河道水位上涨，漫过堤坝及水库，或对防洪工程造成破坏，如溃坝、决堤，导致洪水淹没村庄、农田、基础设施遭到破坏，造成人员伤亡等灾害。考虑到洪水上涨到一定程度，防洪工程出现危险造成灾害的风险大，将中小河流洪水水位分为三个等级：警戒水位(三级)、保证水位(二级)、漫坝时水位即堤坝高度(一级)。

对每一个水文控制点，求达到这三种水位的临界面雨量。三级洪水临界面雨量定义为某水文控制点以上流域一定时效的降雨使该水文控制点水位上升达到警戒水位的面雨量；二级洪水临界面雨量定义为某水文控制点以上流域一定时效的降雨使该水文控制点水位上升达到保证水位的面雨量；一级洪水临界面雨量定义为某水文控制点以上流域一定时效的降雨使该水文控制点水位上升至漫过堤坝时水位的面雨量。

当河道有水库时，考虑水库的重要特征水位及大坝高度，作为不同洪水等级的标准。水库上游一定时效的降雨量使水库水位达防洪高水位时的面雨量称之为四级洪水临界面雨量；水库上游一定时效的降雨量使水库水位达设计洪水位时的面雨量称之为三级洪水临界面雨量；水库上游一定时效的降雨量使水库水位达校核洪水位时的面雨量称之为二级洪水临界面雨量；水库上游一定时效的降雨量使水库水位达漫坝水位时的面雨量称之为一级洪水临界面雨量。

(2)方法流程

工作流程见图6.5。

步骤一：收集基础资料。

根据研究需要，收集气象、水文、地理、隐患点、灾情等各类资料。

步骤二：前期数据处理准备。

①对收集资料进行质量检查和控制；

②提取所研究的流域边界，确定研究区范围；

③确定流域面雨量算法，计算形成面雨量历史序列。

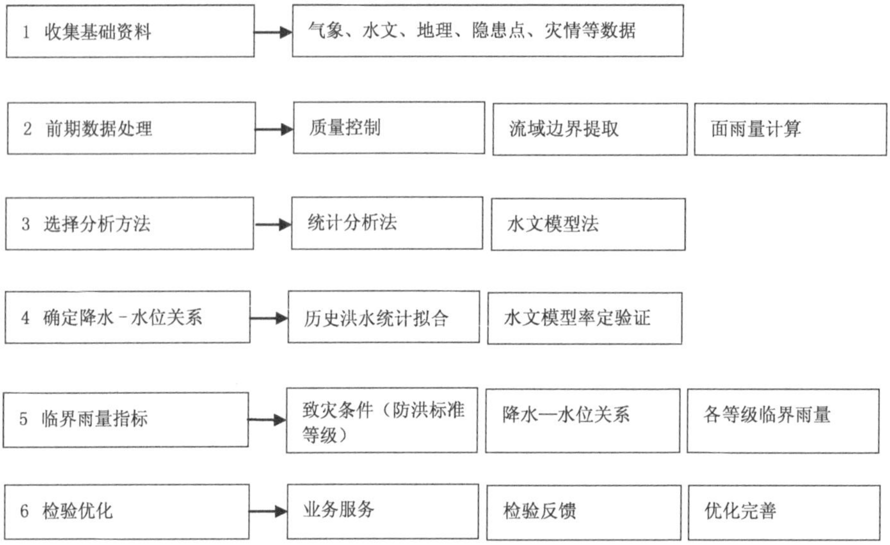

图 6.5　中小河流洪水临界(面)雨量确定方法流程

步骤三:选择分析方法。

根据所掌握的资料和方法可行性来确定将采用的方法,主要方法包括统计分析法和水文模型法两种。

统计方法:通过分析洪水水文特征量(水位上涨)与水位站以上流域的面雨量及其他有关变量的关系,并建立统计模型。根据历史洪水的洪水水位或洪水水位上涨量和这个统计模型,便可以得到不同洪水等级(水位上涨量)的临界(面)雨量。或者通过建立土壤饱和度、面雨量点聚图,在图中确定一条临界线,其上为出现某级洪水,其下未出现该级洪水。所采用的主要统计方法包括:统计回归、非线性拟合、聚类分析等。

水文模型法:水文模型是以流域为系统,模拟流域上降雨径流形成过程。系统的输入是降雨量和蒸发量,输出为流域出口断面的流量过程。

方法选择的一般原则:

在选择方法前,首先需要考虑资料完整度,当资料完整度较高时推荐采用水文模型进行临界面雨量分析。此外,还需要分析流域特点,例如流域面积、汇流时间等,如流域面积较大,汇流时间长,要考虑前期降水的影响和降水时效问题,应当采用动态临界雨量指标进行表征。

步骤四:确定降雨量与水位关系。

在确定分析方法后,按照不同方法步骤,开展分析计算,建立降雨量与水位关系,开展临界(面)雨量计算。

①统计分析法的一般步骤:基于研究区和资料情况确定统计方法→根据所选用方法对资料进行整理→利用历史洪水过程建立水文特征量(水位、流量等)与降水量的定量关系。

②水文模型法的一般步骤:选择水文模型→准备输入和验证数据→基于历史水文数据率定和验证模型→得到适用于研究区的最优化模型参数→根据率定后的水文模型和流量—水位关系→最终确定降水与水位的定量关系。

步骤五:确定临界雨量。

根据历史灾情或者防洪标准(警戒、保证水位和超堤防高度)等,利用所建立的降雨量—水位定量关系最终确定不同等级的临界(面)雨量。

步骤六:检验优化。

通过实际业务服务应用对临界(面)雨量指标的合理性进行检验评估,并根据检验反馈情况不断进行优化完善致灾临界(面)雨量指标。

6.3.3.3 山洪临界(面)雨量确定

6.3.3.3.1 相关术语与定义

(1)山洪

山洪是山丘区小流域由降雨引起的突发性、暴涨暴落的地表径流。由于溪沟流域面积小,河道的调蓄能力弱,坡降较陡,洪水持续时间短,涨幅大,洪峰高,洪水过程线多呈尖瘦峰型。山洪常造成人员伤亡,冲毁房屋、田地、道路和桥梁等,甚至导致水坝、山塘溃决,对国民经济和人民生命财产造成严重危害。

(2)山洪沟

山洪下泄冲刷形成的沟叫山洪沟,没有或少量地下水补给的河流沟槽。一般流域面积小于 200 km^2,流域落差较大,有时可高达 1000 m 以上。山洪灾害特别严重的地区,面积可适当放宽。

(3)隐患点和预警点

位于山洪沟及影响区(以下称小流域)内的居民点、农田、铁路、公路、桥梁、厂矿(厂房)及其他公共场所或建筑,在山洪灾害发生时容易受洪水淹没的建筑设施或地方统称为山洪灾害隐患点。由于降水空间分布随机性很强,造成同一条流域不同位置洪水强度和时间有很大的不同,在资料(面雨量、隐患点淹没记录)完整的前提下,为提高洪水监测和预警能力,一个小流域应当选择多个隐患点作为预警点,预警点的选取应优先考虑人口超过 50 人的村落。

6.3.3.3.2 资料

(1)地理信息数据

地理信息数据主要采用 1:50000 基础地理信息数据,空间分辨率为 25 m,应尽可能收集更高精度的数据,如 1:10000 基础地理信息数据。在这些基础地理信息数据中主要使用以下图层:

1)矢量数据

行政边界(bou_co. shp):以县为单元的面状文件,用于绘制服务产品;

水系(hyd_ln. shp):线状水系文件,用于提取山洪沟流域;

居民点(res_py. shp):以村为单元的面状文件,主要用于隐患点分析;

建筑物(bui_py. shp):以居民地建筑物为单元的面状文件,主要用于隐患点分析;

土地利用类型(lan_py. shp):面状文件,主要用于模型参数计算;

铁路(rai_ln. shp):线状铁路,主要用于隐患点分析;

公路(roa_ln. shp):线状公路,主要用于隐患点分析。

2)栅格数据

DEM 数据:用于水文模型和淹没模型的模拟以及隐患点海拔高度的提取。

当不能获取 1:10000 基础地理信息数据时,应当通过实地调查,获取山洪沟的河道参数数据(河道宽度和深度、河道比降等),并生成栅格数据,嵌入 1:50000 的 DEM 数据中。

(2)隐患点数据

通过实地考察获取隐患点数据是非常关键的环节。主要有：隐患点的位置（经度、纬度，均为度分秒格式）、高程、洪水淹没进程，特别是洪水时间和淹没水深、影响人口、社会经济状况、灾情等，是调整淹没模型参数和模拟检验的重要参考依据。

（3）水文数据

收集流域水文站或自动水位站山洪过程逐时水位、流量资料、降水资料，如果有条件也可以收集水位—流量关系曲线、雨量—水位关系曲线。

（4）气象数据

收集流域境内及周围雨量站山洪过程逐时降水资料；收集雷达估算流域逐时面雨量。

6.3.3.3.3　确定致灾临界（面）雨量的方法

（1）山洪灾害风险等级

山洪致灾主要考虑洪水淹没深度可能对人造成的影响，将山洪灾害风险分为四个等级，山洪漫坝（沟）为四级、淹没预警点 0.6 m、1.2 m、1.8 m 分别为三级、二级和一级。不同时效内，达到不同山洪灾害风险等级对应的降雨量，为不同灾害等级的致灾临界（面）雨量。

（2）分析方法和步骤

山洪致灾临界（面）雨量确定工作流程见图 6.6。

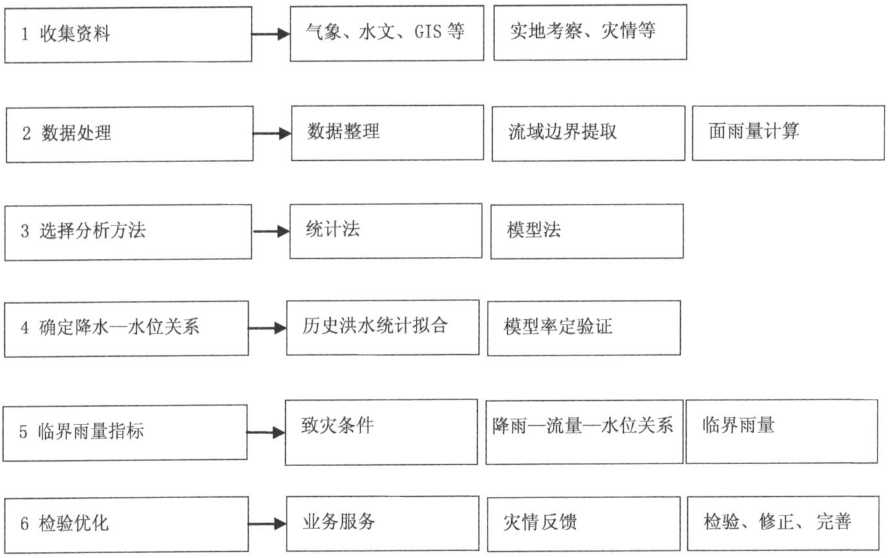

图 6.6　山洪致灾临界（面）雨量确定方法流程

步骤一：收集资料。

收集气象、水文、地理、隐患点、灾情等各类资料。

步骤二：数据处理。

①对收集资料进行检查、核实和整合；

②提取流域边界，确定研究范围；

③确定流域面雨量算法，形成逐小时面雨量时间序列。

步骤三：选择分析方法。

根据所收集的资料情况选择分析方法，包括统计法、模型法和类比法三种，具体如下：

统计法：相关分析，构建降雨—水位关系式，可为线性或非线性模型。

模型法：包括水文模型法（如 TOPMODEL）和淹没模型法（如 Floodarea）等。

类比法：对于已模拟好的山洪沟，可以直接应用已调试好的淹没模型的参数进行淹没模拟。

方法选择的一般原则：

①有完整水文资料（包括水位和流量）的流域可采用实地考察结合水文模型进行致灾临界（面）雨量的确定。

②有部分水文资料（只有水位资料）的流域，可采用统计法。

③无水文观测资料，但有典型山洪淹没水位记录的流域，可采用实地考察结合淹没模型的方法。

④无水文观测资料也无典型山洪个例的山洪沟，可采用类比法。对于这种山洪沟，同样需要对河道参数和预警点进行详细调查，用与其地形地貌相同的山洪沟且率定好的淹没模型模拟该山洪沟的洪水，达到不同淹没水深的输入降雨量为对应山洪等级的临界（面）雨量。待该山洪沟获取山洪资料之后，须重新采用方法②（有水位资料）、③（有山洪个例资料）进行分析。

步骤四：确定降雨量—水位关系。

在确定分析方法后，按照不同方法步骤，开展分析计算，建立二者定量关系。

①模型法步骤为：选择模型→准备输入和验证数据→基于历史水文、实地考察淹没数据率定和验证模型→得到适用于研究区的最优化模型参数→提取洪水淹没进程→建立水位与降雨量的定量关系。

②统计法步骤为：基于研究区和资料情况确定统计方法→根据所选用方法对资料进行整理→利用历史洪水记录建立水位与降水量的定量关系。

③类比法步骤为：通过类比得到与研究流域相似的山洪沟→利用相似山洪沟已确定的模型参数→进行模拟试验→提取洪水淹没进程→建立水位与降水量的定量关系。

步骤五：确定临界（面）雨量指标

利用所建立的降雨量—水位关系，按照山洪灾害风险等级划分标准，确定不同灾害等级的临界（面）雨量值。

步骤六：检验优化

通过实际业务服务应用对临界（面）雨量指标的合理性进行检验评估，并根据检验和实况、反馈信息进行优化完善。

6.3.3.4 地质灾害临界面雨量确定

6.3.3.4.1 相关术语与定义

（1）泥石流

泥石流是由于降水（暴雨、融雪等）而形成的一种挟带大量泥沙、石块等固体物质的固液两相流体，呈黏性层流或稀性紊流等运动状态，是高浓度固体和液体的混合颗粒流。泥石流具有突发性、流速快、流量大、历时短、物质容量大和破坏力强等特点。泥石流常常会冲毁公路、铁路等交通设施，甚至村镇等，造成巨大损失。本书所指的泥石流仅限于降雨诱发的泥石流。

（2）滑坡

滑坡是指斜坡上的土体或者岩体，受降水、河流冲刷、地下水活动、地震及人工切坡等因素影响，在重力作用下失稳，沿着坡面内部的一个（或多个）软弱面（带）发生剪切而产生的整体或者分散地顺坡向下滑动的现象。本书所指的滑坡仅限于降雨诱发的滑坡。

6.3.3.4.2 资料

(1)资料需求

泥石流、滑坡附近站点的日、小时或更短历时的降雨资料;泥石流、滑坡风险普查收集到的自然地理、地质条件、相关参数、隐患点、灾情、可能影响等信息资料。

(2)资料选取原则

由于泥石流多发于山区,山区气象站点少,泥石流发生附近,如果找不到合适的雨量观测信息,就不能了解泥石流发生时实际的降雨情况。

在建立模型的统计中,先找出以地质灾情发生地点为中心,5 km 为半径的范围内的气象站点或水文站点。如果没有合适的气象站点或水文站点,则选用天气雷达定量估测降水。

6.3.3.4.3 方法

泥石流、滑坡地质灾害的致灾临界雨量阈值由于致灾因子及环境复杂,确定非常难,不同灾害等级的阈值则更难确定。这里仅考虑灾害发生时对应的雨量,作为致灾临界(面)雨量。

造成沟谷流域岩土体失稳产生洪流的雨量,为泥石流致灾临界(面)雨量,考虑前期累积雨量与短历时降水强度共同影响。

诱发滑坡的致灾临界雨量,可以理解为降雨导致斜坡发生破坏的临界值,其下限是斜坡没有变形破坏,濒临破坏;上限是斜坡已经发生变形破坏。滑坡根据致灾机理的不同,采用的指标有临界(面)雨量(或雨强)及有效雨量,反映强降水或持续降水造成的滑坡。目前,国内外学者研究的方法主要有以下几类:

(1)基于灾害资料的统计分析方法

通过对实际的降雨和泥石流、滑坡灾害资料进行统计分析,得出相应的前期有效降雨量和触发雨量(10 min、30 min 和 1 h 雨量等)之间的关系,从而绘制雨量阈值曲线。该方法准确度高,但需要有非常丰富的、长期的雨量序列资料和灾害资料。因此,适用于具有长期观测历史的地区。

有效雨量表达式为:

$$R_a = \sum_{l=0}^{n} R_l K^l \tag{6.8}$$

式中,R_a 为有效雨量;R_l 为灾害发生当日及前期的降雨量(灾害发生当日 $l=0$,灾害发生前 n 天,$l=n$);K 为递减系数,一般取 0.8 左右,各地不同。n 对于不同的泥石流沟、不同的滑坡都不同,K 和 n 都需要通过统计确定。

(2)相似类比法

针对缺少降水和灾害资料的地区,当这些地方的地理、地质、生态等与已确定致灾临界阈值的地区较为相似,可近似的认为致灾临界雨量也相似,可根据实际情况适当调整。

(3)基于机理的确定方法

基于机理的预报模型已有很多研究,但离实际应用仍有较大距离。

6.3.3.5 暴雨洪涝灾害阈值填报

在风险普查数据的基础上包含阈值确定技术文档和中小河流(河道)、中小河流(水库)、山洪、泥石流、滑坡的预警点及阈值信息。

数据统计模块中可以查询到已录入的预警点及致灾雨量分布情况,预警点及阈值个数,各灾种阈值分级统计情况。

6.3.3.6 暴雨洪涝灾害风险普查数据采集系统

“暴雨洪涝灾害风险普查信息采集系统”提供面向国家、省、州(市)、县(区)四级用户的实时灾情数据填报和历史灾情数据采集服务，对收集的原始数据进行数据整合和质量控制，存储于服务库中。全省累计收集山洪记录数32377条，山洪沟预警点1055个，中小河流记录数32377条，中小河流预警点59个，滑坡灾害记录数32377条，滑坡预警点6954个，泥石流沟灾害记录数9666条，泥石流预警点1958个。

系统组成结构如下：

①系统管理

对本行政区域内的用户进行维护，包括基础信息、用户入网、用户权限等方面。

②暴雨洪涝灾害风险普查

支持按四大灾种(中小河、山洪、泥石流、滑坡)对采集数据录入、导入、复核审查、质量评估、数据统计等。

③暴雨洪涝灾害阈值填报

在风险普查数据的基础上四大灾种(中小河、山洪、泥石流、滑坡)的预警点及对应阈值信息。

6.4 气象灾害风险区划

政府间气候变化专门委员会的第五次评估报告(IPCC AR5)对风险的最新表述为：灾害风险是由致灾因子、暴露度和脆弱性构成的函数。其中暴露度指处于灾害危险之下的承灾体，脆弱性指承灾体潜在的可能受损程度，与自身能力有关，也与外界的作用有关，且与外界作用力的大小呈正比。

气象灾害风险评估涉及自然科学和社会科学两大体系，是复杂系统，包含气象致灾因子、孕灾环境、承灾体三大子系统，灾情是上述三个子系统共同作用的结果。在气象灾害风险评估中，致灾因子是主因，孕灾环境对灾害的形成起扩大或缩小的作用，而承灾体是受灾害影响的主体，没有承灾体也就无所谓灾害影响。因此致灾因子的危险性评估和承灾体的脆弱性评估是风险评估非常重要的两个环节，其中致灾因子的危险性评估在评估的初级阶段具有非常重要的意义。

6.4.1 云南省气象灾害概况

气象灾害是云南省的主要自然灾害。20世纪90年代以来，自然灾害对全省造成的直接经济损失占GDP的2%～4%，而气象灾害所造成的经济损失占全省自然灾害总量的比例高达70%以上。2001—2018年，气象灾害平均每年造成1929.2万人受灾、死亡258人、紧急转移安置6.0万人、饮水困难194.8万人；房屋受损27.7万间、倒塌4.3万间；农作物受灾160.5万hm^2、绝收28.2万hm^2；直接经济损失119.5亿元，其中农业经济损失81.5亿元。云南省气象灾害以干旱、暴雨洪涝(滑坡、泥石流、崩塌)、低温冷害、局地强对流(大风、冰雹、雷电)为主，2001—2018年，干旱、暴雨洪涝(滑坡、泥石流、崩塌)、低温冷害、局地强对流(大风、冰雹、雷电)四种主要气象灾害的直接经济损失占气象灾害直接经济损失的比例分别为34%、

33%、18%、12%。

6.4.1.1 气象灾害特点综述

(1)种类多、普遍性强

在中国气象局划分的全国18类主要气象灾害中，除沙尘暴以外，其余灾害在云南省均有出现，只是受灾的轻重不同，喻为“无灾不成年”(刘建华，2006)。

(2)频率高、重叠交错

在云南省，气象灾害在每年频发于不同地区和不同季节，有时甚至是同一种灾害连续几年或一年内连续几次在同一地区发生，有时还会重叠交错发生多种气象灾害。据统计，云南省平均2.3年一大旱，2.1年一小旱，洪涝灾害平均每年约56县次，影响较大的低温霜冻灾害3年一遇，成灾较重的风雹灾害2.5年一遇。

(3)分布广、“插花性”突出

云南省气象灾害点多面广，多呈“插花性”(指零星，分散)分布，使得重灾区中有的区域轻灾甚至无灾，轻灾区中隐含重灾点，有时会在相隔几百千米的地方同时出现严重的灾害，大部分灾害可在全省范围内发生，每年均有几十个县甚至上百个县遭受不同的气象灾害。

(4)成灾面积小，累积损失大

由于云南省山区面积广大，除严重的干旱、低温冷害等灾害外，一般气象灾害的成灾面积多为几百公顷，很少出现成灾数千公顷的情况。如一次大风冰雹灾害会危害到几十个县(市)，但主要发生在山区，受灾面积广而成灾面积小。由于云南省气象灾害发生频繁，灾点多，小灾不断，大灾偶发，年度累积损失大。

(5)季节性、突发性、并发性和区域性显著

云南省多数气象灾害的发生具有相对活跃期和宁静期，随着全球气候变暖和区域气候的变化，灾害的周期性正在缩短，加剧了灾害发生的频率和损失程度。如20世纪80年代以来，云南省的干旱灾害发生频率和范围都在加大。受季风气候的影响，云南省的气象灾害都有其发生的主要季节和时段。如洪涝主要出现在夏秋季，寒潮主要发生在冬春季，冰雹大风多在春夏季，干旱主要发生在冬春季。除干旱以外，其他气象灾害都有骤然暴发的特点，如局地大暴雨、大风、冰雹、雷电等，常常来势凶猛，难以预防，危害极大。由于云南省复杂的山地地形，多种气象灾害及其衍生灾害同时出现，如强降水会引发山洪、滑坡、泥石流灾害，春夏干旱、洪涝灾害并存。受特殊的地形影响，各类气象灾害也大都具有较强的地域性。如金平、河口、江城、罗平、盈江等地易出现暴雨、大暴雨，引发洪涝灾害，金沙江流域的宾川、元谋、巧家一带干旱严重，雪灾以滇西北和滇东北最为突出。

6.4.1.2 干旱灾害

干旱指某一时段内降水量显著偏少而产生的灾害。干旱往往导致该地区土壤水分不足，农作物水分平衡遭到破坏而减产或歉收，从而威胁粮食安全或因水资源缺乏而威胁水资源安全。当干旱对社会经济发展产生危害时就形成了干旱灾害。云南省的干旱一年四季都有发生，以春旱和初夏旱影响最大。降水量时空分布不均、山地水土保持能力差、对降水资源调节能力较差是云南省发生干旱的主要原因。干旱灾害影响范围广、发生频率高、持续时间长、受灾程度深。

云南省干旱灾害分布广，干旱最严重的区域主要分布在滇中及以北的丽江市、大理州、楚

雄州以及玉溪市、昆明市、曲靖市、昭通市的大部地区，是干旱发生的高风险区和次高风险区，其中高风险区集中在丽江市东部和南部、大理州中部和东部、楚雄州北部和昭通市南部等地；省内其他地区为中等至低风险区。但近年来，云南干旱从传统干旱区向非传统干旱区扩张的趋势(周德丽等,2014)。

根据资料分析，1930—1988年，云南省平均每3年有一次旱年，每8年有一次大旱年(秦剑等,2000)。20世纪80年代以来，旱年呈增多的态势，1986—1991年几乎每年都是干旱年，2009—2012年持续降水偏少，2009年、2011年的全省平均降水量分别为1961年来最少、次少年份，2011年雨季(5—10月)全省平均降水量为1961年来最少年份，造成干旱灾害频繁。干旱灾害一般持续几个月，云南省冬春连旱和初夏旱出现的频率高，如2009—2010秋冬春干旱、2011—2012冬春干旱，持续时间长达半年以上。干旱灾害往往连片出现，对农业、人畜饮水等造成的影响最为严重。如1963年、1987年、1988年、1992年、1997年、1998年等，农作物受灾面积均在70万hm^2以上。2004—2013年，干旱灾害造成的直接经济损失平均每年64亿元，占气象灾害损失的44%，农作物受灾面积112万hm^2。

云南省的干旱灾害根据发生季节不同分为春旱、夏旱、秋旱和冬旱，严重的旱灾为春夏连旱、冬春连旱，甚至出现秋冬春连旱。

6.4.1.3 暴雨洪涝

暴雨洪涝指降水量过大造成的直接灾害和衍生灾害。暴雨导致山洪暴发、江河洪水泛滥淹没农田和城乡，或因持续降雨产生积水或径流淹没低洼土地，造成农业、交通、电力通信等财产损失和人员伤亡。根据降水强度和持续时间的长短，洪涝灾害可分为洪灾、涝灾和渍灾。云南省洪灾多于涝灾，因短时强降水造成的洪灾占全部洪涝灾害的90%以上。暴雨洪涝会引发滑坡、泥石流等衍生灾害，冲毁城镇、破坏生态，危害较大，暴雨洪涝及其引发的气象地质灾害是造成云南省人员伤亡最多的气象灾害。有研究表明，1961年以来，云南区域极端降水日数呈增加趋势，灾害风险增大(王学锋等,2010;彭贵芬等,2009)

云南省洪涝灾害具有普遍性、季节性、区域性、插花性、交替性的特点。云南省地处低纬高原，降水较丰沛且集中于雨季(5—10月)，洪涝灾害极易发生，同时由于地形复杂，洪涝灾害每年均有发生，但各地存在明显差异，影响程度不同，平均每年约56个县次，最多达251个县次。据统计，1950—2000年，云南省平均每年受灾面积达16万hm^2，占气象灾害影响面积的23%左右。2001—2018年，云南省因洪涝灾害及滑坡泥石流灾害平均每年死亡198人，农作物受灾面积29.2万hm^2，直接经济损失超过40亿元。70%的洪涝灾害出现在雨季，以6—8月出现频率最高，其次是9—10月。云南省暴雨洪涝灾害分布呈南部重北部轻和周边重中部轻的特点。主要洪涝灾害区分布在滇东北、滇西边缘和滇南地区，即昭通、曲靖、文山、红河南部、普洱、临沧南部、保山西部、德宏等州市，贡山县、福贡县也是暴雨洪涝灾害多发区，山区较多、坝区较少。云南省洪涝灾害分布面广，但成灾面小，在一个地区甚至一个县、一个乡多呈插花性分布。云南省旱涝交替、旱涝并存的现象突出，先旱后涝、先涝后旱，山上抗旱、山下防洪的现象经常发生。

6.4.1.4 低温冷害

低温冷害主要指气温降低到农作物生长临界值以下而造成的作物受害现象。云南省的低温冷害可分为夏季低温(八月低温)冷害、倒春寒和霜冻等。根据云南省霜冻、低温冷害的出现频率和灾害程度，昭通、昆明市北部、曲靖、迪庆、丽江西部、大理北部属重霜冻和低温冷害区，局部地区年年都有灾害，大面积严重灾害平均每2年左右发生一次。丽江东部、怒江、大理南部、保山北部、楚雄、昆明大部、玉溪北部、红河、文山北部属中等霜冻和低温冷害区。德宏、保山南部、临沧、普洱、文山南部属轻霜冻和低温冷害区；西双版纳、临沧海拔700 m以下和红河州300 m以下的地区属无霜冻和低温冷害区。

6.4.1.4.1　八月低温冷害

7月中旬至8月出现的低温冷害又叫“八月低温冷害”或抽扬期低温冷害。日平均气温3天及以上低于临界指标温度，则为八月低温。主要出现在滇东、滇中和北部地区，此时正值一季中稻进入抽穗扬花期，对气温的变化比较敏感，此时若出现低温阴雨天气，会造成水稻空秕率增加，产量下降，也造成烤烟的品质下降。1965年、1971年、1974年、1986年云南省遭受了4次严重的夏季(8月)低温冷害，损失严重。

6.4.1.4.2　倒春寒

2—4月出现的低温冷害。春季云南省已明显回暖时若出现强冷空气过程，这些强冷空气过程以持续低温为主要特征，使正在抽穗扬花的小麦、早播的稻秧和经济林果等受到严重冻害。云南省的倒春寒主要出现在哀牢山以东地区，1952年、1953年、1955年、1960年、1966年、1970年、1974年、1976年、1977年、1978年、1980年、1982年、1983年、1984年、1985年、1986年、1988年、1989年、1990年、1991年、1992年、1994年、1996年、2005年云南省都有倒春寒天气发生，20世纪70—80年代发生频率较高，近年来随着气候变暖，倒春寒的出现概率要小得多。其中1986年3月上旬的倒春寒是最严重的，西南部的普洱出现了降雪。

6.4.1.4.3　霜冻

霜冻指气温下降，地表温度骤降到0 ℃以下，使农作物受到损害，甚至死亡。霜冻低温冷害主要影响农业方面，云南省的霜冻根据形成原因可分为平流霜冻、辐射霜冻和平流辐射混合型霜冻三种类型，在秋、冬、春三季都会出现霜冻灾害，其中以12月下旬至次年4月较为频繁。不同月份受灾地区是：12月和1月全省均可能出现霜冻灾害，2月出现在元江以北地区，3—4月多出现在滇东北、滇西地区。昭通、曲靖、昆明东川区、迪庆、丽江西部、大理北部地区是重灾区。云南省局部性的霜冻灾害每年出现10多个县次，大范围的霜冻灾害每3～4年出现一次，其中1973年、1975年、1989年、1999年冬季的4次霜冻灾害最为严重，造成全省农作物大面积减产，尤其是1999年12月下旬至2000年1月上旬的重霜冻使全省16个州市受灾，滇中地区小春作物、花卉、蔬菜等受灾，滇南地区咖啡、橡胶、甘蔗等热带作物严重受灾。

6.4.1.5　雪灾

雪灾指因降雪引发的灾害。一是因降雪过大，造成交通、电力、通信中断，农作物、大棚被压受损，其次是伴随降雪的低温冻害，特别是降雪后天气突然在夜间转晴出现霜冻。云南省出现雪灾的地区主要分布在哀牢山以东以北，主要发生在冬春季。雪灾最严重的地区是滇西北，其次是滇东北，每年都会有不同程度的降雪天气出现，其中滇西北以春雪(2—4月)为主，滇东北以冬雪(12月至次年2月)为主。

其中2008年1月中旬至2月中旬，滇西北、滇中及以东以北的大部分地区发生了历史罕见的低温雨雪冰冻灾害，2月下旬气温短暂回升后滇中及以东以北地区又受强冷空气影响。造成全省28人死亡，农作物受灾面积77.1万 hm^2，直接经济损失90.9亿元。2016年1月22日晚至26日，滇中及以东地区出现20世纪80年代以来1月份最大范围的低温，并伴有持续雨雪天气，给农林牧业、交通、电力，水管和绿化植物等城市设施等带来了严重影响，农业损失严重。

6.4.1.6 冰雹灾害

降水以固体状态的冰粒形式从高空快速落下，到地面仍为坚硬的冰粒即为冰雹，冰雹直径较大时可产生灾害。云南省的冰雹直径一般在0.5～3 cm，大的冰雹直径可超过10 cm。冰雹灾害可导致农经作物、牲畜等受到机械性损伤，造成农牧业减产，森林受损，严重的冰雹灾害还会导致人员和牲畜伤亡和房屋等基础设施的损毁。

云南省冰雹全年均有出现，主要出现在春季(3—5月)，其次是夏季(6—8月)，再次是秋季(9—11月)，冬季(12月至次年2月)最少，冰雹灾害时常与大风灾害伴随出现。云南省大部地区降雹的时间多在午后至傍晚对流较强的时段，降雹持续时间一般在1～30 min，80%的降雹持续时间在10 min以内。冰雹灾害地区分布自西向东逐渐加大，自南向北先增加后减小。由于地形作用，山区多于坝区，一般沿山脉走向呈狭长状，俗称“雹打一条线”。冰雹灾害最频发区域集中在滇东的曲靖大部、保山西部、临沧西北部、玉溪中东部、普洱东南部和红河南部边缘。次多区在迪庆中东部、丽江中西部、保山中部、临沧中北部、普洱中东部、红河中部、文山中北部、楚雄南部、昆明东南部、玉溪西南部、昭通南部边缘。较少区在迪庆西部、丽江东南部、大理南部、德宏东部、临沧南部、普洱北部西部、西双版纳、红河东南部、文山南部、楚雄中北部、昆明中北部、昭通北部。低发区在贡山、泸水、云龙、洱源、景东、东川等县(区)。

6.4.1.7 大风灾害

风速≥17 m/s(风力8级或以上)称大风。大风可造成农作物倒伏引发农业减产、城市和农村基础设施受损，严重的风灾可造成人员和牲畜伤亡。大风还会加剧火灾风险、加速地表风化，对城市和森林防火、生态系统安全带来危害。云南省的大风灾害时常与冰雹灾害伴随出现。

云南省大风以3—4月份较多，其次是7—8月。大风灾害空间分布自南向北逐渐加大，呈自西向东先加大后减小再加大的特征。高风险区集中在大理、大姚、祥云、南涧，华坪等县(市)，以及昭通市局部。次高风险区在马龙、罗平、禄劝、德钦、孟连等县，以及西双版纳州各县。中等风险区(次低风险区)在滇中大部地区、滇西北的丽江市、滇西、滇西南、滇东南的红河州大部。低风险区在滇东北北部和滇东南边缘地带。

6.4.1.8 雷电灾害

雷电所产生的强大电流、炽热的高温、猛烈的冲击波、剧变的电场强度和强烈的电磁辐射等物理效应，能造成人畜伤亡、建筑物和构筑物损坏，能引燃引爆易燃易爆物品，引发森林火灾，对电力、航空、通信等设施造成巨大破坏。

云南省是全国雷电灾害的高发区。雷电灾害有四个明显的强中心：滇西南的勐腊、勐海、景洪、思茅、澜沧、景谷、宁洱；滇东南的丘北、广南、富宁；滇东的宣威、富源；滇西北的华坪、宁蒗等县(市、区)。次高区在四个强中心周围：滇西北的丽江市大部；滇东的曲靖市大部；滇东南的文山州大部、红河州北部；滇南普洱市大部、玉溪市南部。中等区四个：滇南的红河州；滇中昆明市中部和北部；滇西的保山市大部、德宏州东部、大理州北部；滇西南的临沧市大部。次低区三个：滇中的昆明市南部与玉溪市北部交界处；滇西的大理市大部、临沧市北部和西南部、德宏州西部、怒江州南部、迪庆州南部；滇东北的昭通市东部和南部，该区域雷电密度和雷暴日数明显偏低。低风险区三个：昭通市北部；迪庆州；怒江州北部。其中2006—2009年，云南省雷电灾害造成人员伤亡突出，尤其是2006年春、夏季，雷电灾害造成84人死亡，人员伤亡较重的地区是红河州大部、大姚县、腾冲县、凤庆县。

云南省雷电灾害主要出现在5—8月,多发生在午后和夜间。

6.4.2 气象灾害风险区划

气象灾害风险区划是指气象灾害可能发生的概率或超越某一概率的灾害最大等级的区域划分,包括单类气象灾害风险区划和综合风险区划。

气象灾害风险区划是在对孕灾环境敏感性、致灾因子危险性、承灾体易损性、防灾减灾能力等因子进行定量分析评价的基础上,为了反映气象灾害风险分布的地区差异性,根据风险度指数的大小,对风险区划分若干个等级的过程。

6.4.2.1 气象灾害风险

气象灾害风险是指特定区域内由于气象灾害的打击所造成的人员伤亡、财产破坏和经济活动中断等的预期损失。

自然灾害风险产生的前提由两个条件所决定:一是存在风险源(致灾因子),即有灾害发生的可能性及其强度,没有气象灾害的发生就不可能有气象灾害的风险。二是有风险承载体(承灾体),即人和社会,如果气象灾害发生在无人类活动的地区,也不会存在风险。参照相关参考文献(许小峰,2012)给出气象灾害风险的概念。

6.4.2.1.1 风险度

气象灾害风险评估是基于灾害风险理论及气象灾害风险形成机制,通过对致灾危险性(孕灾环境敏感性、致灾因子危险性)和承灾体易损性(承灾体脆弱度、防灾减灾能力)等多因子综合分析,构建气象灾害风险评价的框架、方法和模型,对气象灾害风险程度进行评价和等级划分。

气象灾害的风险可以用风险度来表达,它是一个归一化的函数。灾害风险度R_D可以表示为灾害的危险度(h)和承灾体易损度(v)的乘积:

$$R_D = f(h,v) = H_h \cdot V_b \tag{6.9}$$

式(6.9)是一个归一化的函数。

6.4.2.1.2 致灾危险性

致灾的物理条件(p)、自然地质地理环境条件(孕灾环境 e_e)和防灾工程(c_{egn})三者都是致灾因子。致灾危险性是这三者的非线性函数:

$$H_h = f(p, e_e, c_{egn}) \tag{6.10}$$

将孕灾环境和防灾工程作为致灾危险性的元素,这样求得的临界气象条件,可以用来对未来灾害的状态进行预测。

6.4.2.1.3 承灾体易损性

有风险源并不意味着风险就一定存在,因为风险是相对于行为主体——人类及其社会经济活动而言的,只有某风险有可能危害某风险载体后,风险承担者相对于该风险源才具有灾害风险。

承灾体的易损性(V_b)由暴露的自然灾害中的承灾体的量(数量和价值量,V_e)及承灾体的脆弱性($V_{frangility}$)所组成,而且不同的承灾体对于同一风险源的脆弱性形式和水平通常都是不同的。因此,承灾体的易损性应当按照不同的承灾体进行计算:

$$V_{b,i} = V_{e,i} \cdot V_{frangility,i} \tag{6.11}$$

式中,下标i表示第i类载体。

对于不同的承灾体防灾减灾的能力是不同的,而且防灾减灾能力的作用与灾损敏感性相反，承灾体脆弱性可以表示为：

$$V_{frangility,i} = V_{d,i} \cdot (1 - C_{d,i}) \tag{6.12}$$

$$V_{b,i} = V_{e,i} \cdot V_{d,i} \cdot (1 - C_{d,i}) \tag{6.13}$$

式中，$V_{d,i}$为第 i 类承灾体灾损敏感性，以承灾体脆弱性 $V_{frangility}$ 相区别；$C_{d,i}$为对第 i 类承灾体的防灾减灾能力，包括防灾、抗灾救灾和灾后重建能力，防灾减灾能力越强，承灾体的脆弱性越弱。

归一化的承灾体的脆弱性可以表示为：

$$V_{b,i} = V_{e,i} \cdot V_{d,i} \cdot [a_i + (1 - a_i)(1 - C_{d,i})] \tag{6.14}$$

自然灾害 h 对第 i 类承灾体的风险表达式为：

$$R_{D,i} = H_h \cdot V_{e,i} \cdot V_{d,i} \cdot [a_i + (1 - a_i)(1 - C_{d,i})] \tag{6.15}$$

因为承灾体易损性是易变的，社会经济的脆弱性（缺乏应对或恢复的弹性或能力）每年都在变化，因此，自然灾害风险具有不确定性。

6.4.2.2 气象灾害风险区划的数学描述

气象灾害风险区划是社会若干年内可能达到的气象灾害风险程度，即气象灾害的概率或超越某一概率的气象灾害最大等级的地理分布及其可能发生的风险。

设 X 为气象灾害指标，T 年内关于 X 的超越概率分布定义如下：

$$X = \{x_1, x_2, \cdots, x_n\} \tag{6.16}$$

设超越 x_i的概率 $P(x \geqslant x_i)$为 p_i，$i=1,2,\cdots,n$，则概率分布

$$P = \{p_1, p_2, \cdots, p_n\} \tag{6.17}$$

称为气象灾害风险概率分布。基于此，气象灾害风险区划无论是科学性还是实用性只能是致灾临界气象条件概率的地理分布或超越某一概率的致灾临界气象条件最大等级的地理分布及其可能发生的风险。

由于致灾因子造成灾害损失不仅与致灾因子的强度有关，而且与承灾体的易损性有关，承灾体的物理暴露和脆弱性也影响着气象灾害损失的程度（即风险）。与此同时，人类防灾减灾能力的提升也在一定程度上减少了灾害损失。因此在致灾因子分析工作的基础上，需要进一步考虑气象灾害对承灾体的综合影响，在 T 年一遇的气象灾害 $H(T)$的作用下，第 i 类承灾体的风险为：

$$R_{D,i} = V_{e,i} \cdot V_{d,i} \cdot [\alpha_i + (1 - \alpha_i)(1 - C_{d,i})] \tag{6.18}$$

式(6.18)的物理意义是在 T 年一遇的气象灾害 $H(T)$的作用下，第 i 类承灾体的可能损失（即风险）。

6.4.2.3 气象灾害风险区划的内容

6.4.2.3.1 确定致灾临界气象条件

可能造成气象灾害的气象要素临界值。

由于灾害的发生不仅与致灾因子有关，还依赖于人类社会所处的自然地理环境条件、防灾减灾的设施和能力，因此在自然地质地理条件发生变化，以及防灾减灾工程设施变更后，必须重新研究致灾临界气象条件。

6.4.2.3.2 确定致灾临界气象条件的概率

应给出致灾临界气象条件的概率，以及超越某一概率的灾害最大等级的地理分布。

为了使得样本符合平稳的马尔科夫随机过程，样本数量必须在 30 个及以上。孕灾环境和

防灾工程发生明显变化时，需要重新开展风险区划。

6.4.2.3.3 评估在各种超越概率下各类承灾体的风险

对各类承灾体给出超越各种概率的风险。

应尽量多地包含对灾害较为敏感的承灾体，以此获得不同需求背景下的风险空间分布图。当承灾体的易损性发生明显变化时，应当重新评估风险。

6.4.2.3.4 提出防御措施

包括工程性措施和非工程性措施。

对于每一种气象灾害风险区划，都应当指出哪些地区是灾害高风险区，可能会对居民点、工程建设等敏感和重要承灾体造成的不利影响，在未来规划开发建设应引起注意。如果确有必要建设或者承灾体已经存在，应当给出防御工程的建设标准等针对性建议，规避风险。

6.4.2.3.5 风险区划中的难点

①获取长序列格点致灾临界气象条件的资料；

②获取精细化的敏感承灾体资料；

③获取精细化的历史灾害损失资料。

6.4.2.4 气象灾害风险区划基本流程

依据上节的基本思路，气象灾害风险区划技术流程如图 6.7。

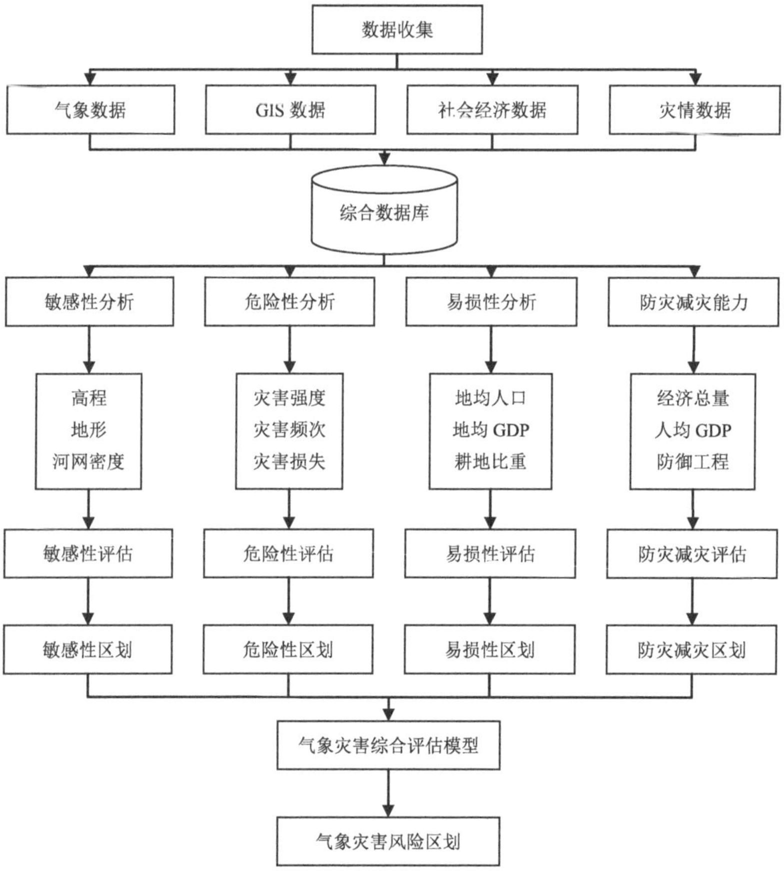

图 6.7 云南省气象灾害风险区划技术流程

①研究致灾临界气象条件。自然环境和人类防灾工程发生变化后，应当重新研究致灾临界气象条件。

②收集30年以上气象、水文等资料，采用科学的物理内插方法，分析研究区域内每年每个格点致灾临界气象条件的数值，得到每个格点致灾临界气象条件数值的历史序列。

③研究致灾临界气象条件历史序列的概率分布特征，选取最适合的概率密度函数，计算每个格点不同等级致灾临界气象条件的出现概率或超越某概率的致灾临界气象条件最大数值，得到不同等级致灾临界气象条件的出现概率或超越某概率的致灾临界气象条件最大数值的地理分布。

④收集当前每种承灾体的物理暴露数据(暴露于气象灾害之中的承灾体的数量和价值量)，收集和研究每种承灾体的脆弱性曲线，评估每种承灾体在不同超越概率致灾临界气象条件最大数值下的物理暴露(数量和价值量)和可能的损失。编制不同承灾体在不同超越概率致灾临界气象条件最大数值下的风险图谱。承灾体的物理暴露或脆弱性发生变化后，应当重新评估每种承灾体的风险。

⑤根据不同等级致灾临界气象条件的出现概率或超越某概率的致灾临界气象条件最大数值的地理分布及其可能的风险，提出防御和减轻气象灾害的措施。

6.4.2.5 云南省暴雨洪涝风险区划

云南省暴雨洪涝灾害风险区划工作是基于灾害风险理论及气象灾害风险形成机制，通过对孕灾环境敏感性、致灾因子危险性、承灾体易损性、防灾减灾能力等多因子综合分析，构建暴雨洪涝灾害风险评价的框架、指标体系、方法与模型，对暴雨洪涝灾害风险程度进行评价和等级划分，并借助GIS绘制相应的风险区划图，加以评述，提出相应的防御措施，技术流程见图6.7。本项工作是防灾减灾的一项基础工作，在减灾规划与预案制定、国土规划利用、重大工程建设、生态环境保护与建设、灾害管理、法律法规制定等方面都起着重要作用，也是科学决策、管理、规划的重要内容。

6.4.2.5.1 数据资料

气象资料：气象资料为云南省124个台站1961—2008年逐日降水资料。

灾情资料：采用气象数据库资料。

社会经济资料：来自云南省统计局编制的《云南省统计年鉴》，采用以市、县为单元的行政区域土地面积、年末总人口、耕地面积、国民生产总值(GDP)等数据。

地理信息数据：采用比例尺为1∶50000的数字高程、水系、行政区划等基础地理信息数据以及基于TM资料解译的云南省土地利用分类图。

6.4.2.5.2 风险分析

(1)致灾因子危险性

暴雨洪涝灾害危险性可用降水强度和降水频次表征。

临界致灾雨量的初步确定：过程降水量以连续降水日数(日降水量≥0.1 mm的日数)划分为一个过程，一旦出现无降水则认为该过程结束，并要求该过程中至少一天的降水量达到或超过50 mm，最后将整个过程降水量进行累加。在暴雨洪涝灾害区划过程中，最多考虑连续10天的暴雨过程。因此统计本省历年各气象台站1天、2天、3天、…、10天(含10天以上)暴雨过程降水量，并分别形成不同连续天数的暴雨过程降水序列。暴雨洪涝风险级别分为5级，其临界值分别对应着不同连续天数暴雨过程降水序列的第98百分位数、第95百分位数、第90百分位数、第80百分位数、第60百分位数的降水量值。暴雨过程降水临界雨量越大，对应着暴雨洪涝危害的风险越大(五级)。

表 6.11 给出了不同暴雨洪涝等级对应的不同连续天数暴雨过程降水序列降水量范围。根据表 6.11 的划分标准,分别得出了云南省各台站不同级别的暴雨过程发生频次分布图。

表 6.11　云南省不同暴雨洪涝等级的暴雨过程降水量 *R* 范围(mm)

暴雨天数	1 级	2 级	3 级	4 级	5 级
1 天	$65\leqslant R<80$	$80\leqslant R<90$	$90\leqslant R<100$	$100\leqslant R<110$	$R\geqslant110$
2 天	$75\leqslant R<85$	$85\leqslant R<100$	$100\leqslant R<110$	$110\leqslant R<135$	$R\geqslant135$
3 天	$85\leqslant R<95$	$95\leqslant R<110$	$110\leqslant R<135$	$135\leqslant R<155$	$R\geqslant155$
4 天	$90\leqslant R<110$	$110\leqslant R<120$	$120\leqslant R<135$	$135\leqslant R<165$	$R\geqslant165$
5 天	$95\leqslant R<120$	$120\leqslant R<130$	$130\leqslant R<245$	$145\leqslant R<165$	$R\geqslant165$
6 天	$100\leqslant R<115$	$115\leqslant R<135$	$135\leqslant R<150$	$150\leqslant R<180$	$R\geqslant180$
7 天	$115\leqslant R<130$	$130\leqslant R<155$	$155\leqslant R<175$	$175\leqslant R<265$	$R\geqslant265$
8 天	$120\leqslant R<140$	$140\leqslant R<160$	$160\leqslant R<185$	$185\leqslant R<225$	$R\geqslant225$
9 天	$125\leqslant R<230$	$230\leqslant R<290$	$290\leqslant R<370$	$370\leqslant R<495$	$R\geqslant495$
10 天以上	$180\leqslant R<230$	$230\leqslant R<285$	$285\leqslant R<370$	$370\leqslant R<495$	$R\geqslant495$

根据暴雨强度等级越高,对暴雨洪涝形成所起的作用越大的原则,确定降水致灾因子权重,分别对暴雨强度 5、4、3、2、1 级权重赋值为 5/15、4/15、3/15、2/15、1/15。采用加权综合评价法计算了不同等级降水强度权重与将各站的不同等级降水强度发生的频次归一化后的乘积之和,利用 GIS 中自然断点分级法,将致灾因子危险性指数按高危险区、次高危险区、中等危险区、次低危险区、低危险区五个等级分区划分,绘制致灾因子危险性指数区划图。

(2)孕灾环境敏感性

从暴雨洪涝形成的背景与机理分析,孕灾环境主要考虑地形、水系、土地利用等因子对洪涝灾害形成的综合影响。

地形因子:主要包括高程和地形变化,地势越低、地形变化越小的平坦地区不利于洪水的排泄,容易形成涝灾。地形变化采用高程标准差表示,对 GIS 中某一格点,计算其与周围 8 个格点的高程标准差获得。表 6.12 给出了高程和高程标准差不同组合的赋值,从表中可以看出高程越低、高程标准差越小,影响值越大,表示越有利于形成涝灾。

表 6.12　地形因子赋值表

地形高程(m)	高程标准差(m)		
	一级(≤1)	二级(1～10)	三级(>10)
一级(≤1500)	0.9	0.8	0.7
二级(1500～2220)	0.8	0.7	0.6
三级(2220～3100)	0.7	0.6	0.5
四级(>3100)	0.6	0.5	0.4

按表 6.12 的赋值,计算得到了云南省暴雨洪涝灾害地形影响分布图。

水系因子:主要考虑河网密度,河网越密集,距离河流、湖泊、大型水库等越近的地方遭受洪涝灾害的风险越大。河网密度的计算采用 GIS 的密度计算功能,对 1∶50000 地理数据中的水系直接进行处理,直接将河网密度指数作为水系对云南省暴雨洪涝灾害的影响指数。

将地形、水系等影响指数经规范化处理后,按照各自对暴雨洪涝灾害的影响程度,分别给出权重系数为0.6、0.4,采用加权综合评价法计算得到各格点孕灾环境的敏感性指数,并利用GIS中自然断点分级法)将孕灾环境敏感性指数五个等级分区划分(高敏感区、次高敏感区、中敏感区、次低敏感区和低敏感区)。

(3)承灾体易损性

采用以县为单元的行政区域土地面积、GDP、年末总人口以及耕地面积等社会经济统计数据,地均GDP、地均人口密度、耕地面积比重三个指标对承载体的易损性进行评价。

在分析承载体易损性区划时,对每个承灾体易损性评价指标进行规范化处理。由于每个承灾体指标对暴雨洪涝灾害的相对重要程度不同,因此在计算综合承灾体的易损性时,对地均GDP、地均人口密度、耕地面积比重三个指标分别给予0.2、0.4、0.4的权重,根据加权综合法得到综合承灾体易损性指数。并利用GIS中自然断点分级法将承灾体易损性指数划分为高易损性区、次高易损性区、中等易损性区、次低易损性区、低易损性区5个等级。

(4)防灾抗灾能力

防灾抗灾能力是受灾区对气象灾害的抵御和恢复程度,是为应对暴雨洪涝灾害所造成的损害而进行的工程和非工程措施。考虑到这些措施和工程的建设必须要有当地政府的经济支持,主要考虑了人均GDP和旱涝保收面积比例。

根据专家意见和云南省实际情况,我们将人均GDP和旱涝保收面积的权重分布赋值为0.5和0.5。抗灾能力指数=0.5×人均GDP规范化值+0.5×旱涝保收面积比例规范化值。

对云南省防灾抗灾能力指数规范化后,利用自然断点分级法,并基于GIS绘制云南省暴雨洪涝灾害防灾抗灾能力区划图。

6.4.2.5.3 灾害风险评估及区划

气象灾害风险区划是指在孕灾环境敏感性、致灾因子危险性、承灾体易损性、防灾减灾能力等因子进行定量分析评价的基础上,为了反映气象灾害风险分布的地区差异性,根据风险度指数的大小,对风险区划分为若干个等级。考虑到各评价因子对风险的构成起作用并不完全相同,在征求水利、国土、农业、气象、气候等多方专家后,将暴雨洪涝灾害风险所涉及的因子权重系数加以汇总(图6.8)。

然后根据暴雨洪涝灾害风险指数公式求算暴雨洪涝灾害风险指数,具体计算公式为:

$$FDRI = (VE^{we})(VH^{wh})(VS^{ws})(1-VR)^{wr} \tag{6.19}$$

式中,$FDRI$为暴雨洪涝灾害风险指数,用于表示风险程度,其值越大,则灾害风险程度越大,VE、VH、VS和VR的值分别表示风险评价模型中的孕灾环境的敏感性、致灾因子的危险性、承灾体的易损性和防灾减灾能力各评价因子指数;we、wh、ws、wr是各评价因子的权重。

采用暴雨洪涝灾害风险评估模型计算各地暴雨洪涝灾害风险指数,利用GIS中自然断点分级法将暴雨洪涝风险指数按五个等级分区划分(高风险区、次高风险区、中等风险区、次低风险区、低风险区),基于GIS即可绘制暴雨洪涝灾害风险区划图。

6.4.3 气象灾害防御规划

编制气象灾害防御规划的主要目的是:明确本地主要气象灾害的特点和防御重点,制定当地气象防灾减灾工作的指导思想、目标、主要任务和保障措施,指导未来十年地方气象防灾减灾工作,将气象灾害防御从过去分散的、被动应急的状况,转变为政府的日常管理工作序列,逐步建立完善的气象防灾减灾体系,统筹防御各类气象灾害,提升气象防灾减灾综合能力,为全

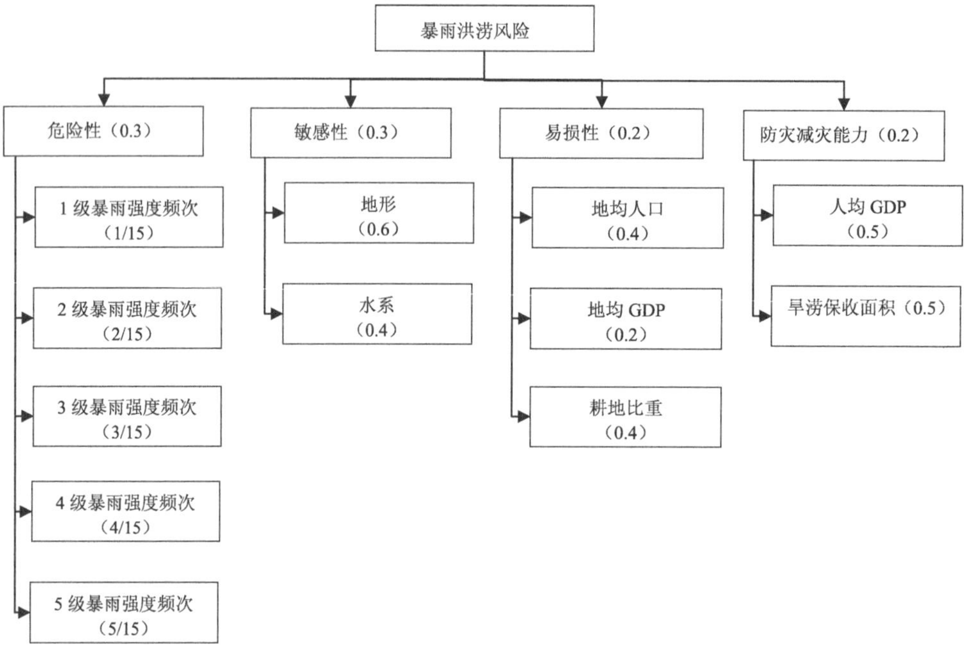

图 6.8　云南省暴雨洪涝风险区划权重

面建成小康社会和构建社会主义生态文明提供优质服务。

2010年1月，中国气象局、国家发展和改革委员会联合下发了经国务院批准的《国家气象灾害防御规划(2009—2020年)》。根据中国气象局的要求，云南省气象局按照中国气象局下发的《地方气象灾害防御规划编制规范》，组织编制《云南省气象灾害防御规划》。

6.4.3.1　指导思想

以《国家气象灾害防御规划》为依据，以气象灾害风险调查和区划为基础，以地方多发、频发气象灾害的防御为重点，充分发挥各部门、各地区、各行业的作用，综合运用科技、行政、法律等手段，着力加强气象灾害监测预警、预报服务、风险管理、应急处置工作，建立健全党委领导、政府主导、部门联动、社会参与的气象灾害防御机制，提高全社会防灾减灾意识，全面提高气象灾害防御能力，趋利避害，保障人民生命财产安全、经济发展和社会和谐稳定。

6.4.3.2　规划原则

(1)坚持“以人为本、趋利避害”的原则。

(2)坚持“预防为主，防抗结合”的原则。

(3)坚持“统筹规划，突出重点”的原则。

(4)坚持“依法防灾，科学应对”的原则。

(5)坚持“非工程措施与工程措施相结合”的原则。

(6)坚持“分级分部门责任制”的原则。

(7)坚持与国家气象灾害防御规划相衔接并逐级细化的原则。

6.4.3.3　规划目标

建成与全面建成小康社会相适应，与当地社会经济发展相协调，以非工程措施为主、工程措施为辅的气象防灾减灾体系，提高气象灾害监测、预警、评估及其信息发布能力，健全气象灾害防御方案，增强全社会气象灾害防御意识和知识水平，完善“党委领导、政府主导、部门联动、社会参与”的气象灾害防御工作机制和“灾害监测预警、灾害信息发布、防灾科普宣传”的气象防灾减灾体系，建设一批具有基础性、全局性和关键性作用的气象灾害防御工程，减轻各种气象灾害对社会经济发展的影响。

6.4.3.4 规划编制前的资料收集与调研

气象灾害防御规划的内容应与各地气象灾害特点、未来气象灾害发展趋势及国民经济发展规划、城市建设规划等紧密结合。其主要收集的资料包括：

(1)国家防灾减灾规划。《国家综合减灾“十一五”规划》《国家气象灾害防御规划(2009～2020年)》《国家防震减灾专项规划》《全国山洪灾害防御规划》等。

(2)地方专项发展规划。地方国民经济发展规划、土地利用规划、城乡建设规划、公路与铁路规划、水利建设规划、电力建设规划等。

(3)各地气象灾害特点和气象灾害发展趋势，气象灾害防御工作现状，以及气象灾害防御工作面临的形势等资料。

(4)各地已开展的气象灾害风险调查与风险区划资料。

(5)承灾体有关资料。各类气象灾情资料，包括受灾人口、受灾面积、直接经济损失等，以及行政区域土地面积、总人口、耕地面积、国民生产总值(GDP)等资料。

(7)致灾因子有关资料。气象致灾因子活动规模(强度)和活动频次(概率)。

(8)孕灾环境有关资料。各地最新的行政区域的界线、名称，以及地形地貌、水系、植被分布等基础地理信息资料。

(9)各地气象灾害防御工程情况，包括资金投入、减灾效果、应急管理能力、效益分析等。

6.4.3.5 气象灾害风险区划

灾种划分可根据云南省实际，重点对干旱、暴雨、低温冷害(冻害)、大风、冰雹、雷电、雪灾等气象灾害开展区划。

在对本地区气象灾害进行调查、统计和分析的基础上，通过对孕灾环境敏感性、致灾因子危险性、承灾体易损性、防灾减灾能力等多因子综合分析，构建气象灾害风险评价的框架、指标体系、方法与模型，对气象灾害风险程度进行评价和等级划分，借助GIS绘制相应的风险区划图系。

气象灾害风险等级分为气象灾害高风险区、气象灾害次高风险区、气象灾害中等风险区、气象灾害次低风险区和气象灾害低风险区五类。

6.4.3.6 气象灾害防御分区

根据各地区气象灾害风险区划分区结果，结合各地的综合经济区划和防灾减灾能力，将气象灾害防御工作划分为重点防御区、次重点防御区与一般防御区。在文字说明中，应重点描述各分区的地理位置、经济位置、气象灾害类型、分布现状、危害对象、危害程度等基本情况，对每一分区都应详细介绍拟采取的气象灾害防御方案。指出辖区内受气象灾害威胁的城镇、人口集中居住区和交通干线、重点水利电力工程等基础设施，作为重点防护对象提出相应的防治措施。

气象灾害防御分区是以利用气象灾害风险调查与区划成果为主，遵循地理环境条件基本相似的原则，遵循社会经济条件基本相似的原则，遵循气象灾害类型基本相近的原则，遵循气象灾害风险大小基本相同的原则，遵循与重大工程相对应的原则开展。

气象灾害防御分区分为重点防御区、次重点防御区、一般防御区三级。

6.4.3.7 气象灾害防御的主要任务

规划中应明确气象灾害防御工作的主要任务，主要指非工程性措施，包括：

(1)建立结构合理、布局适当、功能齐备的气象灾害探测系统，加强气象灾害预警的发布，显著提升气象灾害监测、预警能力。

(2)全面开展气象灾害风险调查和隐患排查，开展气象灾害风险评估，在城乡规划编制过程中充分考虑气象灾害风险因素。

(3)制定并实施气象灾害防御方案，加强组织领导，完善工作机制，完善防灾法规和标准，开展气象灾害防御科学普及。

(4)健全气象灾害应急预案，完善应急响应工作机制，形成科学决策、统一指挥、分级管理、反应灵敏、协调有序、运转高效的气象灾害应急救援体系。

6.4.3.8 气象灾害防御的工程性措施

根据当地气象灾害防御重点与规划目标和主要任务的总体要求，依托已有现代化建设成果，与地方政府和有关部门已有资源和建设紧密衔接，组织确定并实施一批气象灾害防御工程，加强当地重点防御区及农业、林业、交通等高影响行业气象灾害防御基础设施建设。

6.4.3.9 保障措施

规划中应明确规划实施的保障措施，主要包括：

①加强气象灾害防御工作组织领导，把气象灾害防御工作纳入地方发展规划；推进气象灾害防御法制建设，提高依法防灾减灾的水平。

②健全气象灾害综合防御机制，实现各部门上下联动、通力合作。

③加大气象灾害防御科技创新力度，提升气象灾害防御能力；强化气象灾害防御队伍建设，多渠道发展气象灾害专家队伍和基层防灾志愿者队伍。

④完善气象灾害防御经费投入机制，加大对气象灾害防御经费的投入。

⑤提高全社会气象灾害防御意识。

6.4.3.10 附图

为直观反映气象灾害防御规划的主要内容，规划编制过程中应作三类附图。

一类为分灾种的气象灾害危险性分布图，承灾体受损性分布图，分灾种的气象灾害风险分布图，分不同行政区的气象灾害风险和农业生产布局图，气象灾害综合风险分布图。

第二类是当地自然环境和社会经济分布图，如地理分布图、地形图、河网分布图、土地利用分布图、人口分布图、GDP 分布图、平均降水空间分布图、平均气温空间分布图、各流域示意图等。

第三类为气象灾害防御分区图。附图的比例尺可根据各地具体情况确定。一般省份可按 1∶50000 比例尺成图，面积大的省份可按 1∶250000 成图。面积小的市、县可按 1∶50000 比例尺成图；面积大的市、县可按 1∶100000 比例尺成图。

6.4.3.11 编制大纲

云南省气象灾害防御规划按以下大纲编制。

前言

(1)气象灾害防御现状和面临形势

1)气象灾害防御现状
2)气象灾害防御工作的基本经验
3)气象灾害防御面临的形势
(2)气象灾害防御的指导思想、原则和目标
1)指导思想
2)规划原则
3)规划目标
(3)气象灾害风险区划
1)云南气象灾害的特点
2)区划原则
3)分灾种
(4)气象灾害防御分区
1)分区原则
2)分灾种防御分区
(5)气象灾害防御的主要任务
1)增强气象灾害监测预警能力
2)加强气象灾害风险评估
3)提高气象灾害综合防范能力
4)提高气象灾害应急处置能力
(6)气象灾害防御的重点工程
1)气象灾害综合监测系统工程
2)气象灾害预测预报预警工程
3)气象灾害信息服务与应急处置工程
4)气象灾害防御基础工程
5)气候变化应对工程
(7)气象灾害防御的保障措施
1)加强气象灾害防御工作组织领导
2)推进气象灾害防御法制建设
3)加强地区和部门合作
4)加大气象灾害防御科技创新力度
5)强化气象灾害防御队伍建设
6)完善气象灾害防御经费投入机制
7)提高全社会气象灾害防御意识
附录
(1)风险区划及防御分区方案
(2)气象灾害风险区划图
(3)气象灾害防御分区图
(4)主要气象要素和经济指标分布图

第7章
气候服务业务

现代气候服务业务依托气候监测诊断、气候预测、气候评价以及气候变化等业务，为经济社会发展和人民生活提供全方位的气候服务。

本章简要介绍气候服务业务的主要内容，重点介绍目前云南省开展的气候资源开发利用、气候可行性论证、城市暴雨公式编制等方面的技术流程和方法。

7.1 气候服务的主要内容

气候服务是指基于基本气候信息，开展气候异常评价、气候影响评价、气候资源区划和气候可行性论证等业务，是气候业务的重要组成部分。

云南省气候服务业务的重点是面向农业的气候服务、面向水资源的气候服务、面向能源的气候服务、气候资源开发利用和气候可行性论证几个方面。

7.1.1 面向农业的气候服务

云南省地处低纬度、高海拔的高原地区，为云南高原特色农业发展提供了优越的生态环境。云南省委、省政府依托云南省优越自然禀赋，提出大力发展高原特色现代农业，重点突出丰富多样、生态环保、安全优质、四季飘香“四张名片”；围绕高原粮仓、特色经作、山地牧业、淡水渔业、高效林业、开放农业“六大重点内容”，重点打造云烟、云糖、云茶、云胶、云菜、云花、云薯、云果、云药、云畜、云鱼和云林“十二大品牌”，被农业部确定为继东北的大农业、江浙的集约农业和京沪的都市农业后的一种现代农业发展模式。

农业是对气候变化最敏感和最脆弱的领域。随着极端天气气候事件增多，云南省农业生产面临的自然风险加大，农业气象灾害、农作物病虫害呈现增多、并发和加重的趋势。云南省气候类型丰富多样，不同气候带的农业生产条件差异显著，气候变化对高原特色农业生产影响也各不相同。加强云南高原特色农业生产适应气候变化能力建设，开展农业气候资源调查利用研究，加强农业气候资源区划和农业气候风险区划研究，将不同气候带下气候变化特征与农业生产相结合，有利于充分发挥云南省农业气候资源的生产潜力，有利于优化、调整云南高原特色农业产业布局、种植结构，有利于促进农业可持续发展。

云南省面向农业气候服务的主要任务是：提高气候信息在农业生产中的可用性；开发和改进干旱、洪涝、低温等关键天气气候灾害对农业影响评估模型；开展月尺度农业气象灾害风险预估和农业气候年景预估业务，特别是干旱、低温、暴雨、连阴雨等对农业生产影响的风险预估；开展农业脆弱区气候资源评估，开展气候变化对农业的影响和适应性分析。

7.1.2 面向水资源的气候服务

云南省是中国水资源大省，境内河流众多、水量丰富，自产水资源量超过2200亿 m^3，位列全国第三位；过境水量近2000亿 m^3；有高原湖泊40余个，总容水量290亿 m^3。但由于时空分布不均，干旱、洪涝事件频发，水资源开发难度大，利用程度低，资源性缺水、工程性缺水和水质性缺水并存，面向水资源的气候服务意义重大。

云南省面向水资源气候服务的任务是：完善全省干旱监测业务体系；开发基于包括卫星遥感在内的多种技术手段的干旱监测产品，提高综合干旱监测及其影响评估能力；建立滚动的干旱监测评估业务，及时发布受旱范围、受旱程度和灾情损失情况；发展动力与统计相结合的干旱预测技术，开展农业、水利、城市以及社会经济干旱预警业务；建立流域水资源监测、预测和评估系统，面向水资源管理，全面改进流域气候监测、预测和影响评价业务；开展气候变化和人类活动对水资源影响的评估，提供水资源最佳利用和管理的策略。

7.1.3 面向能源的气候服务

云南省与气象条件有关的清洁能源储量丰富，水能储量占全国的15%，位列第三；是风能、太阳能丰富区，开展能源气候服务大有可为。

云南省面向能源气候服务的任务是：开展云南省复杂地形下风能、太阳能资源评估的观测，建立本地化的技术指标，开展风电场风能资源、太阳能电站辐射资源的评估；对国家级下发的风能、太阳能预报系统进行本地化开发，提高预报的准确率，向风电场、太阳能电站提供服务；积极推进水电建设和电网建设气候服务，稳步拓展服务领域。

7.1.4 气候可行性论证

气候可行性论证是指对与气候条件密切相关的规划和建设项目进行气候适宜性、风险性以及可能对局地气候产生影响的分析、评估活动。

云南省气候可行性论证工作的任务是：重视气候可行性论证技术指标和方法的研究与应用，稳步推进气候可行性论证业务。依据《云南省气候资源保护和开发利用条例》等地方法规，对城乡规划、国家重点建设工程、重大区域性经济开发项目和大型风能太阳能等气候资源开发利用项目组织开展气候可行性论证。

7.2 风能资源开发利用

7.2.1 云南省风能资源概况

7.2.1.1 风能资源时空分布特征

7.2.1.1.1 风速年内变化

从云南省125个国家气象观测站点30年逐月平均风速可以看出，全年两季风特征显著，风速和风能呈冬春季大、夏秋季小的特点。最大月3月、4月和2月平均风速分别为2.6 m/s、2.5 m/s和2.4 m/s，最小月8月、9月平均风速仅为1.4 m/s(图7.1)。

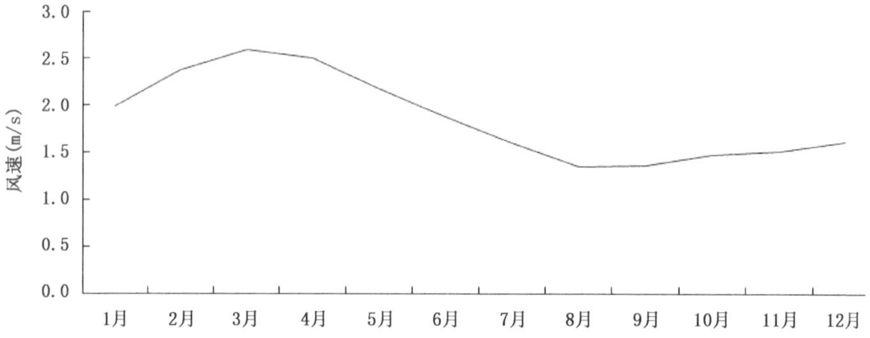

图 7.1　云南省气象站点平均风速年内变化

7.2.1.1.2　风速区域分布

过去的风能资源评价工作都是基于气象观测站观测数据开展，其代表性受到很大限制，特别是在云南高原山地，由于气象站所处的位置均为山间小盆地，而风能资源良好的区域都在山区，气象站观测数据并不能代表该区域的真实风况。

为了更好地查清全国的风能资源状况，真实评价全国风能资源的总量和技术可开发量，2007 年中国气象局启动了全国风能资源详查和评价项目。根据该项目的安排，云南省气候中心承担了云南省项目建设任务，具体开展了以下工作：

①在省内选择 8 个具有区域代表性的风能资源详查区，在每个详查区各设立 1 个测风塔，组成云南省风能资源观测网。

②对各详查区开展不少于连续 2 年的风能资源观测。

③实时接收测风数据并建立风能资源数据库。

④通过对测风数据的分析计算及数值模拟，给出云南省风能资源综合评价。

根据项目研究成果，2011 年编制的《云南省风能资源详查和评估报告》，云南省 70 m 高度年平均风功率空间分布如图 7.2 所示。

从图中可以看出：从区域分布上看，云南省风能资源高值区主要位于滇中及以北的地区，滇西南区域为小值区。从地形条件上看，高值区主要沿山脉的走势分布，在高海拔地区为高值区。

7.2.1.2　风能资源技术开发量

7.2.1.2.1　潜在开发面积估算

潜在开发面积指在风功率密度达到某一阈值的风能资源覆盖区域。

在计算潜在开发面积时，具体考虑以下因素：

①扣除以下实际不可利用的区域：海拔高度大于 4000 m 的区域、地形坡度大于 30%的区域、水体、湿地、沼泽地、沙漠、自然保护区、历史遗迹、国家公园、矿产、城市及居民区、城市周围 3 km 的缓冲区、基本耕地等。

②部分可利用的有植被地区按照以下系数折减：草地为 80%，森林为 20%，灌木丛为 65%。

③地形坡度：装机容量按表 7.1 取值。

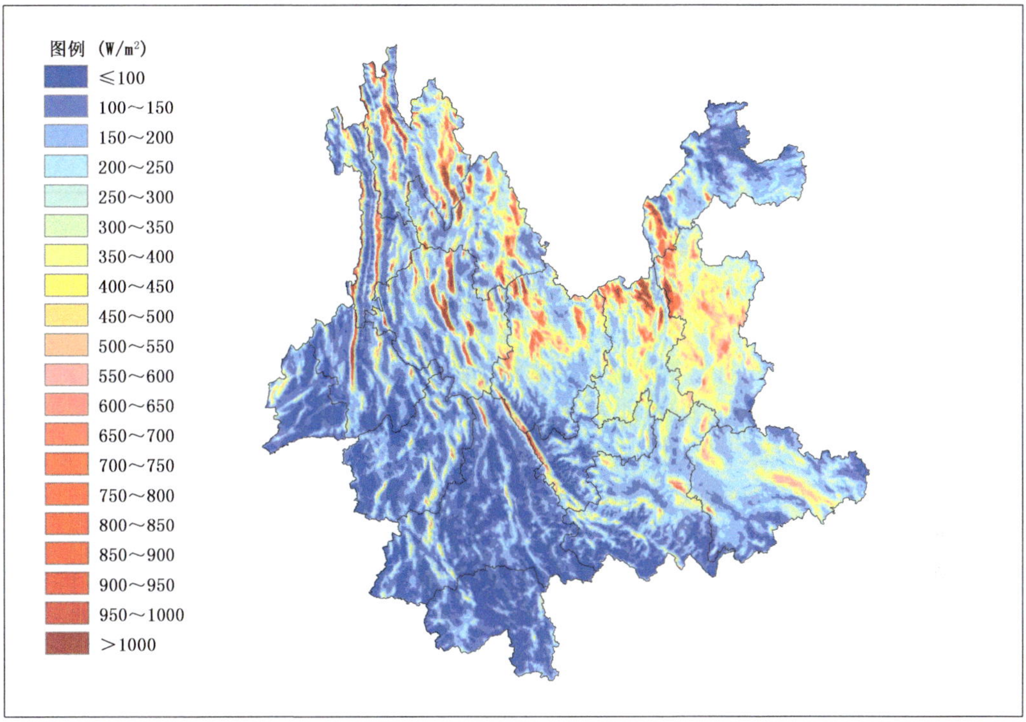

图 7.2 云南省 70 m 高度年平均风功率分布图

表 7.1 装机容量系数与地形坡度关系

GIS 坡度(%)	装机容量系数(MW/km^2)
≤3	5.0
4～6	2.5
>6	1.5

7.2.1.2.2 技术开发面积

风能资源开发需要具备一定的规模才能发挥效益。技术开发面积是指所有装机容量超过 1.5 MW/km^2 的面积，即扣除规模小于 1.5 MW/km^2 的区域后的面积。

云南省风功率密度大于 200 W/m^2 的技术开发总面积为 8804 km^2。

7.2.1.2.3 技术开发量

技术开发量是指在技术开发区域内的可开发量的总和。

表 7.2 给出了云南省 70 m 高度层上，风功率密度大于 200 W/m^2、250 W/m^2、300 W/m^2 和 400 W/m^2 的风能资源技术开发量和面积。

表 7.2　云南省 70 m 高度层风能资源技术开发量

≥400 W/m²		≥300 W/m²		≥250 W/m²		≥200 W/m²	
资源量（万 kW）	面　积（km²）	资源量（万 kW）	面　积（km²）	资源量（万 kW）	面　积（km²）	资源量（万 kW）	面　积（km²）
1146	3501	2066	6273	2268	6873	2907	8804

7.2.1.2.4　风能资源开发的优势

针对风电场建设，综合分析风能资源的特点，云南省风能资源开发具有下列明显优势（朱勇等，2013）：

（1）蕴藏丰富：以 70 m 高度年平均风功率密度大于 200 W/m² 作为可开发的基本条件，扣除实际不可利用的区域，云南全省范围内风能资源技术开发量为 2907 万 kW，涉及面积 8804 km²，属全国风能资源丰富区。其中风功率密度大于 300 W/m² 的区域风能资源技术开发量为 2066 万 kW，涉及面积 6273 km²。

（2）区域分布特征明显：风能资源丰富、开发条件较好的地区主要集中在滇中的大理、楚雄、昆明、曲靖等州市。在滇东南的红河州、滇中的玉溪市、滇东北的昭通市、滇西北的丽江市等地也具有一定的开发条件。其他州市风能资源一般，在部分高山山脊具有开发条件。

（3）随海拔高度变化大：高山山脊的风速一般比较大，坝区（山间小盆地）的风速一般比较小。绝大部分风能资源较好的区域均位于海拔 2500 m 以上的高山山脊或台地上。因此，已有气象站点观测资料只能定性判断风能资源分布的趋势，不能定量描述该地区实际资源量的大小。

（4）全年两季风特征显著：风速和风能呈冬春季大、夏秋季小的特点，与占主导地位的水电具有丰枯互补的效应。

（5）主导风向明显：全省除滇东地区的冬季因冷空气影响主导风向不明显外，绝大部分地区主导风向为西或西南，该区间风向频率一般能达到 80%以上，风能频率能达到 90%以上，有利于风能资源的利用。

（6）不利气象条件少：无台风、沙尘等影响，破坏性风少，极端低温（低于－30 ℃）较罕见，有利于风机的安全运行。

（7）资源空间分布较广泛：虽然总量较大，分布较广，但单个风电场装机容量不大，有利于电网的接入和消纳。许多地区风能资源分布较为零散，有利于分布式开发。

（8）风能资源集中区域邻近用电负荷中心：风能资源集中区域主要位于滇中经济较发达地区附近，用电负荷大，有利就近消纳。

7.2.2　风电场风能资源评估的技术流程

风电场风能资源评估工作针对拟建风电场场址开展。

技术流程可分为三个主要阶段：资源测量、数据处理和分析评估阶段。具体工作流程如图 7.3 所示。

7.2.2.1　资源测量

开展风电场资源评估首先要获得拟选场址的风能资源状况，这就必须开展风能资源测量。对于山地风电场而言，由于风电场址内地形复杂多变，风能资源的分布及变化特征差异很大，

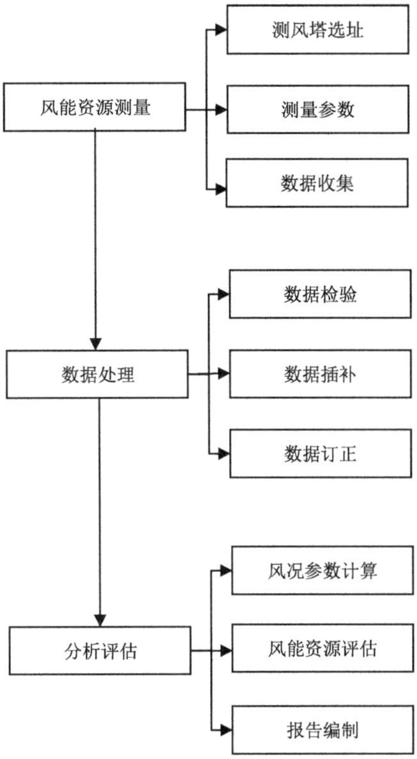

图 7.3　风电场风能资源评估工作流程

就更应当重视风能资源测量工作。

风能资源测量须在拟建场址内建立测风塔，按照评估的要求，开展测风塔选址、测量数据接收、数据质量控制和数据存档等方面的工作。

7.2.2.2　数据处理

数据处理主要针对收集到的周边气象站点的观测资料和场区测风塔测量资料。

对于测风塔测量资料，数据处理的内容主要包括数据检验和数据订正。

7.2.2.3　分析评估

利用整理得到的长序列资料，对各风况参数进行分析，得到风电场的基本资源评估。

风电场风能的资源评估主要包括风况参数的计算分析、风能资源的判断评估和评估报告的编制几个内容。

7.2.3　山地风电场风能资源评估方法

由于云南省风电场均位于高海拔山地，风能资源的分布及变化特征与平原地区差异较大，云南省气候工作者在开展风电场风能资源评估的过程中，针对云南省的实际开展了大量研究，对相关规范进行了补充完善，编制完成了《风电场风能资源测量技术规范》(DB 53/T 469—2013)、《风电场风能资源测量数据处理及评估技术规范》(DB 53/T 470—2013)、《风电场风能资源评估报告编制规范》(DB 53/T 471—2013)三个推荐性地方标准，并于2013年7月1日起施行。根据上述标准，在云南省境内开展风电场风能资源评估应当按照下列要求进行。

7.2.3.1 风能资源测量

为保证风电场资源评估的客观性和准确性，风电场选址工作完成后，应在拟选风电场开展风能资源测量。

风能资源测量主要包括以下三个环节。

7.2.3.1.1 测风塔选址

在初步确定风电场拟选范围的基础上，收集拟建场区大比例尺地形图，调查周边环境、气候、地形、下垫面特征，确定测风塔布置位置。

由于山地风况复杂，每个风电场测风塔选址位置应不少于2个，相邻测风塔间直线距离不大于3 km，且高差不宜超过300 m，对于不同地形条件下的风电场应遵循以下原则：

①对于单一山脊风电场，测风塔应沿山脊布设。

②处于同一山脉由若干支脉组成的风电场，应在主要山脉选择测量位置，并能够代表不同海拔山脉的风况。

③范围较大的连片风电场，地形相对平坦的场区每9 km^2控制区域设置1个测量位置，地形复杂的场区每4 km^2控制区域设置1个测量位置。

④测量位置的选择应满足代表性要求。

7.2.3.1.2 测量参数

根据目前风电发展，风机轮毂高度一般不低于100 m。测风塔高度一般不应低于风机轮毂高度，至少应在70 m以上，测量参数包括风速、风向、气温、气压和相对湿度。

在测风塔高度为70 m时应按下列要求开展测量：

①在10 m、30 m、50 m和70 m高度层安装风速传感器。一般可采用机械式传感器，在冰冻较为严重的地区，应在70 m高度层采用超声风速传感器。

②在30 m和70 m高度层安装风向传感器。

③在不高于10 m的高度层安装气温、气压和相对湿度传感器。

测风塔高度大于70 m时，除满足上述规定以外，还应在顶层安装风速和风向传感器。在70 m至顶层高度之间，应按间距不超过30 m增加安装风速和风向传感器。

7.2.3.1.3 数据收集

用于风电场风能资源评估的数据应连续测量一年以上，所取测量数据完整率应在90%以上。取样时间应为连续完整年，即起于某年某月1日，止于次年上月最后1日，并尽可能取完整自然年(1—12月)。

取样结束后，应至少保留1座代表性较好的测风塔继续测量。

7.2.3.2 风能资源数据处理

风能资源测量完成后，其测量数据应进行必要的处理，才能满足资源评估的需要。数据处理包括数据检验、数据插补和数据订正。

除测风塔测风数据以外，还应收集周边气象站同期和历史观测数据、气象灾害记录等，供数据订正、气象灾害分析等使用。

7.2.3.2.1 数据检验

数据检验包括对原始观测数据的完整性检验、范围检验、趋势检验、关系检验和相关性检验，检验完成后应给出有效数据完整率。

数据检验针对 10 min 和 1 h 平均数据进行。

(1)完整性检验

检验各测量参数的数量否完整,时间顺序是否符合预期。要求各测量参数的数目应等于应测数据的数目,时间顺序应符合预期的开始、结束时间,中间应连续。

(2)范围检验

检验各测量参数取值是否在合理范围之内,不在合理取值范围内的数据为不合理数据。主要测量参数合理范围参考值见表 7.3。

表 7.3 主要测量参数合理范围参考值

主要参数	单位	合理取值范围
小时平均风速	m/s	0～40
风向	°	0～360
气压	kPa	60～90
气温	℃	−20～30
相对湿度	%	0～100

(3)趋势检验

检验各测量参数的连续变化情况,判断其变化趋势是否合理,不在合理范围内的数据为不合理数据。主要测量参数的合理变化趋势参考值见表 7.4。

表 7.4 主要测量参数的合理变化趋势参考值

检验项目	合理的取值	说明
风速(m/s)	10 min 数据连续 300 min 变化大于 0.5	若连续 300 min 变化小于 0.5 视为不合理
	切入风速以上的小时风速连续 6 h 无变化	切入风速以上的风速连续 6 h 未发生变化视为不合理
	小时平均值变化大于 10	若相邻两小时平均值差大于 10 视为不合理
风向	10 min 数据连续 300 min 无变化	若风向连续 300 min 未发生变化视为不合理
	切入风速以上的小时风速连续 6 h 无变化	切入风速以上的风速中,若风向连续 6 h 未发生变化视为不合理
气温(℃)	小时平均值变化大于 5	若相邻两小时平均值差超过判别标准视为不合理
气压(kPa)	小时平均值变化大于 1	
相对湿度(%)	小时平均值变化大于 5	

(4)关系检验

检验各高度风速和风向的差值是否在给定的合理范围之内,在判别标准以外的数据为不合理数据。主要测量参数的合理关系参考值见表 7.5。

表 7.5 主要测量参数的合理关系参考值

判别标准	说明
相隔高度大于 20 m 时,小时平均风速差大于 8 m/s	在切入风速以上,同一时间下不同高度的平均风速或风向,其高度差在某一范围时,两高度层数据的差值超过判别标准则视为不合理
相隔高度不大于 20 m 时,小时平均风速差大于 4 m/s	
任意两个不同高度间,小时平均风向差大于 45°并且小于 315°	

(5)相关性检验

检验同一测风塔不同高度层之间，以及同一风电场不同测风塔相同高度层之间风速的关联性。

对于同一个测风塔，不同高度层同期 10 min 平均风速的相关系数应在 0.90 以上。下垫面较粗糙时，10 m 高度层与其他高度层的相关系数可低于 0.90，但应高于 0.60；

对于同一风电场，不同塔间的相同高度层同期 10 min 平均风速的相关系数应在 0.60 以上。对于地形特别复杂的测风塔可适当降低，但至少应通过 99%的显著性检验。

(6)对不合理数据的处理

对检验出的不合理数据应再次进行判别，分析原因。符合实际情况的数据回归原始数据序列，仍判定为不合理数据的列为无效数据。

有效数据完整率为有效数据数目占应测数据数目的百分比。一般要求 10 min 有效数据完整率应达到 90%。

7.2.3.2.2　数据插补

对缺测数据和无效数据进行插补，整理出至少连续 1 年完整的逐 10 min 数据。

(1)数据要求

同时满足下列条件时方可进行数据插补：

①拟插补数据序列的有效数据完整率大于 70%；

②拟插补数据序列中的有效数据与参照点同期测量数据显著相关(相关系数通过 99%的显著性检验)。

(2)参照点选取

根据优先原则按以下顺序选取参照点：

①与插补点处于同一测风塔的其他高度层；

②与插补点处于同一风电场其他测风塔的相同高度层；

③与插补点处于同一风电场其他测风塔的相近高度层；

④与插补点邻近并且地形特征相似的风电场的测风塔。

(3)风速插补

1)同塔不同层数据的插补

插补点和参照点为同塔不同高度层时，先利用插补点和参照点均为有效数据的序列求出风切变指数 α，再利用下式求算插补点数据：

$$V_2 = V_1 \cdot \left(\frac{Z_2}{Z_1}\right)^{\alpha} \tag{7.1}$$

式中，V_1 为参照点风速(m/s)；V_2 为插补点风速(m/s)；Z_1 为参照点距地面高度(m)；Z_2 为插补点距地面高度(m)；α 为风切变指数。

2)不同塔数据的插补

插补点和参照点位于不同测风塔时，插补点风速与参照点风速之间的关系可用下式表示：

$$y = a + bx \tag{7.2}$$

式中，y 为插补点风速(m/s)；x 为参照点风速(m/s)；a、b 为回归系数。

利用插补点和参照点同期有效实测记录通过式(7.2)求解 a、b，再利用参照点实测风速记录对插补点记录进行插补。

(4)风向插补

在符合下列条件之一的情况下，将参照点同期风向记录直接替代到插补点：

①插补点和参照点在同一测风塔时，风向扇区吻合率在80%以上；

②插补点和参照点不在同一测风塔时，风向扇区吻合率在60%以上。

(5)气温、气压和相对湿度插补

按照风速插补方法对逐小时平均数据进行插补。

7.2.3.2.3 数据订正

数据订正的基本要求为：将经过检验和插补得到的测量数据订正为气候平均数据。

(1)参证气象站的选取

参证气象站应同时满足下列条件：

①具有10年以上逐小时风速和其他气象要素的规范观测记录；

②在满足条件的时段内未搬迁，且观测环境无变化或变化轻微；

③距离风电场较近，处于相同或近似的气候背景；

④小时平均风速与同期测风塔风速显著相关（切入风速以上的风速记录相关系数通过99%的显著性检验）。

对符合条件的若干候选参证站，应综合比选判断确定参证站。

(2)风速订正

采用相关差值法进行逐小时风速订正，计算顺序如下：

①以月为时间段，将风电场各测风塔各高度层逐小时平均风速与同期参证气象站风速分别建立一元一次回归方程；

②将参证气象站累年月平均风速与测风年月平均风速分别代入方程，求出两个风速序列值，再求出其代数差，即订正量；

③测风塔测风记录的每个10 min平均风速均加上对应的订正量，即可获得订正后的10 min平均风速数据。

(3)风向订正

风向数据沿用经过检验、插补后的逐小时平均风向，不进行订正处理。

(4)气温、气压和相对湿度订正

对月平均值进行订正，方法如下：

①求取参证气象站累年平均值与观测年逐月平均值的差值，即订正量。

②将测风塔逐月平均值加上订正量，即为订正值。

7.2.3.3 风况参数计算

风况参数是指表征风电场风能资源的参数，风电场风能资源评估所需参数包括空气密度、风速、风向、风功率密度、风能密度、风切变指数、湍流强度、Weibull参数、50年一遇最大风速和极大风速等。

风况参数计算所利用的基础数据，是通过风能资源测量得到，并经过检验及订正获得的风电场代表年测风数据。

7.2.3.3.1 空气密度

月平均空气密度的计算方法应采用下列两个步骤：

(1)实际测量高度层的空气密度

根据观测数据的有效情况分别用不同的方法：

①当测量点气温、气压值观测记录完整有效时，采用下式计算观测点空气密度：

$$\rho = \frac{P}{RT} \tag{7.3}$$

式中，ρ 为空气密度(kg/m³)；P 为测量点平均气压(Pa)；R 为气体常数(287 J/(kg・K))；T 为测量点平均开氏温标绝对温度(t℃＋273)。

②当测量点气温数据有效而气压数据无效时，采用下式计算空气密度：

$$\rho = (\frac{353.05}{T})e^{-0.34(z/T)} \tag{7.4}$$

式中，ρ 为空气密度(kg/m³)；T 为测量点年平均开氏温标绝对温度(t℃＋273)；z 为测量点海拔高度(m)。

③当测量点气温记录均不可用时，采用下式计算气温，再根据情况计算空气密度：

$$t = t_0 - (h - h_0) \times b \tag{7.5}$$

式中，t 为测量点平均气温(℃)；t_0为参证气象站平均气温(℃)；h 为测量点海拔高度(m)；h_0为参证气象站海拔高度(m)；b 为气温随海拔递减率，为经验系数，在云南省的平均取值为0.0065(℃/m)。

空气密度以月为时间长度计算，年平均空气密度为测风年 12 个月的平均值。

(2)其他高度层空气密度的推算

依据 10 m 高度层空气密度推算出该测风塔其他高度层空气密度，其推算公式为：

$$\rho_z = \rho_h e^{-0.0001(z-h)} \tag{7.6}$$

式中，z 为推算层高度(m)；h 为实测层高度(m)；ρ_z为 z 高度层对应空气密度(kg/m³)；ρ_h为 h 高度层对应空气密度(kg/m³)。

7.2.3.3.2　平均风速

(1)日平均、月平均和年平均风速

利用小时平均数据统计日、月和年的风速、气温、气压和相对湿度的平均值。其中风速为订正后的数据，气温、气压和相对湿度则采用插补后的数据直接统计日平均和月平均值，再用订正后的月平均值计算年平均值。

(2)各时次(00—23 时)平均风速

设定时段各时次的平均风速按下式计算：

$$V_{m,t} = \frac{1}{m}\sum_{d=1}^{m} V_{d,t} \tag{7.7}$$

式中，$V_{m,t}$为设定时段内 t 时(00—23 时)的平均风速(m/s)；d 为日序(d)；m 为总日数(d)；$V_{d,t}$为 d 日 t 时小时风速(m/s)。

7.2.3.3.3　风功率密度

在设定时段内，平均风功率密度用下式计算：

$$D_{WP} = \frac{1}{2n}\sum_{i=1}^{n}(\rho \cdot v_i^3) \tag{7.8}$$

式中，D_{WP}为设定时段的平均风功率密度(W/m²)；n 为设定时段内的记录数；ρ 为设定时段的空气密度(kg/m³)；v_i为设定时段第 i 记录的风速(m/s)。

7.2.3.3.4 风能密度

设定风速段(或扇区)的风能密度用下式计算：

$$D_{WE}=\frac{1}{2}\sum_{i=1}^{n}(\rho\cdot v_i^3)\cdot t_i \tag{7.9}$$

式中，D_{WE}为风能密度($W\cdot h/m^2$)；n 为该风速段(或扇区)风速数据数目；ρ 为空气密度(kg/m^3)；v_i 为该风速段(或扇区)第 i 个的风速(m/s)；t_i为该风速段(或扇区)第 i 个风速出现的时间长度(h)。

7.2.3.3.5 风切变指数

风切变指数按下式计算：

$$\alpha=\frac{\lg(v_2/v_1)}{\lg(z_2/z_1)} \tag{7.10}$$

式中，z_1为第1高度层距地面的高度(m)；z_2为第2高度层距地面的高度(m)；v_1为 z_1 高度层对应的风速(m/s)；v_2为 z_2高度层对应的风速(m/s)。

7.2.3.3.6 湍流强度

某一高度层的10 min湍流强度 I_V 按下式计算：

$$I_V=\frac{\sigma}{V} \tag{7.11}$$

式中，I_V为10 min湍流强度；σ 为10 min风速标准差(m/s)；V 为10 min平均风速(m/s)。

7.2.3.3.7 Weibull分布的 k、c 参数

Weibull分布的 k、c 分别由式(7.12)和式(7.13)计算：

$$k=\left(\frac{\sigma}{\mu}\right)^{-1.086} \tag{7.12}$$

$$c=\frac{\mu}{\Gamma(1+1/k)} \tag{7.13}$$

式中，$\Gamma(1+1/k)$为伽马函数；μ 为平均风速(m/s)；σ 为风速标准差(m/s)；n 为风速序列个数。

μ 和 σ 分别由式(7.14)和式(7.15)计算：

$$\mu=\frac{1}{n}\sum_{i=1}^{n}v_i \tag{7.14}$$

$$\sigma=\sqrt{\frac{1}{n-1}\sum_{i=1}^{n}(v_i-\mu)^2} \tag{7.15}$$

式中，v_i为风速序列中的第 i 个值(m/s)。

7.2.3.3.8 50年一遇最大风速和极大风速

由于风电场测风记录的时间太短，不具备采用常用的重现期推算方法进行估计的条件。因此，在云南省推算风电场50年一遇最大风速和极大风速时，一般采用经验法。

(1)最大风速

采用下式推算风电场测风塔某高度层50年一遇最大风速：

$$V_{50\max}=V_{ave}\times c \tag{7.16}$$

式中，$V_{50\max}$为50年一遇最大风速(m/s)；V_{ave}为平均风速(m/s)；c 为经验系数，取决于风速峰度曲线的宽窄程度，以Weibull参数中的 k 值确定取值，见下式：

$$c = \begin{cases} 5.0 & (k > 2.0) \\ 6.0 & (2.0 \geqslant k \geqslant 1.7) \\ 7.0 & (k < 1.7) \end{cases} \tag{7.17}$$

式中，k 为 Weibull 参数中的形状参数。

(2)极大风速

采用经验公式推算 50 年一遇极大风速：

$$V_{50e} = V_{50\max} \times b \tag{7.18}$$

式中，V_{50e}为 50 年一遇极大风速(m/s)；$V_{50\max}$为 50 年一遇最大风速(m/s)；b 为回归系数。

当出现 50 年一遇最大风速和(或)极大风速小于风电场实际测量值的情况，应以两者较大的值作为 50 年一遇最大风速和(或)极大风速。

(3)相同风压状况下实际空气密度风速与标准空气密度风速的换算

风压相等时，标准大气压下的风速与实际空气密度下的风速用下式换算：

$$V_s = V_0 \sqrt{\frac{\rho_0}{\rho_s}} \tag{7.19}$$

式中，V_s为标准空气密度风速(m/s)；V_0 为实际空气密度风速(m/s)；ρ_0 为实际空气密度(kg/m^3)；ρ_s为标准空气密度，取 1.225 kg/m^3。

7.2.3.4 风能资源评估

7.2.3.4.1 风功率密度及变率

(1)风功率密度

风功率密度的优劣可按下列方法加以判定：取风电场内各测风塔 50 m 以上高度层年平均风功率密度的最大值确定风电场风功率密度等级(表 7.6)。

表 7.6 风功率密度等级表

等级	1	2	3	4	7
风功率密度(W/m^2)	≤200	201～300	301～400	401～500	>500
定性评价	较差	一般	较好	好	很好

(2)风功率密度年内变率

以 70 m 高度层为对象，对各测风塔月平均风速和风功率密度进行年内变化对比分析。

计算各测风塔 70 m 高度层风功率密度年内变率(月平均最大值与最小值的比值)，定性判断风功率密度年内变率等级(表 7.7)。

表 7.7 风功率密度年内变率等级表

等级	A	B	C	D
年内变率	≤6.0	6.1～9.0	9.1～12.0	>12.0
定性评价	小	中等	较大	大

(3)风功率密度日变率

以 70 m 高度层为对象，对各测风塔全年小时平均风速和风功率密度日变化进行对比分析。

计算各测风塔 70 m 高度层全年平均风功率密度日变率(小时平均最大值与最小值的比

值)，定性判断日变率(表7.8)。

表7.8 风功率密度日变率等级表

等级	A	B	C
日变率	≤1.5	1.6～2.5	>2.5
定性评价	小	中等	大

7.2.3.4.2 风速和风能频率分布

以70 m高度层为对象，对各测风塔按26个风速段进行全年风速频率和风能频率分布进行对比分析。

统计各测风塔70 m高度层全年有效风速频率，定性判断有效风速频率等级，有效风速越集中越有利于风机出力(表7.9)。

表7.9 有效风速频率等级表

等级	A	B	C
有效风速频率(%)	≤75	76～90	>90
定性评价	不集中	中等	集中

7.2.3.4.3 风向频率和风能密度方向分布

以测风塔为单位，对比分析70 m高度层逐月风向频率和风能密度方向分布。

统计各测风塔70 m高度主导风向(风向频率最高的3个相邻扇区)的风向频率，定性判断主导风向频率等级，主导风向越集中越有利于减少风机偏航操作，有利于风能资源利用率的提高(表7.10)。

表7.10 主导风向频率等级表

等级	A	B	C
主导风向频率(%)	≤40	41～80	>80
定性评价	不集中	中等	集中

7.2.3.4.4 风切变指数

风切变指数可描述风矢量在垂直方向上的空间变化情况，是选择风机轮毂高度的重要判据。

计算各测风塔各测风高度层间的年平均风切变指数。以测风塔70 m高度层附近的风切变指数，定性判断风切变等级。由于山地风电场不同区域风切变差异较大，应对各测风塔风切变特征进行分析(表7.11)。

表7.11 风切变指数等级表

等级	A	B	C	D	E
分级阈值	<0.0	0.0～0.05	0.06～0.10	0.11～0.20	>0.20
定性评价	负切变	小	中等	较大	大

7.2.3.4.5 湍流强度

湍流强度用于度量相对于风速平均值而起伏的湍流的强弱。湍流强度越小越有利于风机安全，应重点分析轮毂高度附近风速为 15 m/s 风速段(14.5～15.4 m/s)的 10 min 湍流强度。

湍流强度的等级确定参见 IEC 61400－1 的规定(表 7.12)。

表 7.12　湍流强度等级(IEC 61400－1:2005)

高	低	中等	较高
I_V	0.12	0.14	0.16

7.2.3.4.6　Weibull 参数

计算每一测风塔 Weibull 分布的 k、c 参数。

风速统计符合概率密度函数 Weibull 双参数分布，k 为形状参数，描述分布曲线峰度的宽窄特征；c 为尺度参数，反映分布的不对称程度。

7.2.3.4.7　50 年一遇最大风速和极大风速

推算每一测风塔各高度层 50 年一遇最大风速和极大风速，并换算成标准空气密度下的值，最后提供风机安全等级的初步建议。

以某一测风塔内所有测风高度层 50 年一遇最大风速和极大风速的最大值，表征该塔 50 年一遇最大风速和极大风速；以风电场内所有测风塔 50 年一遇最大风速和极大风速的最大值，表征该风电场 50 年一遇最大风速和极大风速。

在极端的情况下，当出现 50 年一遇最大风速和(或)极大风速小于风电场实际测量值的情况，应以两者较大的值作为 50 年一遇最大风速和(或)极大风速。

风机安全等级依据 IEC 61400－1 进行判断(表 7.13)。

表 7.13　50 年一遇最大风速等级表

等级	A	B	C	D
50 年一遇最大风速(m/s)	≤37.5	37.6～42.5	42.6～50.0	>50.0

7.2.3.4.8　其他气象要素

雷电、冰冻、暴雨等特殊气象条件和气象灾害对风电场风机安全运行可能造成影响，需综合分析，提出相应措施。

7.2.3.5　报告编制模板及内容概要

(1)前言

拟建风电场的基本情况和报告编制的依据，包含：风电场所在区域的行政区划、场区地理坐标和海拔高程、地形和地表植被概况；风电场地理位置示意图和场区代表性实景照片；报告编制的相关技术标准和依据。

(2)测风塔和测量参数

测风塔和测量参数的基本情况，包括：测风塔概况及测量设备型号、塔架类型、测风塔高度等；各测风塔地理位置示意图和实景照片；各测风塔地理坐标、测量参数及高度、测量时间和采用时间等。

(3)数据检验

各测风塔、各测量参数的完整性检验、范围检验、趋势检验、关系检验、相关性检验，以及不合理数据数量和判断依据。

包括对同一测风塔不同层间的检验、对不同测风塔的检验；对不合理数据的处理、有效数据完整率统计。

对有效数据完整率统计结果按下列原则处理：

1)有效数据完整率达到90%的直接进行下一步分析评估；

2)有效数据完整率小于90%但大于70%的，应对原因和影响进行分析，说明其数据能否进行下一步分析评估；

3)对于有效数据完整率达不到70%的视为不合格数据，不开展下一步分析评估。

(4)数据插补

对风速、风向、气温、气压和相对湿度进行插补，给出参照点的选择依据和插补方法的说明，分析插补结果的可用性。

(5)数据订正

1)参证气象站选取

初选出候选参证气象站，将各测风塔逐小时风速实测记录与候选参证站同期小时风速记录进行相关分析，综合分析比较候选参证气象站的情况，确定参证气象站。

2)风速订正

对逐10 min风速记录进行订正，分析订正量的合理性。

3)气温、气压和相对湿度订正

对逐月平均数据进行订正，分析订正量的合理性。

(6)风况参数分析

1)空气密度

计算各测风塔、各高度层逐月和年平均空气密度，对各测风塔70 m高度层月平均空气密度的年内变化情况进行分析。

2)风速和风功率密度年内变化

对每个测风塔逐层分析月平均风速和风功率密度年内变化。

3)风速和风功率密度日变化

对每个测风塔逐层分析月平均风速和风功率密度日变化。

4)风速和风能频率分布

对每个测风塔逐层分析风速和风能频率分布特征。

5)风向频率和风能密度方向分布

对每个测风塔按16个扇区统计风向测量层全年风向频率和风能密度方向分布特征。

6)风切变指数

根据各测风塔各高度层间风切变指数计算结果，分析风切变指数特征。

7)湍流强度

以风速大于等于4 m/s、12 m/s、15 m/s、18 m/s和15 m/s风速段(14.5～15.4 m/s)为目标，计算各测风塔各测风高度层间的10 min湍流强度，统计平均值、最小值和最大值，以15 m/s风速段轮毂高度处的湍流强度，按IEC 61400－1给定的判据判定强度等级。

8)Weibull分布参数的k、c值

分析各测风塔各高度层Weibull分布参数的k、c值特征。

9)50年一遇最大风速和极大风速

推算每个测风塔逐层50年一遇最大风速和极大风速，

以测风塔所有高度层的最大值表征该测风塔 50 年一遇最大风速和极大风速，以风电场内所有测风塔的最大值表征该风电场 50 年一遇最大风速和极大风速；将风电场 50 年一遇最大风速和极大风速换算到相同风压状况下标准空气密度状况的值，初步推荐风机安全等级。

(10)风况参数统计

列出各测风塔风况参数，如存在实测风速有效数据完整率达不到 90%的情况应给出实际完整率。

(7)其他气象条件分析

依据风电场逐月极端最低气温观测值，分析冰冻对风电场的可能影响；依据参证气象站逐月平均雷暴日数观测值，分析雷暴对风电场的可能影响；结合风电场区域气候条件，分析其他气象灾害对风电场的可能影响。

(8)气象站风况和相关气象要素

1)参证气象站风况和相关气象要素

分析参证气象站累年和测风年逐月平均风速年内变化、平均风速年际变化。

分析参证气象站相关气象要素累年统计情况，包括累年最大风速及其出现日期，极端最高(最低)气温及出现日期，累年平均气温、平均相对湿度、平均气压、降水量、冰雹日数、雷暴日数、大风日数的气候平均值等。

2)邻近气象站风况及相关气象要素

选择邻近气象站风况及相关气象要素(若邻近气象站为参证气象站，则此节省略)。

(9)评估结论和建议

对风电场风能资源量及分布变化规律，切变指数强弱、湍流强度等级、50 年一遇最大风速和极大风速及其他风况参数进行简要评述，根据资源量、现有风电技术水平和投资水平，初步判断风电场是否具备工程开发价值。

如果判断风电场具备工程开发价值，对风电场给出开发区域的建议，并对风机安全等级提出初步推荐意见。

分析风电场可能会遇到的气象灾害影响，并提出相应的措施建议。

7.3 太阳能资源开发利用

7.3.1 云南省太阳能资源概况

7.3.1.1 云南省太阳能资源储量

太阳能理论总储量是指给定区域内到达地面的、不考虑是否能够开发利用、不考虑可利用率的水平面太阳总辐射年总量。

云南省太阳能资源丰富。根据 2016 年编制完成的《云南省太阳能资源区划》，通过全省太阳总辐射观测资料对太阳能资源进行了推算，得到全省年太阳能资源理论总储量约为 577.25 万亿 kW·h，相当于每年可获得 1847 亿吨标准煤储量，不同资源等级下的资源量见表 7.14。

表 7.14 不同等级云南省太阳能资源理论总储量

等级	占全省总面积(%)	年总辐射量(万亿 kW·h)
A	3.2	21.62
B	78.0	462.24
C	16.5	82.66
D	2.3	8.73
合计	100	577.25

太阳能的开发利用不但与可利用资源的面积、地形地貌、下垫面等因素有关,也受到开发技术和经济条件的限制。例如太阳辐射的转换率、太阳能资源开发的成本和效益等都受到技术水平制约。除不可利用的区域(如远离人居的高山、水体、森林、农田等)以外,资源较差区域的经济效益也是需要考虑的因素。因此,太阳能资源的技术开发量远比理论储量低。

近年来,随着开发技术水平的提高,太阳能资源的开发利用无论从应用领域、开发总量、经济效益上都有较大幅度提高。

7.3.1.2 总辐射时空分布特征

云南省各地太阳总辐射年辐照量在 905～1800 kW·h/m²,除滇西北边缘地区以外,大致呈西高东低的分布。太阳总辐射年辐照量最大值出现在滇西和滇西北南部的大理、丽江、楚雄、保山等州市,可达 1750 kW·h/m² 以上;最小值出现在滇东北的昭通市,在 950 kW·h/m² 以下,其次是怒江州西北边缘地区,在 1050 kW·h/m² 以下。

全省绝大部分地区太阳总辐射年辐照量处于 1400～1750 kW·h/m²,这一区域均具有较好的开发价值(图 7.4)。

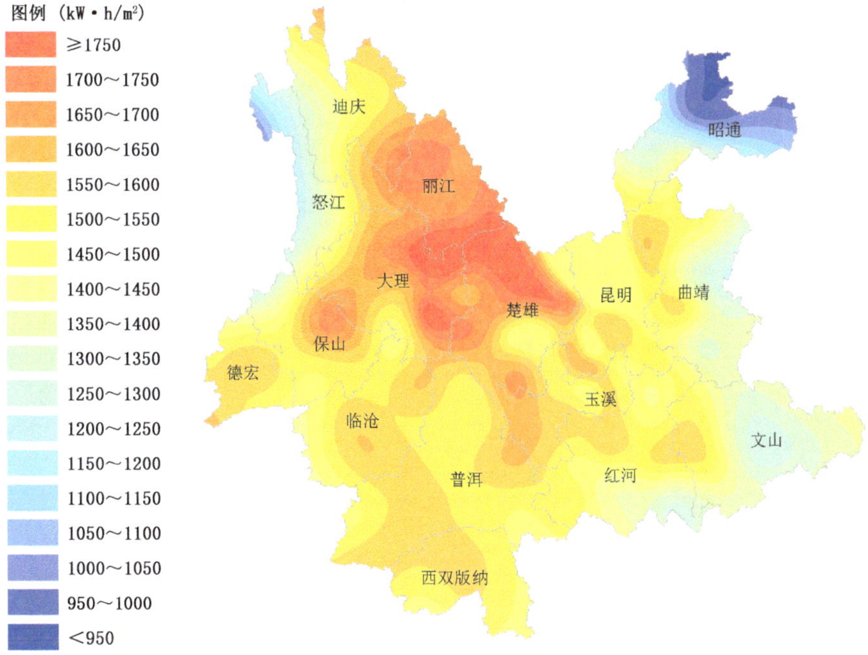

图 7.4 云南省年太阳总辐射分布图

全省太阳总辐射辐照量呈春大冬小的季节分布。最大值出现在春季，其次是夏季和秋季，冬季最小。

从月值变化上看，最大值出现在5月，其次是4月和3月，在141～152 kW·h/m²；最小值出现在12月，其次是11月和1月，在101～109 kW·h/m²。最大月和最小月总辐射的比值为1.52倍，变化相对平缓(图7.5)。

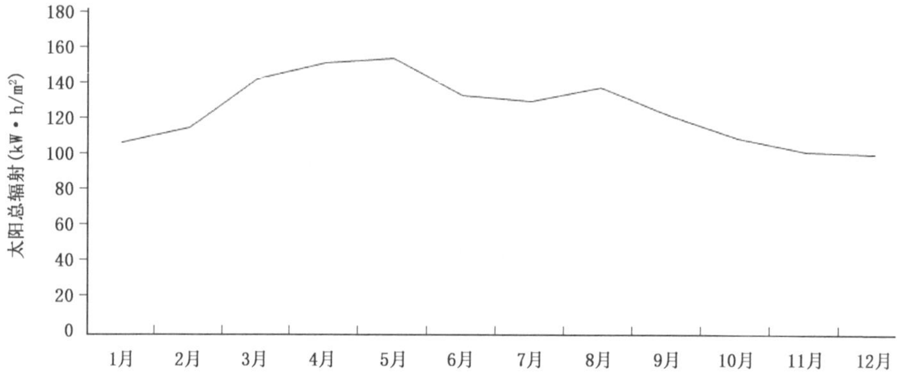

图7.5　云南省年太阳总辐射年内变化图

从理论上讲，太阳射向地面的辐射在夏季最强，但到达地面的太阳辐射受到天空状况的影响。云南省干湿季分明，冬春季晴朗而夏秋季阴雨寡照，到达地面的太阳辐射在夏秋季受到较大影响而减弱，因此云南省太阳辐射最强时期并不出现在夏季。

7.3.2　光伏电站太阳能资源评估

7.3.2.1　技术流程

光伏电站太阳能资源评估应以拟选站址的太阳能资源观测数据为基础，开展光伏电站太阳能资源评估应当在场址开展太阳能资源观测并取得完整一年以上的观测资料。其技术流程主要分为观测数据处理、资源评估和报告编制三个步骤(图7.6)。其中观测数据处理包括数据检验和数据订正，资源评估包括参数计算和资源分析。

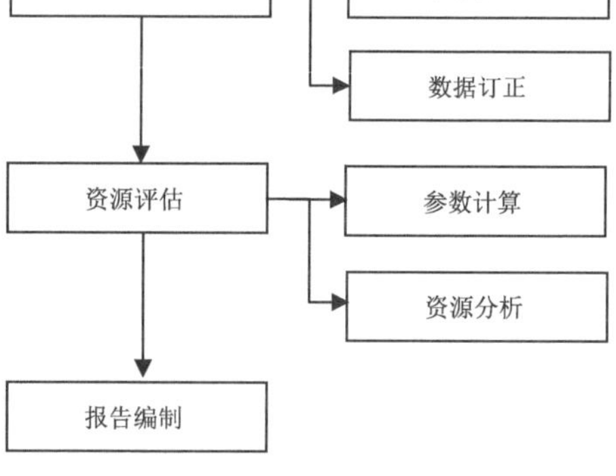

图7.6　光伏电站太阳能资源评估技术流程

7.3.2.2 观测数据处理

7.3.2.2.1 数据检验

完整性检验包括数量及时间顺序检验，即数据的数量应等于预期记录的数据数量，数据的时间顺序应符合预期的开始、结束时间，中间应连续。

值域合理性检验即判断测量数据取值是否在合理范围之内。在云南省范围内检验的判别标准是：总辐射量应在 0～1400 W/m^2，1 小时内日照时数应在 0～1。

根据以上两项检验的结果，得到观测数据在观测年内的有效数据完整率。

7.3.2.2.2 数据订正

(1)参证站选择

由于太阳辐射量与日照时间年际变化较大，现场仅有一年的观测资料，有必要根据附近气象站的长期观测资料，将检验后的原始观测数据订正为一套反映长期平均水平的代表性数据。

参证站的选取需要从以下几个方面综合考虑：

①距离电站场址较近的气象站；

②最近十年没有搬迁的气象站；

③最近十年观测环境未受到较大破坏的气象站；

④气候类型与电站场址类似的气象站。

(2)数据订正

确定候选气象站后，使用电站逐日日照时数与候选气象站同期逐日日照时数进行相关分析，选取相关性最好的气象站作为数据订正的参证站。

数据订正方法具体过程如下：

①先求出参证站近 30 年逐日的 5 日滑动平均日照时数；

②计算观测时段参证站的逐日日照时数；

③求解观测时段内，观测点与对应时段参证站日照时数的一元一次回归方程，形如 $y=ax+b$，其中 x 为参证站逐日日照时数序列，y 为观测点逐日日照时数序列；

④求解观测点观测时段内，12 个月逐日日照时数与总辐射的一元一次拟合方程，形如 $y=ax+b$，其中 x 序列为观测点逐日日照时数，y 序列为观测点逐日总辐射，共获得 12 个方程；

⑤将参证站逐日的 5 日滑动平均日照时数代入第③步所求得的方程，可得到观测点多年平均的逐日日照时数。

⑥将观测点多年平均的逐日日照时数代入第④步所求得的方程，可得到观测点多年平均逐日太阳总辐射。

7.3.2.3 资源评估

7.3.2.3.1 总辐射与日照时数年内变化

分析电站总辐射曝辐量各月的变化规律，分析总辐射曝辐量最高值、最低值出现时间，总结月太阳总辐射曝辐量年内变化特征，分析总辐射曝辐量最大月与最小月的比值关系；分析电站日照时数各月的变化规律，分析日照时数最高值、最低值出现时间，总结月日照时数年内变化特征，分析日照时数最大月与最小月的比值关系。

7.3.2.3.2 总辐射与日照时数日内变化

分析电站总辐射辐照度在零值以上的出现时间，总辐射辐照度最大值出现时间及阈值范围;分析电站日照时数在零值以上的出现时间,日照时数最大值出现时间及阈值范围。

7.3.2.3.3 总辐射辐照度分布

以能量大于等于 50 W/m² 为下限值,定义为有效能量区间。以 50 W/m² 为一个级差区间,统计总辐射辐照度在不同区间出现的小时数及其在全年总能量中所占比率。

7.3.2.3.4 资源等级

采用全年总辐射资源量,根据《太阳能资源等级 总辐射》(GB/T 31155—2014)给出的等级(表 7.14)划分太阳能资源水平。

7.3.2.3.5 稳定度等级

根据《太阳能资源等级 总辐射》(GB/T 31155—2014),采用全年中月总辐射的最小值与最大值的比值表征总辐射年内变化的稳定程度,可判定太阳能能源是否稳定输出,其等级判断见表 7.15(表中,R_W表示稳定度)。

表 7.15 太阳总辐射稳定度等级表

等级	符号	分级阈值
稳定	A	$R_W \geq 0.47$
较稳定	B	$0.36 \leq R_W < 0.47$
一般	C	$0.28 \leq R_W < 0.36$
不稳定	D	$R_W < 0.28$

7.3.2.4 报告编制模板及内容

(1)前言

前言部分包括项目概况、报告编制依据和规范等。

(2)场址气象条件

1)气候特征及主要气象要素的时空分布特征

包括项目所在区域的气候背景、场址周边气象站气象要素分析、气象条件对电站建设的可能影响等。

2)场址所在区域太阳能资源分布

场址所在区域(省或市)太阳能资源的分布及特征。

(3)场址太阳能观测概况

场址内所建太阳能观测站所采用的观测设备及型号、观测要素、观测的起始时间等。

(4)数据处理

1)数据检验

数据的完整性检验、值域合理性检验,并根据检验结果给出观测数据在观测年内的有效数据完整率。

2)数据订正

参证站的选择及选定参证站的基本情况。

订正方法和订正结果。

(5)资源评估

1)年内变化

总辐射、直接辐射和日照时数年内变化分析结果。

2)日内变化

总辐射、直接辐射和日照时数日内变化分析结果。

3)区间分布

给出总辐射辐照度分布分析结果。

4)资源等级

参照相关标准给出场址太阳能资源等级。

5)资源稳定度

参照相关标准给出场址稳定度等级。

6)保证率

参照相关标准给出场址年际保证率等级。

(6)气象站相关要素分析

1)相邻气象站

距场址最近气象站的日照时数和太阳辐射(如有)观测值的年际变化和年内变化分析。

2)参证站

参证气象站的日照时数和太阳辐射(如有)观测值的年际变化和年内变化分析。

(7)评估结论及建议

初步判定是否具备开发价值,给出气象条件对光伏电站可能产生的影响。

7.4 气候可行性论证

气候可行性论证是指对与气候条件密切相关的规划和建设项目进行气候适宜性、风险性以及可能对局地气候产生影响的分析、评估活动。1999 年 10 月 31 日颁布的《中华人民共和国气象法》第三十四条确立了气候可行性论证工作的法律地位;2008 年 11 月 25 日颁布的《气候可行性论证管理办法》规定了气候可行性论证工作的实施主体、工作范围、基本内容等;2018 年 12 月 12 日颁布的《气候可行性论证规范 总则》(QX/T 469—2018)规定了气候可行性论证的工作流程、方案编制、资料收集、资料处理、论证方法、报告编制等内容。

7.4.1 论证范围

按照《气候可行性论证管理办法》,下列与气候条件密切相关的规划和建设项目应当进行气候可行性论证:

①城乡规划、重点领域或者区域发展建设规划;

②重大基础设施、公共工程和大型工程建设项目;

③重大区域性经济开发、区域农(牧)业结构调整建设项目;

④太阳能、风能等气候资源开发利用建设项目;

⑤其他依法应当进行气候可行性论证的规划和建设项目。

7.4.2 工作流程

云南省气候可行性论证工作流程如图 7.7 所示。

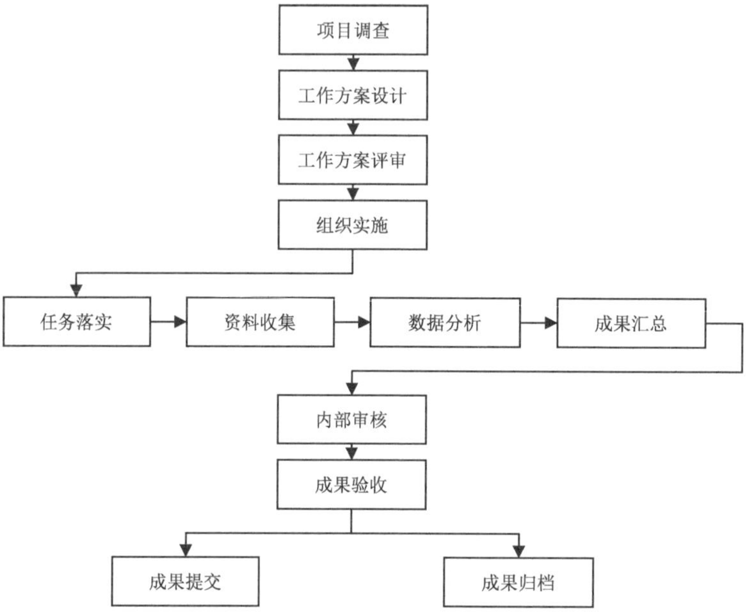

图 7.7　云南省气候可行性论证工作流程

7.4.2.1　项目调查

开展气候可行性论证之前，应当对项目的规划或建设内容和规模进行现场调查，实地查看项目的地理、气候环境，以及项目地址周边的规划和建设情况。

7.4.2.2　工作方案设计及评审

编制详细的实施方案，明确任务来源、法规文件、技术规范，制定技术方案、技术路线、时效进度、考核目标等，并制定报告编制大纲。实施方案和编制大纲应交专家组评审，并根据专家意见进行修改，通过以后付诸实施。

7.4.2.3　组织实施

7.4.2.3.1　任务落实

明确技术负责人，由技术负责人按照既定方案和编制大纲组建技术组，分工负责数据处理、分析计算、报告编制等工作。

7.4.2.3.2　资料收集

根据项目需求收集与项目有关的气象资料、灾害资料。

在下列情况之一的条件下，应当按照相关规范在项目区建设气象观测站开展气象观测，并对数据进行验证处理，获得工程所需的资料（QX/T 449—2018）。

①项目区周边无气象观测站；

②周边邻近气象观测站观测环境差异较大；

③邻近常规气象观测站缺乏对项目敏感的观测要素（如辐射、高层风等）；

④其他特殊需要。

7.4.2.3.3　数据分析

在完成资料收集及处理以后，按照工作方案对所获得的资料进行分析计算，获得所需要的结论。

7.4.2.3.4 成果汇总

将数据分析得到的结果进行汇总，按照报告编制大纲的要求完成报告的内审稿。

7.4.2.4 内部审核

内审稿先交技术组进行讨论和审查，主要审查内容包括资料的代表性和可靠性、技术方法的可行性、内容的完整性和结论的合理性等。

审查完成后交由技术总负责人审核把关，报告经修改完善后形成送审稿。

7.4.2.5 成果验收

对送审稿应进行评审验收。

评审验收一般由气象主管机构的科技管理机构组织，邀请有关专家(含委托方专家)组成评审专家组评审。重大项目或者委托方有明确要求的，应由委托方组织评审。

技术组应根据评审验收专家提出的意见和建议对报告进行修改完善，形成报告的最终稿。

7.4.2.6 成果提交及归档

按委托方的要求提交报告，并按要求对项目所有相关的文件、资料等做好归档。

7.4.3 技术路线

云南省气候可行性论证技术路线如图7.8所示，分为方案设计、资料收集、数据分析、成果汇总四大部分。

7.4.3.1 方案设计

根据项目所属的行业类型及场址状况确定需要分析的关键气象因子、高影响天气及主要工程气象设计参数等。常见的气候可行性论证行业有：交通运输、能源工程、石油化工、市政建设、城乡规划(QX/T 426—2018)。

7.4.3.1.1 交通运输

具体行业：公路、桥梁、铁路、机场、码头、航运等。

主要工程气象设计参数：气象灾害阈值、抗风参数、湍流参数、采暖通风气象参数、设计基准风速等。

选取气象要素：气温、降水、风向风速、能见度、天气现象、积雪等。

高影响天气事件：高温、雷电、强降水、大雾、强风、强冷空气等。

7.4.3.1.2 能源工程

具体行业：电网工程、核电工程、水电工程、风能、太阳能工程、火电工程等。

主要工程气象设计参数：资源评估参数、抗风参数、抗冰参数、气象灾害阈值等。

选取气象要素：气温、降水、日照、风向风速、能见度、天气现象、湿球温度等。

高影响天气事件：高温、强降水、大雾、雷电、强风、强冷空气、冰冻、覆冰等。

7.4.3.1.3 石油化工

具体行业：石油开采、炼油炼化、油气储运、化工生产等。

主要工程气象设计参数：大气扩散能力、采暖通风气象参数、抗风参数、污染系数等。

选取气象要素：气温、降水、风向风速、能见度、天气现象等。

高影响天气事件：高温、强降水、强冷空气、雾、霾、强风、雷电、强逆温天气、静稳天气等。

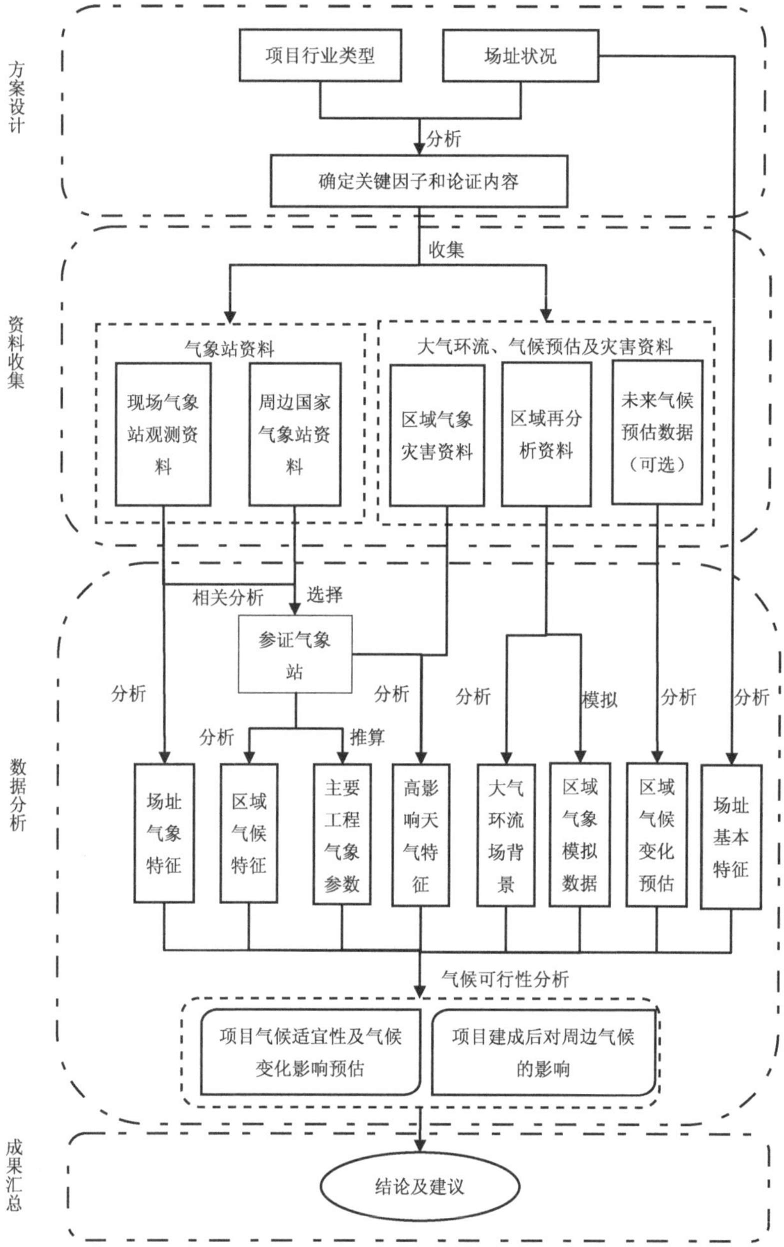

图 7.8　云南省气候可行性论证技术流程

7.4.3.1.4　市政建设

具体行业：重大市政建筑设施、地铁、供电、供暖、住宅小区环境等。

主要工程气象设计参数：采暖通风气象参数、抗风参数、污染系数、人体舒适度等。

选取气象要素：气温、降水、相对湿度、风向风速、天气现象、日照等。

高影响天气事件：高温、强降水、雾、霾、强风、冰冻、雷电等。

7.4.3.1.5　城乡规划

具体行业：区域功能区规划、城乡布局、城乡道路与设施、园区、重大工程建设项目规划等。

主要工程气象设计参数:城市效应、城市气候扩散能力、年径流总量控制率、设计降雨量、污染系数等。

选取气象要素:气温、降水、相对湿度、风向风速、能见度、天气现象、日照等。

高影响天气事件:高温、强降水、大雾、强风、冰冻、霾、雷电、干旱等

7.4.3.2 资料收集

主要收集场址周边大气环流资料、未来气候预测资料、气象灾害资料及气象站资料。

7.4.3.2.1 气象站资料

包括场址周边国家气象站资料和现场专有气象站资料,周边国家气象站资料除了收集项目所需的气象要素外,还要收集其位置、历史沿革、与项目的距离、方位等信息以便确定参证气象站。现场专有气象站为获取场址区域气象特征专门设立的临时气象站,观测周期不少于一个完整年,如果场址距离国家气象站距离较近,且地形、海拔、周围环境特征相似,也可以不用单独建设,直接视国家气象站数据为场址数据。

7.4.3.2.2 场址周边大气环流状况

用美国国家气象局或者欧洲中期天气预报中心发布的再分析资料进行分析,再分析资料是利用资料同化技术把多种类、多来源的观测资料与数值模式产品进行融合和最优集成制作出的气象客观分析资料,具有时间尺度长(一般都有30年以上的资料)、覆盖范围广(一般为全球)的特点,是分析大尺度环流的较好选择。

7.4.3.2.3 项目所在区域的灾害资料和气候变化预估资料

包括灾害种类、发生频率、影响范围、灾害损失、灾害个例等,是分析高影响天气事件的主要依据。未来气候变化预估资料是以气候模式为基础,针对多种温室气体排放情景,推算得到具有物理意义的未来气候预估数据。该数据可以用来预估未来气候变化的趋势和特点,但由于气候模式的物理模型不够完备、排放情景为人为设定,因此,预测数据具有一定的不确定性。

7.4.3.3 数据分析

首先根据周边国家气象站及现场气象站的资料选择参证站气象站,然后根据参证站资料、现场气象站资料、所在区域气象灾害资料、周边区域再分析资料及未来气候变化预估资料,分析、计算、模拟获得大气环流背景、区域气候特征、场址状况、场址气象特征、工程气象参数、高影响天气特征、场址气象要素数值模拟及区域气候变化预估结果,在以上分析的基础上进一步分析气候对工程的适宜性及工程对局地气候环境的影响(QX/T 457—2018;QX/T 423—2018)。

7.4.3.3.1 参证站选取

应优先选用距离较近、具有类似气候特征的国家气象观测站作为参证气象站,若没有符合条件的气象站,可考虑用其他气象站代替,但应在基础建设、观测仪器选型和安装、观测方法等方面符合相关气象观测标准,且其观测资料经过严格审核。如设有专有气象站,则应选取与专用气象站的关键气象因子相关性好的气象站作为参证气象站。工程气象参数中设计重现期计算时,应优先选取资料长度不少于30年且观测时段连续的气象站作为参证气象站。可针对影响规划和建设项目的关键气象因子代表性,选择一个或多个参证气象站。

7.4.3.3.2 大气环流背景

分析场址周边春、夏、秋、冬四季水平、垂直环流场的特征,并分析影响该区域的主要天气

系统。

7.4.3.3.3　区域气候特征

分析参证气象站气温、气压、相对湿度、日照时数、云量、能见度、风等要素的时空分布特征。

7.4.3.3.4　场址基本状况

分析场址地形、海拔、周围环境特征等概况。

7.4.3.3.5　场址气象特征

分析现场专用气象站观测期间气象要素特征及极端天气事件。

7.4.3.3.6　场址区域气象要素数值模拟

在一定的控制条件下，利用适宜的数值模式，模拟项目所在区域的气象条件及其变化情况。通过数值模拟，可以获得项目所在区域内高精度的格点气象要素分布，对规划和建设项目具有较好的指导意义。模拟时段一般为与现场专有气象站观测时间同步的 1 年，也可根据需要只模拟代表冬、春、夏、秋的 1 月、4 月、7 月、10 月四个典型月。

7.4.3.3.7　高影响天气特征

分析干旱、暴雨、低温、冰冻、大风、冰雹、雪、雷暴、低能见度等高影响天气的变化规律、出现频率及强度特性，对项目敏感性较高的极端气候事件分析其发生概率和重现期。

7.4.3.3.8　主要工程气象参数

计算用于项目工程设计的气象特征值，如：抗风参数、湍流参数、人体舒适度等。

7.4.3.3.9　区域气候变化预估

应用气候预测数据预估场址所在区域未来若干年气温、降水和极端气候事件的变化趋势(应当说明气候变化预估的不确定性)。

7.4.3.3.10　项目气候适宜性及气候变化影响预估

综合以上分析来确定项目的气候适宜性和风险性。通过气候变化预估分析未来气候对项目产生的影响。

7.4.3.3.11　项目建成后对局地气候环境的影响

分析工程类型、规模及场址状况，并结合场址气候状况，分析工程建成后对局地小气候的影响。

7.4.3.4　成果汇总

将各种计算、模拟、分析的结果汇总给出项目气候可行性论证结论、不确定性和建议。

7.4.4　报告编制模板及内容

(1)概况

1)项目概况

简述论证项目的基本情况，包括项目背景、建设的内容和规模、建设的时间和地点、项目对气候的敏感性等内容。给出项目地址位置示意图。简述项目所在地的行政区划、地理环境、地形条件。如果项目涉及其他敏感因素，应具体分析。

2)任务和依据

介绍论证任务的内容、开展论证所依据的相关标准、规范、规程和方法。

(2)资料

介绍论证报告所采用的基础资料来源及其代表性、可靠性。

①如果采用国家气象观测站资料，应给出气象站址的地理位置、海拔高度、观测环境等，以说明这些气象站资料具有代表性和可靠性。

②如果采用通过现场探测所取得的资料，应当对探测仪器、探测方法和探测环境进行说明。

(3)项目所在区域的气候背景分析

1)项目所在区域的气候背景

采用综述的方法分析项目所在区域的气候背景。

2)主要气象要素的时空分布特征

包括与项目较敏感的气象要素的日变化、年内变化、年际和年代际变化特征和规律，应采用图、表等形式开展分析。

为了解周边一定范围内的气象条件，应在项目周边选择若干气象观测站点开展分析，以突出气象要素的区域特征。

3)极端天气气候事件出现概率

包括干旱、暴雨、低温、冰冻、大风、冰雹、雪、雷暴、低能见度等气象灾害或极端气候事件的分析，对项目敏感性较高的极端气候事件应当分析其发生概率和重现期。

4)气候变化预估

根据项目建设方的要求，可对未来若干年内气温、降水量和极端气候事件的可能趋势开展预估分析，但在分析结果之后，应当说明气候变化预估的不确定性。

(4)气候适宜性、风险性评估

1)主要气象要素对项目的影响评估

主要气候要素的变化是否会对项目产生影响，影响程度如何，可采取防范的措施等。

2)气象灾害和极端气候事件风险评估

气象灾害和极端气候事件是否会对项目产生非常不利的影响，影响程度如何，可采取防范的措施等，应针对极端气候事件的重现期重点进行分析。

3)未来气候变化对项目的可能影响预估

未来若干年内气候要素和极端气候事件的趋势性变化可能会对项目产生的影响程度分析等。

4)项目对局地气候的可能产生影响评估

分析项目对当地气候可能会产生的影响，或者从气候条件的角度分析项目对当地生产或生活可能造成的影响。

(5)预防或者减轻影响的对策和建议

给出项目可行或不可行的结论性建议。

如果项目可行，应给出预防或者减轻气候条件对项目的可能影响，以及项目对局地气候的可能影响的对策和建议。

(6)论证结论和适用性说明

说明结论的适用性，包括在项目发生变化时可能产生结论不一致的说明。

(7)其他有关内容

7.4.5 常用工程参数计算方法

在开展气候服务中，常常会遇到一些工程参数的计算问题。本节给出了常见的参数计算方法。

7.4.5.1 给定重现期气候极值的推算

许多气象灾害是由极端气候事件所产生，如五十年一遇的暴雨、百年一遇的特大干旱等，这些气象灾害的特点是出现周期长，发生的概率小，一旦发生则可能造成巨大损失。例如在城市建设中需要考虑极端强降水可能造成灾害、风电场建设需要考虑抗极大风速等。因此在工程设计中，就需要推算这些事件可能出现的气候极值。

重现期是指在一定统计期间内，某气象要素出现大于或等于某一极端值的平均间隔时间，为出现该极端值发生频率的倒数，通俗的来讲就是这一极端值多少年出现一次。例如某气候要素的极大值 X_p，如果其大于或等于 X_p 的事件平均每 N 年出现一次，则 X_p 的重现期就是 N 年，该事件出现的频率为 $P=1/N$。

需要特别指出的是，所谓“重现期”并不是说正好多少年中出现一次，它带有统计平均的意义，不能机械地把它看成多少年内一定出现一次，也不能理解为多少年内只出现一次。

对于重现期的推算，有多种方法，包括经验方法和概率分布模型，可以根据实际情况采用不同的方法。本书介绍理论概率模型方法，包括在气象上常用的 Pearson-Ⅲ(P-Ⅲ)概率分布和极值Ⅰ型(Gumbel)分布方法(QX/T 529—2019)。

7.4.5.1.1 Pearson-Ⅲ概率分布方法

Pearson-Ⅲ概率分布具有广泛的概括和模拟能力，在气象上常用来拟合年、月最大日雨量等极值分布。

Pearson-Ⅲ概率分布概率密度函数和保证率分布函数分别为：

$$f(x)=\frac{\beta^{\alpha}}{\Gamma(\alpha)}(x-x_0)^{\alpha-1}e^{-\beta(x-x_0)} \qquad (\alpha>0, x\geqslant x_0) \tag{7.20}$$

和

$$P(x\geqslant x_p)=\frac{\beta^{\alpha}}{\Gamma(\alpha)}\int_p^{\infty}(x-x_0)^{\alpha-1}\mathrm{e}^{-\beta(x-x_0)}\mathrm{d}x \tag{7.21}$$

式中，参数 x_0 为随机变量 x 所能取的最小值；α 称为开关参数；β 为尺度参数；$\Gamma(\alpha)$是 α 的伽玛函数。由矩法原理，三个参数可分别用下式计算：

$$\alpha=\frac{4}{c_s^2} \tag{7.22}$$

$$\beta=\frac{2}{\sigma c_s} \tag{7.23}$$

$$x_0=m(1-\frac{2c_v}{c_s}) \tag{7.24}$$

式中，m 为数学期望；σ 为均方差；c_s 为偏态系数；c_v 为变差系数。这些数字的特征估计量分别为：

$$\hat{m}=\overline{x}=\frac{1}{n}\sum_{i=1}^{n}x_i \tag{7.25}$$

$$\hat{\sigma} = s = \sqrt{\frac{1}{n}\sum_{i=1}^{n}(x_i - \overline{x})^2} \tag{7.26}$$

$$\hat{c}_v = \frac{\hat{\sigma}}{\hat{m}} = \frac{s}{\overline{x}} \tag{7.27}$$

$$\hat{c}_s = \frac{\frac{1}{n}\sum_{i=1}^{n}(x_i - \overline{x})^3}{\left[\frac{1}{n}\sum_{i=1}^{n}(x_i - \overline{x})^2\right]^{\frac{3}{2}}} \tag{7.28}$$

以上各统计量中，偏态系数 $\hat{c}_s$ 含有三阶样本矩，故抽样误差较大，样本实测值 $\hat{c}_s$ 与真值 c_s 之间可能会有较大误差，常需要对按拟合的线型进行验证及对估计参数 $\hat{c}_v$、$\hat{c}_s$ 值作适当调整，以获得理想的分布曲线。

7.4.5.1.2 极值Ⅰ型(Gumbel)分布

极值Ⅰ型分布亦具有较广泛的应用，在推算极大风速和要素的极小值时应用较为普遍。

极值Ⅰ型分布函数为

$$F(x_p) = P(X < x_p) = e^{-e^{-a(x_p-b)}} \tag{7.29}$$

式中，a 为尺度参数，与均方差成反比；b 为位置参数，反映频率 x 分布集中在数轴上的位置。它们与平均值 $\overline{x}$ 和均方差 S 的关系是：

$$a = \frac{\pi}{S\sqrt{6}} \tag{7.30}$$

$$b = \overline{x} - 0.5772\frac{\sqrt{6}}{\pi}S \tag{7.31}$$

工程设计要求的极值 $x \geqslant x_p$ 的频率为：

$$P = P(x \geqslant x_p) = 1 - P(x < x_p) = 1 - F(x_p) = 1 - e^{-e^{-a(x_p-b)}} \tag{7.32}$$

通过求解可得概率为 p 的极大值

$$x_p = -\frac{1}{a}\ln[-\ln(1-p)] + b \tag{7.33}$$

实际应用中，对于一组样本序列$\{x_1, x_2, \cdots, x_n\}$，先用式(7.30)和式(7.31)求出 a、b 值，再根据式(7.32)求算给定重现期概率的最大值。例如，求取50年一遇极大值时，取 $p=1/50=0.02$。

对于极小值，可对原样本序列加负号，再采求算极大值的办法获取。

7.4.5.2 风速随高度的变化

近地面层风速一般随高度的增加而变大，风速在接近地面处减小主要是由于地面障碍物(地表粗糙度)引起的摩擦而产生。一般情况下，风速随高度的变化可采用下列指数经验公式估算(QX/T 436—2018；GB 50009—2012)：

$$v = v_1\left(\frac{h}{h_1}\right)^{\alpha} \tag{7.34}$$

式中，v 为距地面高度为 h 处的风速(m/s)；v_1 为高度 h_1 处的风速(m/s)；α 为风切变指数，系经验指数，其大小反映了风速随高度增加的快慢，其值主要取决于地面粗糙度：粗糙的表面易形成湍流，近地面层风速随高度变化较光滑的表面小，α 值较大。

我国建筑结构荷载规范将 α 值分为四类，如表7.16。实际应用中，在无实际观测资料时可根据不同地表取值。

表 7.16　不同地面的粗糙度

分类	α 值	描述
A	0.12	近海面、海岛、海岸、湖岸及沙滩地区
B	0.15	田野、乡村、丛林、丘陵及房屋比较稀疏的乡镇和城市郊区
C	0.22	有密集建筑群的城市市区
D	0.30	有密集建筑群且房屋较高的城市市区

如果有不同层次的同期观测记录，应采用观测层的观测资料求取 α 值，再推算无观测层的风速。α 值可用下式求算：

$$\alpha = \frac{\lg(v_2/v_1)}{\lg(z_2/z_1)} \tag{7.35}$$

式中，v_2、v_1 分别为 z_2、z_1 高度层的风速。

在实际应用中，如果有两个层次的风速观测记录，就可求出风切变指数，从而换算出其他高度层的风速。

7.4.5.3　风压计算

风压是物体在垂直于气流流向的单位面积上所受到的压力，对于建筑物工程设计而言，关系到安全性与经济性的平衡，因而十分重要。

风压计算如下(QX/T 436—2018)：

$$w = 1/2\ \rho v^2 \tag{7.36}$$

式中，w 为风压(kN/m^2)，ρ 为空气密度(t/m^3)，v 为风速(m/s)。

在观测现场有气温、气压、水汽压记录的情况下，空气密度 ρ 计算如下：

$$\rho = 0.001276/(1+0.00366t)\ ((p-0.378e)/1000) \tag{7.37}$$

式中，p 为平均大气压(hPa)，e 为平均水气压(hPa)，t 为平均气温(℃)。

在观测现场仅有气温、气压记录的情况下，空气密度 ρ 计算如下：

$$\rho = P/RT$$

式中，ρ 为空气密度(kg/m^3)，P 为平均大气压(Pa)，R 为气体常数(287 J/kg・K)，T 为平均气温(K)。

计算不同高度的风压需采用对应高度的空气密度，空气密度向不同高度推算见下式：

$$\rho_z = \rho_h\, e^{(-0.0001(z-h))} \tag{7.39}$$

式中，ρ_z 为海拔高度为 z 处的空气密度(t/m^3)，ρ_h 为温度、气压等传感器安装高度处的空气密度(t/m^3)，z 为需要推算空气密度的海拔高度(m)，h 为温度、气压等传感器安装处的海拔高度(m)。

7.4.5.4　污染系数

污染系数直观地反映一个地区的风向风速联合作用对空气污染物的扩散影响，不同方向的污染系数不同，其大小表示该方向空气污染的轻重不同。考虑风对污染物浓度影响时，一般用污染系数来表示(谢善驹，1996)：

$$P = f/u \tag{7.40}$$

式中，f 为风向频率；u 为该风向的平均风速(m/s)。

在静风频率较高地区，其污染系数为：

$$P_i = N f_i u / u_i + u f_0 / 0.75 \tag{7.41}$$

式中，N 为风向方位值；f_i 为 i 方向风向频率；f_0 为静风频率；u_i 为 i 方位风向的平均风速（m/s）；u 为多年平均风速（m/s）。

7.4.5.5　人体舒适度

人体对外界气象环境的变化有着灵敏的主观感觉，在一定条件下，以皮肤的温度、出汗量、热感和人体生理机能调节系统所承受的负荷，来确定此地是否气候宜人，是比较科学的一种评价方法。目前，衡量小气候对人体生理机能影响的主要生物气象指标有：用以综合评价在热应力区气温和相对湿度共同作用下人体热负荷的温湿指数（Temperature-Humidity Index，THI）；用来衡量在冷应力区皮肤温度为 33℃时，在风速和环境温度作用下，皮肤表面热量交换的风寒指数（Wind-Chill Index，WCI）；以及根据人类机体与大气环境之间热交换制定的评价在不同气候条件下人体舒适感的人体舒适度气象指数（Body Comfort Meteorology Index，BCMI）。

7.4.5.5.1　温湿指数

在国际上，温湿指数是衡量较高温度气候状况下，人体承受的热负荷的状况。根据《人居环境气候舒适度评价》（GB/T 27963—2011）之规定，温湿指数对人体舒适度进行计算的公式如下：

$$THI = T - 0.55 \times (1 - RH) \times (T - 14.4) \tag{7.42}$$

式中，THI 为温湿指数；T 为某一评估时段的平均气温（℃）；RH 为某一评估时段的空气相对湿度（%），计算时以分数表示，如 50%则以 0.5 代入。

THI 对应的等级范围和意义见表 7.17，主要用于对夏季人居气候舒适度的评价。

表 7.17　温湿指数（*THI*）等级划分表

等级	温湿指数	感觉程度	健康人群感觉的描述
1	≤14.0	寒冷	感觉很冷，不舒服
2	14.0～16.9	冷	偏冷，较不舒服
3	17.0～25.4	舒适	感觉舒适
4	25.5～27.5	热	有热感，较不舒服
5	>27.5	闷热	闷热难受，不舒服

7.4.5.5.2　风寒指数

衡量人体对室外寒冷环境的适应性通常用风寒指数，其计算采用 Siple_passle 1941 年在南极实验时建立的风寒指数公式：

$$WCI = (33 - T) \times (10.45 + 10\sqrt{V} - V) \tag{7.43}$$

式中，WCI 为风寒指数；T 为某一评估时段的平均气温（℃）；V 为某一评估时段的平均风速（m/s）。

WCI 对应的范围见表 7.18，主要用于对冬季人居气候舒适度的评价。

表 7.18　风寒指数(*WCI*)等级划分表

等级	风寒指数	人体感觉程度
A	≤400	舒适
B	401～650	凉
C	651～800	很凉
D	801～1000	冷
E	1001～1200	很冷
F	1201～1400	极度寒冷
G	>1400	有冻伤危险

7.4.5.5.3　人体舒适度气象指数

人体舒适度气象指数是从气象角度来评价在不同气候条件下人的舒适感。一般而言，气温、气压、相对湿度、风速四个气象要素对人体感觉影响最大。国内目前普遍采用的人体舒适度气象指数(Body Comfort Meteorology Index)计算公式如下(刘梅等，2002；郭广等，2015)：

$$BCMI = (1.8TC + 32) - 0.55 \times (1 - RH) \times (1.8TC - 26) - 3.2\sqrt{V} \quad (7.44)$$

式中，TC 为评估时段平均气温，单位为摄氏度(℃)；RH 为评估时段空气相对湿度(%)，计算时以分数表示，如 50 % 则以 0.5 代入；V 为评估时段风速(m/s)。

$BCMI$ 为人体舒适度气象指数，为无单位量，对应的等级范围和描述见表 7.19。

表 7.19　人体舒适度气象指数(*BCMI*)等级划分表

等级	人体舒适度气象指数	体感
1	$BCMI \leqslant 25$	寒冷，感觉很不舒服，有冻伤危险
2	$25 < BCMI \leqslant 38$	冷，大部分人感觉不舒服
3	$38 < BCMI \leqslant 50$	凉，少部分人感觉不舒服
4	$50 < BCMI \leqslant 55$	凉爽，大部分人感觉舒服
5	$55 < BCMI \leqslant 70$	舒服，绝大部分人感觉很舒服
6	$70 < BCMI \leqslant 75$	暖和，大部分人感觉舒服
7	$75 < BCMI \leqslant 80$	热，少数人感觉很不舒服
8	$80 < BCMI \leqslant 85$	炎热，大部分人感觉很不舒服
9	$BCMI > 85$	酷热，感觉很不舒服

7.5　城市暴雨强度公式编制

高强度降水是造成城市内涝的主要外在原因，强降水频率的增大势必加大城市内涝的自然风险，而城市经济类型的多元化及资产的高密集性，加之部分城市排水防涝等基础设施建设滞后、调蓄雨洪和应急管理能力不足，致使城市的综合承灾能力更为脆弱，因此研究城市防洪排涝，科学、合理地规划设计城市排水系统是一项迫在眉睫的任务(陈正洪等，2007)。为落实国务院办公厅《关于做好城市排水防涝设施建设工作的通知》(国办发〔2013〕23号)要求,住房与城乡建设部与中国气象局签署合作框架协议,就联合开展城市暴雨强度公式修订、城市暴雨内涝预报预警和防治等合作工作内容达成一致,编制完成城市排水防涝设施建设规划,力争用5年时间完成排水管网的雨污分流改造,用10年左右的时间,建成较为完善的城市排水防涝工程体系。

7.5.1 业务内容

云南省城市暴雨公式编制业务,主要包括暴雨强度公式编制和原有暴雨公式适时修订两项。暴雨强度公式是计算暴雨地面径流和确定雨水沟渠设计流量的重要依据,是科学合理地制订城市排水工程规划和排水工程设计的基础,需凭借已有的自记雨量资料,通过相应的统计分析,以推测未来降雨强度的变化规律。它为市政建设、水务、规划等部门提供科学的理论依据和准确的设计参数。暴雨强度估算过大,将会导致排水排涝工程规模过大,造成不必要的浪费;反之,如果排水排涝工程达不到应有的标准,易造成水漫街道等内涝灾害,直接危害到经济建设和人们的生活。可见准确的城市暴雨强度公式直接关系到市政防洪工作的全局,是科学合理地规划设计城市排水系统的基础(周玉文等,2011;金家明,2010)。根据中华人民共和国国家标准《室外排水设计规范》GB 50014—2006(2014年版)规定,在进行城市排水工程设计时,设计雨水量应通过当地的暴雨强度公式进行计算,因此为适应气候趋势性变化,客观表达城市暴雨特征,提高城市室外排水工程规划设计的科学性,各地须编制和适时修订城市暴雨强度公式。

7.5.2 工作流程和技术规范

城市暴雨强度公式编制业务工作流程包括:数据处理、频率计算、公式编制、适用性分析及报告编制等(图7.9)。

7.5.2.1 数据处理

7.5.2.1.1 站点选择

(1)编制一个城市的暴雨强度公式,资料站点宜与暴雨强度公式站点一致。根据《气候可行性论证规范 资料收集》QX/T 426—2018规定,降雨资料的站点选择应满足区域代表性、历史数据连续性和一致性要求,首先应考虑选择当地国家气象站或区域气象站作为代表性站点。若研究区域内无国家气象站和区域气象站或已设站点不满足上述要求时,可考虑选择其他行业降雨观测站作为代表性站点或辅助站点,但应依据上述要求,对资料的可用性进行论证。

(2)选择站点的原始数据应具有随机性和独立性,不可采用数个站点的数据混合样本。城市地形地貌及降雨特征差异较大,并具备基础资料条件的城市,宜选择多个代表性站点编制当地不同区域的暴雨强度公式,以分别代表城市的不同区域特征。

(3)站点选择须满足资料年限长度要求,根据《室外排水设计规范》GB50014—2006(2014年版)的要求,暴雨强度公式编制采用的年最大值法基础资料的年限至少需要30年以上。通过降雨时间变化特征分析,合理选择资料年限,但需包括最近年份的降雨资料。如果选择站点在资料年限内发生迁址、雨量记录仪更换时,需对降雨资料的代表性和一致性进行论证和说明。

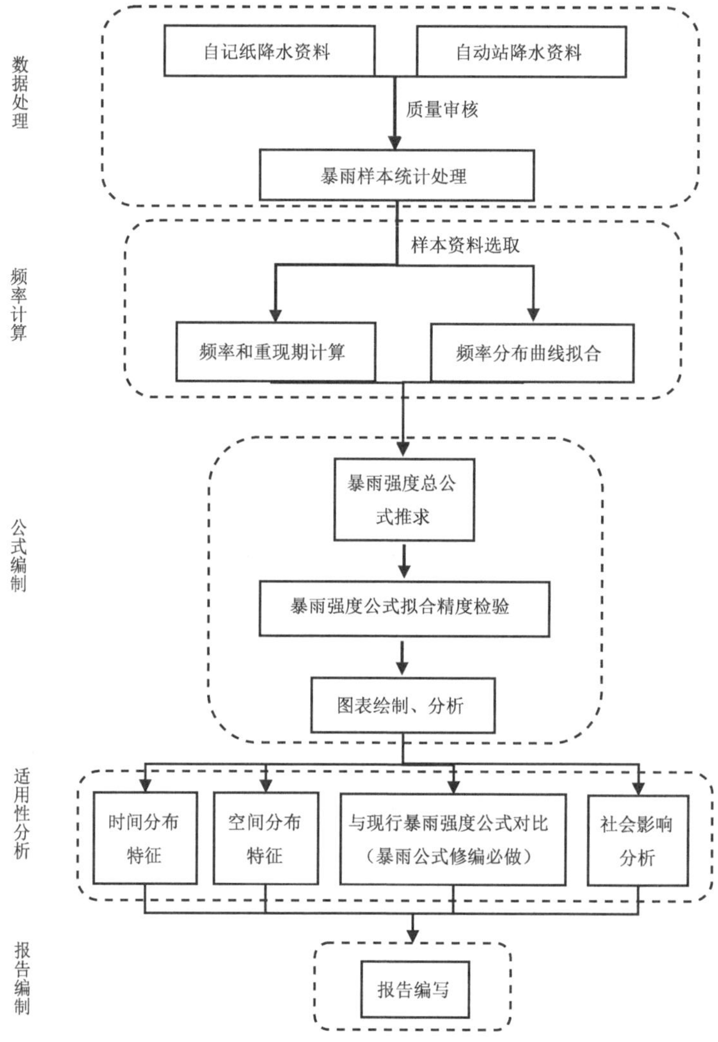

图 7.9　暴雨强度公式编制技术流程

7.5.2.1.2　原始资料

原始降雨资料宜采用逐分钟自动记录的基础数据，主要包括以自记纸形式记录的逐分钟降雨资料和现代自动气象站自动记录的逐分钟降雨资料。其中，虹吸式自记雨量计观测资料需用专业软件进行数字化处理，形成逐分钟降雨量，并经过人工审核或修正后，录入数据库，这部分工作推荐使用中国气象局组织编制的“降雨自记纸彩色扫描数字化处理系统”进行，具体处理过程见图 7.10。

（1）降水自记纸预处理：在自记纸扫描前，需将装订好的自记纸拆开，挑选出有降水过程的自记纸，并标注起止日期，将时间清晰地写在可扫描区域内。

（2）图像扫描：设置好扫描图像的分辨率、图像压缩率等扫描参数，文件大小控制在 150～350 kB，保证得到的扫描图像的清晰度。

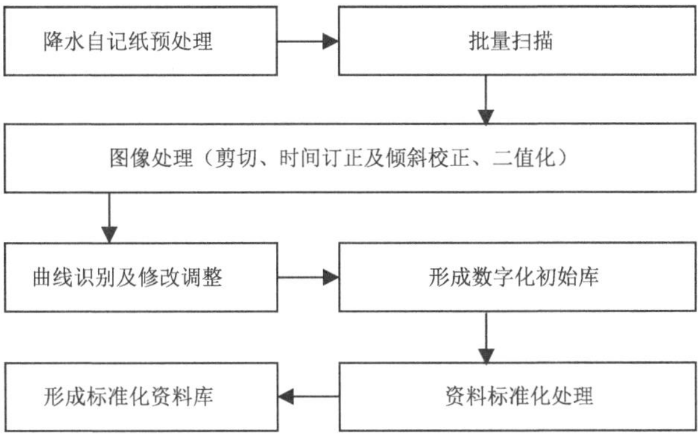

图 7.10　自记雨量资料处理流程

(3)降水自记迹线的跟踪：降水自记迹线的跟踪主要有：调整合适的阈值，使程序能更好地自动跟踪；在强降水时，采用强降水跟踪方法（在非强降水时也可灵活使用该方法）；作异常处理时，可采用二次处理法，首先由程序自动计算异常量，然后再将包含异常时段在内的若干小时作异常处理，输入这段时间的降水量，结果与地面气象观测记录月报表文件中的日降水量及逐时降水量进行比对。

(4)数据转换与质量检查：数据转换包括将迹线数据（ZJR 文件）转换成分钟强度数据，将分钟强度数据进行质量检查后再转换成标准分钟强度数据，以及将标准分钟强度数据转换成小时强度数据。

在分钟强度转换前，运行 ZJJC 软件对 ZJR 文件进行质量检查，检查项目包括时间连续性检查和数据质量检查。数据转换程序也会进行转换前的必要检查，如虹吸过程是否超过 2 min，虹吸量是否超范围等。

(5)数据集制作：降水自记纸数字化处理得到三个数据集，即：图像数据集、降水强度数据集和迹线文件数据集。每个数据集包括：数据实体文件、数据说明文件、备注说明文件和元数据说明文件四个部分。

2007 年以来由双阀容栅式雨量传感器记录的逐分钟降雨资料则不需要特殊处理。上述两种资料应按照气象数据审核规范，对原始资料进行数据质量检查、审核。主要处理步骤如下：

①资料质量控制：采用现代自动气象站自动记录的逐分钟降水量资料作为编制暴雨公式的基础资料时，需要对原始数据进行质量检查、审核。

②一致性分析：选择有代表性的各种强度降雨过程资料，对自动气象站自动记录的逐分钟降水资料与同期的自记纸降水资料一致性进行分析，产生不一致时，宜采用数值较大的资料序列。

7.5.2.1.3　样本资料选取

(1)按照 GB50014—2006（2014 年版）的要求，暴雨强度公式编制的降雨历时应采用 5 min、10 min、15 min、20 min、30 min、45 min、60 min、90 min、120 min、150 min、180 min 共 11 个降雨历时。

(2)统计样本选取，按照“不漏场次、不漏大值”的原则，采用逐分钟滑动统计法，选取各降雨历时雨量逐年最大值的降雨场次，记录选定降雨场次过程开始时间及逐分钟降雨量，作为各降雨历时的有效降雨资料样本。

(3)同一场次降雨过程中，同一种历时降雨不可以交叉，不受日、月界的限制(但不跨年)。

(4)各时段年最大降水量出现两次或两次以上相同时，开始时间栏记出现次数；雨量大而降雨历时不足时，要将降雨历时按零雨量外延至降雨历时。

7.5.2.2 频率计算

7.5.2.2.1 选样方法

暴雨公式编制样本拟合方式主要有两种：

(1)年最大值法：从每年各历时暴雨资料中选用最大的一组雨量。N 年资料中选用 N 组最大值，该资料不论大雨年或小雨年都有一组资料被选入，其概率为严密的一年一遇的发生值。它的优点是：与其他部门数据对应，方便共享。受限是要求至少 20 年，最好 30 年资料。

(2)年多个样本法：从每年每个历时样本中选择 8 个最大值，挑选最大值时要保证任意两个值所在时段不能重合或相交。然后不论年次将各历时子样依从大到小的顺序排列，再从中选择资料年数 4 倍的最大值，作为统计的基础资料。这种方法适用于资料缺乏的地区。

依据国家标准《室外排水设计规范》GB 50014—2006(2014 年版)推荐使用年最大值法。即选取降雨资料样本中各降雨历时雨量的逐年最大值，作为暴雨强度公式编制的有效暴雨资料的本地数据样本，来进行频率计算和分布曲线拟合(周玉文等，2011)。

7.5.2.2.2 频率和重现期计算

(1)样本按照降序排列，样本经验频率按以下公式计算：

$$p = m/(n+1) \tag{7.45}$$

式中，p 为经验频率(%)；m 为排序数；n 为样本容量，即样本总数。

(2)重现期与经验频率按照以下公式换算：

$$P = 1/p \tag{7.46}$$

式中，P 为重现期(a)；p 为经验频率(%)；

(3)年最大值法计算降雨重现期宜按 2 年、3 年、5 年、10 年、20 年、30 年、50 年、100 年等 8 个重现期计算。精度检验重点为重现期 2～20 年区间。相对应的频率为 50%、33.3%、20%、10%、5%、3.3%、2%、1%。

7.5.2.2.3 频率分布曲线拟合

为了确定最优的频率分布线性，需要对使用“年最大值法”挑选出的本地暴雨样本数据进行概率分布函数拟合。

(1)频率分布曲线拟合采用经验频率曲线或理论频率曲线进行趋势性拟合调整，一般选择理论频率曲线，暴雨强度公式统计中常用的理论频率曲线有 P-Ⅲ型分布曲线、指数分布曲线、耿贝尔分布曲线等，三种曲线分布频率分析方法均为目前国内在暴雨强度公式推求中常用的频率分析方法。其中 P-Ⅲ曲线应用最为广泛，指数分布在南方城市处理年多个样本法的样本运用较多，耿贝尔分布近年来被更多地应用在暴雨强度的样本处理中，在最大值法选样的系列中应用有较好的效果(顾骏强等，2000；邵尧明等，2008；邓培德，2006)。各地宜根据本地降雨特点，选取部分代表站点进行多种频率分布函数的拟合试验，从中选取拟合效果较好的理论频率曲线函数类型。P-Ⅲ和耿贝尔频率分布曲线拟合函数见 7.4.5.1 节，指数分布曲线拟合函数为：

$$X = a \times \lg Te + b \tag{7.47}$$

式中，X 表示一定历时的降雨强度；a 表示离散程度的参数；b 表示分布曲线的下线；Te 表示重现期。参数 a、b 用最小二乘法求得：

$$a = \frac{\frac{1}{n}\sum_{i=1}^{n} x_i \times \lg Te_i - \frac{1}{n}\sum_{i=1}^{n} x_i \times \frac{1}{n}\sum_{i=1}^{n}\lg Te_i}{\frac{1}{n}\sum_{i=1}^{n}(\lg Te_i)^2 - \frac{1}{n}\sum_{i=1}^{n}(\lg Te_i)^2} \tag{7.48}$$

$$b = \frac{1}{n}\sum_{i=1}^{n} x_i - a \times \frac{1}{n}\sum_{i=1}^{n}\lg Te_i \tag{7.49}$$

参数 a、b 确定后，根据上述指数分布公式，可以计算出不同重现期的暴雨强度。

(2)采用理论频率曲线拟合频率分布时，应结合当地统计分析降雨频率的经验，宜在控制拟合精度的同时，注意频率曲线的总体协调。根据编制暴雨强度公式重现期的范围要求(2～100 年区间)，需对拟合确定的频率分布曲线进行适当外延。

(3)采用三种分布曲线对样本资料进行频率调整，根据每种频率分布结果，得出重现期、降雨强度和降雨历时三者的关系，即重现期 P、降雨强度 i、降雨历时 t 的关系表，形如表 7.20。选用何种分布曲线主要看分布曲线对原始数据的拟合程度，误差越小、精度越高的分布越有代表性。

表 7.20 某站 P-Ⅲ分布的 *P-i-t* 三联表

重现期(a) \ 历时(min)	5	10	15	20	30	45	60	90	120	150	180
100	3.7	3.06	2.693	2.425	2.08	1.729	1.487	1.18	0.988	0.849	0.754
50	3.48	2.87	2.52	2.265	1.927	1.591	1.367	1.082	0.903	0.775	0.688
20	3.18	2.61	2.28	2.035	1.72	1.407	1.205	0.95	0.789	0.676	0.598
10	2.92	2.4	2.08	1.85	1.55	1.258	1.075	0.846	0.698	0.596	0.527
5	2.64	2.16	1.867	1.645	1.367	1.098	0.933	0.73	0.6	0.511	0.451
3	2.36	1.93	1.653	1.45	1.187	0.944	0.798	0.621	0.508	0.43	0.377
2	2.18	1.77	1.513	1.32	1.073	0.849	0.717	0.554	0.453	0.382	0.335

(4)参照相关技术规范，暴雨强度公式的表达形式为：

$$q = \frac{167A_1(1 + C\lg P)}{(t+b)^n} \tag{7.50}$$

式中，A_1(雨力参数)，C(雨力变动参数)，b(降雨历时修正参数)，n(暴雨衰减指数)均为待求的参数；q 为暴雨强度(L/(s·hm^2))；P 为设计暴雨重现期；t 为降雨历时(min)。

对式(7.50)两端求对数，得到：

$$\ln q = \ln(167A_1) + \ln(1 + C\lg P) - n\ln(t+b) \tag{7.51}$$

设 $y = \ln q - \ln(1 + C\lg P)$，$b_0 = \ln(167A_1)$，$b_1 = -n$，$x = \ln(t+b)$，则上式可写为：

$$y = b_0 + b_1 x \tag{7.52}$$

采用最小二乘法求出式(7.52)中的 b_0、b_1。

由于式(7.50)中的 b 也是未知数，在此推荐采用"数值逼近法"来处理：先给定一个 b 值，采用最小二乘法进行计算，得出相应的 A_1、n 以及 q'(拟合值)，同时求出公式的平均绝对均方差：

$$\bar{\sigma} = \frac{1}{m_0}\sum_{j=1}^{m_0}\sqrt{\frac{1}{m}\sum_{i=1}^{m}(q_{ij} - q'_{ij})^2} \tag{7.53}$$

式中，m 为 11 个历时；m_0 为 8 个重现期。

不断调整 b 值，直至使其 $\bar{\sigma}$ 值达到最小。选取使 $\bar{\sigma}$ 最小的一组参数 A_1、b、n，即为最佳拟合参数。

室外排水设计采用的雨水参数是以体积（容量）来表达，需将以毫米（mm）为单位的降水强度，转换为以升（L）为单位的降水体积（容量）。单位时间、单位面积 1 mm 降水量转换为容量（L）时，暴雨强度 $q = \frac{2839\times[1+0.728\lg(P-0.121)]}{(t+9.6)^{0.87}}$（L/（s·hm²））与降水强度 i（mm/min）之间可以用 $q=167i$ 进行换算。

（5）单一重现期暴雨强度公式拟合

从（7.50）式可以看出，暴雨强度公式为已知关系式的超定非线性方程，公式中有四个参数，显然常规方法无法求解，因此参数估计方法设计和减少估算误差尤为关键。首先对式（7.50）进行线性化处理：

令 $A = A_1(1 + C\lg P)$，那么（7.50）式即变为：

$$q = \frac{167A}{(t+b)^n} \tag{7.54}$$

式（7.54）即为单一重现期公式，通过式（7.54）分别把 1 年、2 年、3 年、5 年、10 年、20 年、50 年和 100 年一遇等 8 个重现期的单一暴雨强度公式推求出来。首先推算这 8 个重现期暴雨强度公式的需求参数 A、b、n。用常规方法无法求解暴雨强度公式即式（7.54），将式（7.54）两边取对数得：

$$\ln q = \ln(167A) - n\ln(t+b) \tag{7.55}$$

令 $y = \ln q$，$b_0 = \ln(167A)$，$b_1 = -n$，$x = \ln(t+b)$，那么式（7.55）就变为：

$$y = b_0 + b_1 x \tag{7.56}$$

式（7.56）应用数值逼近和最小二乘法，可求出 b_0、b_1，则 A、n 可求。但在具体计算时，由于 b 也是未知数，因此还无法应用最小二乘法求解方程。这时将 b 值在（0，50）范围内取值，步长为 0.001，应用最小二乘法求得 A、n 值。将此 A、n、b 代入公式 $q = \frac{167A}{(t+b)^n}$，计算出给定 b 值的暴雨强度（q''），同时算出理论降水强度（q'）与给定 b 值的暴雨强度（q''）的平均绝对方差 σ，采用数值逼近法选取 σ 最小的一组 A、b、n 为所求。这样，可将 11 个降雨历时单一重现期暴雨强度公式逐个推算出来。

（6）区间参数公式拟合

由于上面求得的是单一重现期的暴雨强度公式，而两个单一重现期之间的暴雨强度还无法求得。如重现期为 10 年、20 年的暴雨强度可求得，但重现期为 15 年的暴雨强度则无法计算。因此引入重现期区间参数公式，以解决这个问题。

经反复推算和筛选，应用式（7.57）作为区间参数公式来求算区间参数值效果最佳式（7.57）中，y 为 A、b、n 参数中的任一个，P 为重现期，C 为常数。

$$y = b_1 + b_2\ln(P+C) \tag{7.57}$$

首先把 0.25～100 年分为(Ⅰ)0.25～1、(Ⅱ)1～10 年和(Ⅲ)10～100 年三个区间，将 A、b、n 代入(7.57)式中得：

$$A = A_1 + A_2\ln(P + C_A) \tag{7.58}$$

$$b = b_1 + b_2\ln(P + C_b) \tag{7.59}$$

$$n = n_1 + n_2\ln(P + C_n) \tag{7.60}$$

上面三式中 A、b、n 和 P 是已知数，A_1、A_2、C_A、b_1、b_2、C_b 及 n_1、n_2、C_n 都是未知数。根据上面求得单一重现期 P 下的 A、b、n 值，同理，利用单一重现期暴雨强度公式拟合方法，常数 C 分别在(−0.25,0)区间、(−1,0)区间和(−10,0)区间取值，应用最小二乘法分别求得 A_1、A_2、b_1、b_2 和 n_1、n_2，采用数值逼近法直至平均绝对方差为最小，这时的一组参数值即为未知数 A_1、A_2、C_A、b_1、b_2、C_b 和 n_1、n_2、C_n，从而可算得Ⅰ、Ⅱ、Ⅲ三个区间的 A、b、n 值，将它们代入公式 $q=\frac{167A}{(t+b)^n}$，可得 0.25～100 年之间的任意一个重现期暴雨强度公式，从而可计算任意重现期的暴雨强度。

7.5.2.3 公式编制

7.5.2.3.1 暴雨强度总公式推求

按照国家标准《室外排水设计规范》GB 50014—2006(2014 年版)要求，采用年最大值法分别推求某站的短历时暴雨强度公式。由三种频率分布的 P-i-t 三联表分别推求的暴雨强度总公式各参数如表 7.21 所示。

表 7.21 某站短历时暴雨强度总公式参数表

地点	公式计算方法	频率分布拟合	A_1	n	C	b
**	最小二乘法	指数	9.781	0.655	0.893	11.248
		耿贝尔	10.515	0.653	0.737	11.049
		P-Ⅲ	12.178	0.689	0.633	11.257

7.5.2.3.2 暴雨强度公式拟合精度检验

为确保计算结果的准确性，在合理取舍有效参数的同时，需对暴雨强度计算结果进行精度检验，按 GB 50014—2006(2014 年版)的要求，需计算抽样误差和暴雨公式均方差。宜按绝对均方差计算，也可以辅以相对均方差计算。计算重现期在 2～20 年时，在一般降雨强度的地方，平均绝对均方差不宜大于 0.05 mm/min；在较大降雨强度的地方，平均相对均方差不宜大于 5%。

误差统计表达式：

平均绝对均方根误差：

$$X_m = \sqrt{\frac{1}{n}\sum_{i=1}^{n}\left(\frac{R_i' - R_i}{t_i}\right)^2} \tag{7.61}$$

平均相对均方根误差：

$$U_m = \sqrt{\frac{1}{n}\sum_{i=1}^{n}\left(\frac{R_i' - R_i}{R_i}\right)^2} \times 100\% \tag{7.62}$$

式(7.61)和式(7.62)中，R' 为理论降雨量；R 为 P-i-t 曲线确定的降雨量；t 为降水历时；n 为样本数。

根据精度检验结果，见表 7.22，对比三种分布曲线拟合值推求的某站短历时暴雨强度公式的理论值与适线结果的均方误差，选择最优结果带入式(7.47)，即可推求的某站的短历时暴雨强度公式。如果三种分布曲线拟合值均满足精度检验，而且精度近似，则优先选择P-Ⅲ适线结果。

表 7.22 某站短历时暴雨强度公式误差表

年份	公式类型	皮尔逊Ⅲ型分布		指数分布		耿贝尔分布	
		绝对均方差(mm)	相对均方差(%)	绝对均方差(mm)	相对均方差(%)	绝对均方差(mm)	相对均方差(%)
1980—2014年	总公式	0.032	2.25	0.039	2.85	0.035	2.39
	单一公式	0.022	1.89	0.025	1.94	0.023	1.76

7.5.2.4 公式适用性分析

7.5.2.4.1 时间分布特征分析

通过绘制各历时暴雨(纳入了暴雨公式编制的样本)出现日(次)数的年际、年代际变化图，以描述各历时暴雨的年际、年代变化特征。以此为依据，论述确定暴雨强度公式编制的降雨资料年限的理由。

也可以对本站采用不同年限降雨资料编制的暴雨强度公式结果进行差异性分析，论证降雨资料年限选择的合理性。

7.5.2.4.2 空间分布特征分析

对于地形地貌差异较大或涵盖范围大的城市，宜补充利用本地加密观测的其他降雨资料，绘制部分典型历时的暴雨事件发生次数、最大降雨量分布图，以及代表性站点与加密观测站点特征参数的比值或差值等，分析本地强降雨的区域分布特征，为编制的暴雨强度公式的适用范围提供依据。

基础资料条件许可的城市，可编制不同分区代表性站点的暴雨强度公式，并通过其差异性分析，确定暴雨分区的合理性。

7.5.2.4.3 与现行暴雨强度公式对比

在新编暴雨强度公式地区，没有现行暴雨强度公式的，可以将周边城市已经批准实行的暴雨强度公式作为参考，对比、评估当地新编暴雨强度公式的区域适用性。在暴雨强度公式修订的地区，对比新、旧版暴雨强度公式推求的参数与图表，阐述两者的不同和优劣。

7.5.2.4.4 社会影响分析

依据空间分布特征分析结论，说明是否需要划分暴雨分区、站点代表性以及新编暴雨强度公式的适应地域范围。依据气候变化、城市化发展和强暴雨时间分布特征，说明样本年限确定的合理性和适用性，并提出当地暴雨强度公式修编年限。通过排水系统实例计算结果，论证新编暴雨强度公式对排水系统规划建设的安全性、经济性影响。提出推荐编制成果(含公式、图表)，并说明其适应范围和条件。

7.5.2.5 报告编制

《短历时暴雨强度公式编制报告》应当包含的内容：

(1)概况

①项目背景。简述论证项目的基本情况，包括项目背景、建设的内容和规模、项目地址位

置所在地的行政区划、地理环境、地形条件。实施此项目的目的意义。

②任务和依据。介绍项目所完成任务的内容、开展此项目所依据和报告编制方法的相关标准、规范、规程和方法。

上述两方面内容可分开叙述,也可以合并章节阐述。

(2)资料

介绍论证报告所采用的基础资料来源及其代表性、可靠性。

①详细介绍所选降水资料观测站的历史沿革。包括气象站址的地理位置、海拔高度、观测环境等,属于那种类型的气象资料观测站,以说明这些气象站资料具有代表性和可靠性。

②降水数据记录方式应有详细说明。如果采用通过现场探测所取得的资料,应当对探测仪器、探测方法和探测环境进行说明。

③降水资料的处理、获取方式。介绍所选取资料的合理性来源。

④降水资料统计样本的选取。按照相关规范要求,根据多个样本法和最大值法选取适合本站的各历时降水样本。

(3)频率计算和频率分布拟合

根据国家标准《室外排水设计规范》GB 50014—2006(2014 年版)的规定,在推求暴雨强度公式时需对已选降水样本数据,根据相应的公式进行频率计算和频率分布拟合,推算得到由频率拟合得到 *P-i-t* 三联表。频率分布拟合按推荐使用的理论频率曲线(有 P-Ⅲ型分布曲线、指数分布曲线、耿贝尔分布曲线等)进行。

(4)暴雨强度公式拟合

由三种频率分布拟合的 *P-i-t* 三联表,分别推求的暴雨强度总公式相关参数,通过精度检验后选取本站的暴雨强度总公式。由总公式可以推求该站单一重现期的暴雨强度公式,如果根据该站的降水实况或者不同施工要求,单一重现期公式无法解决两个单一重现期之间的暴雨强度计算时,需要引入区间降水强度的参数公式推求。上述暴雨强度公式拟合推荐应用"暴雨强度计算系统"(由广东省气象局开发)来有针对性地完成。

(5)暴雨强度公式适用性分析

论述新版暴雨强度公式的时间、空间代表性及工程适用性,并对新版公式的适用范围、注意事项进行详细说明。结合地区特点,对暴雨强度公式的下次修编时间提出建议,一般建议5～10年对暴雨强度公式进行误差复核或修编。

(6)报告编制相应图表展示

城市暴雨强度公式的常用图表包括:暴雨强度查算表、暴雨强度曲线图、降雨量曲线图、短历时暴雨过程降雨强度查算表(表 7.23)等。

为方便实际应用,在此给出了暴雨公式和暴雨雨型计算成果中的常用图表格式样张,绘制暴雨强度查算表(表 7.23)、*P-i-t* 关系曲线图(图 7.11)、不同历时的降水量变化曲线图(图 7.12)。

表 7.23　某站某重现期暴雨强度查算表

某站　$P=n$ 年　t (min)　q(L/(s·hm^2))													
t	q	t	q	t	q	t	q	t	q	t	q	t	q
1	173.97	27	65.453	53	42.623	79	32.263	105	26.242	131	22.266	157	19.427
2	162.19	28	64.061	54	42.085	80	31.974	106	26.06	132	22.14	158	19.334
3	152.06	29	62.734	55	41.563	81	31.691	107	25.88	133	22.015	159	19.242
4	143.24	30	61.467	56	41.054	82	31.413	108	25.703	134	21.892	160	19.151
5	135.5	31	60.256	57	40.56	83	31.14	109	25.529	135	21.77	161	19.06
6	128.63	32	59.097	58	40.078	84	30.873	110	25.357	136	21.65	162	18.971
7	122.5	33	57.987	59	39.61	85	30.611	111	25.188	137	21.531	163	18.882
8	116.98	34	56.922	60	39.153	86	30.353	112	25.022	138	21.414	164	18.795
9	112	35	55.9	61	38.708	87	30.101	113	24.857	139	21.298	165	18.708
10	107.46	36	54.919	62	38.274	88	29.853	114	24.696	140	21.183	166	18.623
11	103.32	37	53.975	63	37.851	89	29.61	115	24.536	141	21.07	167	18.538
12	99.515	38	53.067	64	37.438	90	29.371	116	24.379	142	20.958	168	18.454
13	96.013	39	52.193	65	37.035	91	29.136	117	24.224	143	20.848	169	18.371
14	92.776	40	51.35	66	36.642	92	28.906	118	24.072	144	20.739	170	18.288
15	89.773	41	50.537	67	36.258	93	28.679	119	23.921	145	20.631	171	18.207
16	86.98	42	49.752	68	35.883	94	28.457	120	23.773	146	20.524	172	18.126
17	84.374	43	48.994	69	35.516	95	28.238	121	23.627	147	20.419	173	18.046
18	81.937	44	48.261	70	35.158	96	28.023	122	23.482	148	20.314	174	17.967
19	79.652	45	47.553	71	34.808	97	27.812	123	23.34	149	20.211	175	17.889
20	77.506	46	46.867	72	34.465	98	27.604	124	23.199	150	20.109	176	17.811
21	75.484	47	46.203	73	34.13	99	27.4	125	23.061	151	20.009	177	17.734
22	73.577	48	45.56	74	33.802	100	27.199	126	22.924	152	19.909	178	17.658
23	71.775	49	44.937	75	33.481	101	27.002	127	22.789	153	19.811	179	17.583
24	70.069	50	44.332	76	33.167	102	26.807	128	22.656	154	19.713	180	17.508
25	68.451	51	43.746	77	32.86	103	26.616	129	22.524	155	19.617	181	17.435
26	66.914	52	43.176	78	32.558	104	26.427	130	22.395	156	19.522	182	17.361

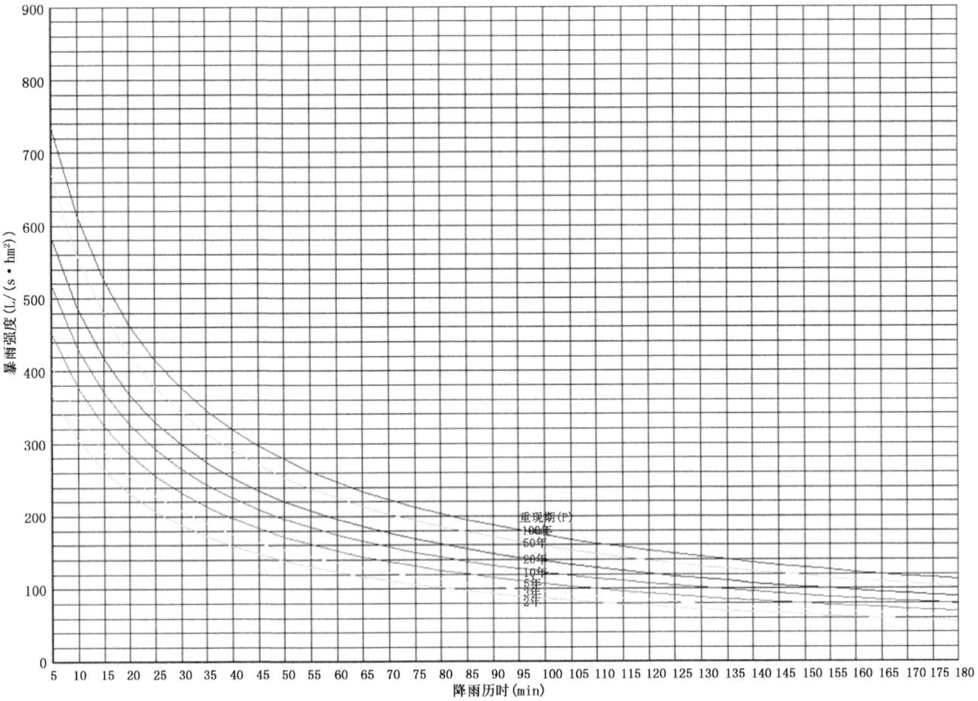

图 7.11　某站各重现期 P-i-t 关系曲线

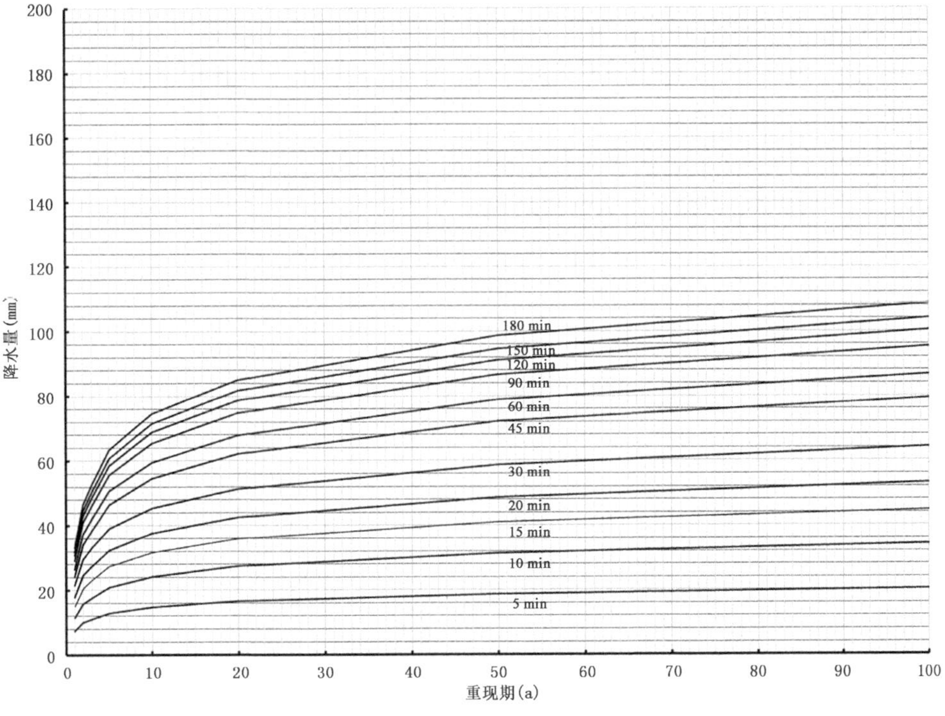

图 7.12　某站各重现期不同历时的降水量变化曲线

7.5.3 暴雨公式编制(修订)软件

暴雨强度计算系统是广东省气象局主持开发，中国气象局推广应用的暴雨强度公式计算专用系统，其主界面如图 7.13。

图 7.13 暴雨强度计算系统

暴雨强度计算系统采用 Visual Basic 6.0 语言编程，在 Win98/Win2000/WinXp 操作系统上运行，系统运行除需要 Windows 操作系统外无须其他系统或其他第三方控件支持 。

“暴雨强度计算系统”软件需要软件狗才能正常运行，在系统主程序安装后，电脑插入软件狗之前应安装软件狗驱动程序。

在完成全部软件安装后，“暴雨强度计算系统”运行前要插入 USB 软件狗并且在整个运行过程中不能拔下软件狗，否则系统会出错退出。

第8章 气候变化业务

气候变化是指气候平均状态统计学意义上的巨大改变或者持续较长一段时间(典型的为30年或更长)的气候状态的变化。通常用不同时期的气候要素(如温度、降水、日照、相对湿度、风速等)的统计量随时间变化的差异来反映,不但包括平均值的变化,也包括变率的变化。

过去100年中,气候变化对我国气候、环境和农业产生了重大影响(郭建平,2015;田广生,1999;周广胜等,2016)。IPCC第五次评估报告指出,1880—2012年全球平均温度增加了0.85℃(IPCC,2013),中国的升温趋势较全球同期偏高,1951—2016年,中国地表年平均气温增温速率高于全球及北半球陆地表面平均气温增温速率。在全球气候变化背景下,云南省的气温变化与全球、北半球、中国的变化趋势基本一致,变化幅度较北半球强,但比中国平均弱;降水日数逐渐减少,但强降水和干旱出现频率呈增加趋势。

随着气候变化的不利影响凸显,气候变化得到了各行各业的广泛关注,气象部门也逐步建立了气候变化检测及影响评估业务。云南省气候中心自2006年开始开展气候变化业务,完成了气候变化数据库及业务系统的建设,开展气候变化检测、预估和影响评估,制作气候变化业务服务产品,为政府提供气候变化决策信息。2006年以来,云南省气候中心先后完成《云南省气候公报》(2006—2018)、《云南省未来10～30年气候变化预估及其影响评估报告》《云南省气候图集》《西南地区气候变化评估报告》等决策服务报告的编研,显著提升了云南省气候变化业务能力,也取得了良好的社会效益。但与气候业务相比,气候变化业务还未完全形成一个规范和完整的业务体系,还处于摸索阶段(罗勇,2012)。

8.1 气候变化业务内容

云南省气候变化业务主要包括气候变化资料处理、气候变化的基本事实分析、影响评估、趋势预估等方面的内容。气候变化业务主要依托数据齐全,功能完善的气候变化业务系统,实现云南省全省及典型区域的气候要素、极端气候事件、气象灾害的变化趋势及特征分析,形成相关业务产品提供服务;开展未来10～30年气候要素的变化预估,并分析云南省气候变化事实及未来变化对云南省传统农业、高原特色农业、水资源、能源等社会经济领域的影响评估,适时发布影响评估专题报告,为地方政府及相关行业、部门提供应对气候变化的决策科学依据。

8.1.1 气候变化资料处理

气候变化业务对数据的要求无论是在资料观测时长还是数据质量上都有很高的要求,数据资料序列太短可能导致气候变化分析结论不够客观,而数据资料的质量可能直接影响气候变化分析结论的真实性和可靠性。云南省地形复杂，局地气候和立体气候特征明显，观测地段的变化，尤其是海拔高度及地形的变化，可能导致观测数据产生较大的差异，加上近些年来观测仪器的更新、观测台站周围环境的变化、观测方法的改变等都会影响数据的质量，因此十分有必要对气候资料进行质量控制。一般来说，气候资料的质量控制主要分为两个层次：一是对原始文件和数据集成进行逻辑、界值、一致性和空间性等的审查；二是资料的均一性检验和订正。均一化处理就是对气候要素序列中的明显断点进行排查，根据排查结果进行订正，将检测出的断点或不连续点去除，使包含不连续点的时间序列变得“相对均一”，使得包括气象台站迁移、仪器更换、观测方法改变、计算方法变化甚至台站周围环境变化对资料均一性的影响尽可能减少到最小。

8.1.2 气候变化事实分析

结合 IPCC 评估报告以及已有研究成果，重点分析区域/流域/地区观测到的气候变化事实特征，包括：气候变化研究现状、温度和降水等气候要素的变化特征、极端气候事件、气象灾害的变化分析等。气候变化事实分析的主要内容有：气候变化显著性分析、变化趋势及变化速率、变化周期特征、突变特征等，主要目的是为了揭示气候变化的空间分布特征及时空演变规律，为应对气候变化提供基础的决策依据。

8.1.3 气候变化影响评估

气候变化影响评估主要是基于已经观测到的气候变化事实，分析气候变化对水资源、农业、自然生态系统、电力、航运、旅游、人体健康等方面的影响、脆弱性和适应性评估，以及气候变化影响适应性措施的综合评估。目前云南省气候变化的影响评估主要包括气候变化对云南省农业、水资源、生态系统与生物多样性、能源、旅游及人体健康等方面的影响评估及适应措施。

8.1.4 气候变化趋势预估

气候变化趋势预估数据采用国家气候中心研制的全球气候模式比较计划第五阶段(CMIP5)的 EC-EARTH 全球模式驱动区域气候模式 RegCM4(Giorgi et al.，2012；Gao et al.，2016)，模拟预估的云南区域 RCP2.6、RCP4.5 和 RCP8.5 情景下 1981—2099 年逐日气象数据，模式分辨率为 25×25km。使用前，需要将气候模拟结果与观测结果进行比较，确认模式对区域气候变化的模拟能力，并对存在的系统性模拟偏差进行订正，再利用未来预估数据进行区域气候趋势预估。基于未来社会经济变化的情景，利用气候模式情景预估数据评估气候变化对农业、自然生态系统、水资源、环境等的影响，以减少气候变化的影响、脆弱性和适应性评估的不确定性。

8.2 气候变化业务流程

云南省气候变化业务基于全面的业务需求以及最新的业务技术，通过近年来的不断发展和完善，初步形成了较为稳定的业务流程，能较好地支撑云南省气候变化业务及服务功能(图 8.1)。

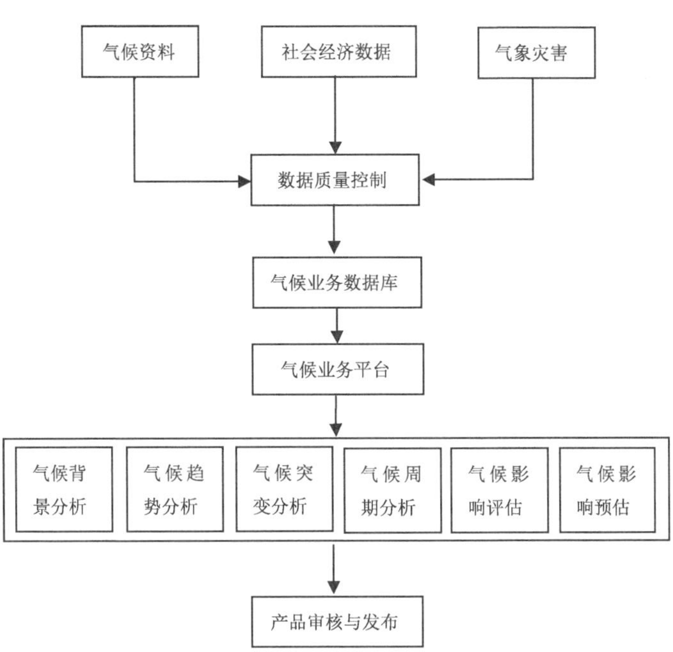

图 8.1 云南省气候变化业务流程

8.2.1 气候变化业务数据支撑

气候变化业务既需要观测时间较长，质量较高的气候资料数据，保证气候变化事实检测分析结果的客观、真实，也需要经济社会发展领域的历史信息，以支持气候变化影响的综合评估分析，有效提高影响评估的客观化、定量化水平，增强气候变化决策服务的针对性与实用性。在实时完成气候资料以及农业、水利、能源、交通等社会经济数据收集的基础上，还需要开展数据质量控制，对数据进行分类，建立标准数据库，实现数据的安全存储以及快速检索，对气候变化业务提供稳定、可靠、高效的数据支撑。

8.2.2 气候变化趋势分析

气候变化趋势分析主要是基于业务系统的支撑，根据业务和服务的需要分析特定站点及区域的气候要素，气象灾害，气候事件的变化趋势、变化速率、变化周期、突变特征，以及年际、年代际变化特征，以便形成气候变化事实分析以及未来趋势预估分析，输出文字、图表等业务产品。

8.2.3 气候变化影响评估

气候变化影响评估流程主要是建立各行业气候变化影响评估指标体系及评估模型，使用气候观测数据以及气候变化预估数据计算分析气候变化对各评估指标的影响，结合评估模型，综合评估气候变化事实以及未来气候变化情景对农业、水利、能源等各行业的综合影响，输出文字、图形等多种格式的评估数据。

8.2.4 气候变化产品制作及服务

气候变化业务产品制作主要是根据单位的业务产品制作和发布规范，围绕服务需求制作各种形式的气候变化检测、气候变化预估和气候变化影响评估产品。产品的制作要做到数据准确、分析方法恰当、结论科学可靠。业务产品由值班人员制作初稿、完善校对，首席技术把关并审核，分管领导审阅签发后提供服务。服务产品主要以决策服务材料的形式报送政府部门，以及中国气象局及国家气候中心。对社会公众的服务主要以气候变化科普宣传材料、学术讲座和新闻发布会等形式通过传统媒体及 APP、网站、公众号等多种渠道提供服务。

8.3 气候变化分析方法

8.3.1 气候变化趋势分析

8.3.1.1 气候趋势系数

气候趋势系数是计算气象要素的时间序列与自然数数列之间的相关系数 R。

$$R=\frac{\sum_{i=1}^{n}(x_i-\bar{x})(i-\bar{t})}{\sqrt{\sum_{i=1}^{n}(x_i-\bar{x})^2\sum_{i=1}^{n}(i-\bar{t})^2}} \tag{8.1}$$

其中，n 为年数；x_i 为第 i 年要素值；$\bar{x}$ 为其样本均值；$\bar{t}=(n+1)/2$ 。

趋势系数是无量纲值，变化在[-1,1]区间。它是标准化的一元线性回归系数，消去了气象要素的均方差和单位对线性回归系数数值大小的影响，从而可以在不同的地理位置、不同的气象要素之间比较趋势变化的大小。这个值为正(负)时，表示该要素在所计算的 n 年内有线性增(降)的趋势。可用 t 统计量检验或蒙特卡洛(Monte Carlo)统计检验，检验气候趋势系数的显著性。

8.3.1.2 气候倾向率

气候倾向率表示气象要素的趋势变化，一般用一元一次线性方程表示，即

$$\hat{x}=a+bt \qquad (t=1,2,\cdots,n) \tag{8.2}$$

这里，b 为回归系数，$b\times 10$ 称为气候倾向率(单位为某要素单位/10a)。根据回归理论有下面这样的关系：

$$b=\frac{\sigma_x}{\sigma_t} \tag{8.3}$$

式中，σ_x 为要素 x 的均方差，σ_t 为自然数列 1,2,…,n 的均方差。气候倾向率可以用来表征上升或下降的速率，即表示上升或下降的倾向程度。

8.3.1.3 蒙特卡洛检验

蒙特卡洛(Monte Carlo)方法是假定有任意概率分布的气象变量 x(用于趋势系数检验时，气象变量 x 为时间序列)的 n 次观测(n 为样本容量)，用随机数序列与 x 变量序列求相关系数，长度为 M 的随机数序列由机器程序大量产生(例如 1000～10000 次)。假如计算了 1000

个模拟的相关系数，则将1000个模拟相关系数的绝对值从大到小排序，最大的序号为1，称序号为2,11,51的模拟相关系数为$r0.001$,$r0.01$,$r0.05$。当实际计算的与变量y的相关系数r大于上述模拟值，才能认为有相关关系存在（信度分别为0.001、0.01、0.05）。随机序列是将原序列进行随机排序后重新组合而成的。

8.3.1.4 滑动平均

气候时间序列逐年的变动很大时，气候趋势分析比较困难。可以用滑动平均，即以一连串部分重叠的序列的平均值组成新序列，根据这种新序列来显示变化趋势。经过滑动平均后，序列中短于滑动长度的周期大大削弱，显现出变化趋势。

方法概述：滑动平均是趋势拟合技术最基础的方法，它相当于低通滤波器。用确定时间序列的平滑值来显示变化趋势。对样本量为n的序列x，其滑动平均序列表示为

$$\hat{x}_j = \frac{1}{k}\sum_{j=1}^{k} X_{i+j-1} \qquad (j = 1, 2, \cdots, n-k+1) \tag{8.4}$$

式中，k为滑动长度。作为一种规则，k最好取奇数，以便平均值可以加到时间序列中项的时间坐标上；若k取偶数，可以对滑动平均后的新序列取每两项的平均值，以使滑动平均对准中间排列。

经过滑动平均后，序列中短于滑动长度的周期大大削弱，显现出变化趋势。

计算步骤：根据具体问题的要求及样本量大小确定滑动长度k，用式(8.4)直接计算观测数据进行的滑动平均值。n个数据可以得到$n-k+1$个平滑值。编程计算时可采用这种形式：首先将序列的前k个数据求和得到一值，然后依次用这个值减去平均时段的第一个数据，并加上第$k+1$个数据，再用求出的值除以k，循环这样的过程计算出$1,2,\cdots,n-k+1$个平滑值。分析时主要从滑动平均序列曲线来诊断其变化趋势，如看其演变趋势有几次明显的波动，是呈上升还是呈下降趋势。

8.3.1.5 二项式加权平均平滑法

研究序列的多年尺度变化采用二项式的不等权滑动平均，其中权重值的分布遵从二项式分布。

有n个资料，那么第m个资料进行二项式的滑动平均后为：

$$T_m = \sum_{i=-L}^{L} \overline{W_i} \times T_{m-i} \tag{8.5}$$

式中，W为权重系数；$2L+1$为滑动区间。

与传统的滑动平均法比较，二项式系数加权平均平滑法的优点是平滑后的新序列与原序列长度是相等的；其当前项系数最大，向前后逐渐减少；保留了当前项自身及附近项的相对特征，在保留序列的局部特征方面，其平滑效果接近小波分析。为保证前后项的对称，平滑项数n必须取单数。

8.3.1.6 累积距平

累积距平也是一种常用的、由曲线直观判断变化趋势的方法。将n个时刻的累积距平值全部算出，即可绘出累积距平曲线进行分析。

方法概述：对于序列x，其某一时刻t的累积距平表示为：

$$\hat{x}_i = \sum_{i=1}^{t} (X_i - \overline{X}) \tag{8.6}$$

式中，$t=1,2,3,\cdots,n$；$\overline{X}$ 为序列平均值，将 n 个时刻的累积距平值全部算出，即可绘出累积距平曲线进行分析。

计算步骤：

①计算出序列 x 的均值。

②按式(8.6)逐一计算出各个时刻的累积距平值。若累计距平呈上升趋势，表示距平值增加；呈下降趋势，表示距平值减小。从曲线明显的上下起伏，可以判断其长期显著的演变趋势及变化的持续性。

8.3.2 突变分析

目前业务常用的突变检测方法有滑动 t 检验法、克拉默(Cramer)法、山本(Yamamoto)法、曼-肯德尔(Mann-Kendall)法、BG(Bernaola-Galvan)分割算法。目前业务中用滑动 t 检验法检测序列的均值突变，用曼-肯德尔(Mann-Kendall)法检测序列的趋势突变。

8.3.2.1 滑动 *t* 检验

滑动 t 检验法是考察两组样本平均值的差异是否显著来检验突变。其基本思想是把一气候序列中两段子序列均值有无显著差异看为来自两个总体均值有无显著差异的问题来检验。如果两段子序列的均值差异超过了一定的显著性水平，可以认为均值发生了质变，有突变发生。

对于具有 n 个样本量的时间序列 x，人为设置某一时刻为基准点，基准点前后两段子序列 x_1 和 x_2 的样本分别为 n_1 和 n_2，两段子序列平均值为 $\bar{x}_1$ 和 $\bar{x}_2$，方差为 s_1^2 和 s_2^2。定义统计量 t：

$$t=\frac{\bar{x}_1-\bar{x}_2}{s\cdot\sqrt{\frac{1}{n_1}+\frac{1}{n_2}}} \tag{8.7}$$

其中：

$$s=\sqrt{\frac{n_1s_1^2+n_2s_2^2}{n_1+n_2-2}} \tag{8.8}$$

式(8.7)遵从自由度 $v=n_1+n_2-2$ 的 t 分布。

这一方法的缺点是子序列时段的选择带有人为性。为避免任意选择子序列长度造成突变点的漂移，具体使用这一方法时，可以反复变动子序列长度进行试验比较，提高计算结果的可靠性。

计算步骤：

①确定基准点前后两子序列的长度，一般取相同长度.即 $n_1=n_2$。

②采取滑动的办法连续设置基准点，依次按(8.7)式计算统计量。由于进行滑动的连续计算，可得到统计量序列 $t_i[i=1,2,\cdots,n-(n_1+n_2)+1]$。

③给定显著性水平α，查 t 分布表得到临界值 t_α，若 t_i 绝对值小于 t_α，则认为基准点前后的两子序列均值无显著差异，否则认为在基准点时刻出现了突变。

在编程计算时，滑动计算两子序列平均值 $\bar{x}_1$ 和 $\bar{x}_2$，相当于执行两子序列的滑动平均过程。设子序列长度 $n_1=n_2=I_H$，以前 I_H 个数据之和为基数，依次减前一个数往后加一个数求平均，这是第一个序列的滑动平均过程。第二个滑动平均是以第 I_{H+1} 至 $2\times I_H$ 个数据之和为基数，再依次减前一个数往后加一个数求平均。再用滑动的方式依次计算两子序列各自的方差。

计算结果分析：根据 t 统计量曲线上的点是否超过 t_α 值来判断序列是否出现过突变，如果出现过突变，确定出大致的时间。另外，根据诊断出的突变点分析突变前后序列的变化趋势。

8.3.2.2　曼-肯德尔(Mann-Kendall)法

曼-肯德尔(Mann-Kendall)法是一种非参数统计检验方法。非参数检验方法亦称无分布检验，其优点是不需要样本遵从一定的分布，也不受少数异常值的干扰，更适用于类型变量和顺序变量，计算也比较简便。

对于具有 n 个样本量的时间序列 x，构造一秩序列：

$$s_k = \sum_{i=1}^{k} r_i \qquad (k = 2,3,\cdots,n) \tag{8.9}$$

其中：

$$r_i = \begin{cases} 1 & x_i > x_j \\ 0 & x_i \leqslant x_j \end{cases} \qquad (j = 1,2,\cdots,i) \tag{8.10}$$

秩序列 s_k 是第 i 时刻数值大于 j 时刻数值个数的累计数。

在时间序列随机独立的假定下，定义统计量

$$UF_k = \frac{[s_k - E(s_k)]}{\sqrt{\operatorname{var}(s_k)}} \qquad (k = 1,2,\cdots,n) \tag{8.11}$$

式中，$UF_1 = 0$，$E(s_k)$ 和 $\operatorname{var}(s_k)$ 是累计数 s_k 的均值和方差，在 x_1，x_2，…，x_n 相互独立，且有相同连续分布时，它们可由下式算出：

$$\begin{cases} E(s_k) = \dfrac{n(n+1)}{4} \\ \operatorname{var}(s_k) = \dfrac{n(n-1)(2n+5)}{72} \end{cases} \tag{8.12}$$

UF_i 为标准正态分布，它是按时间序列 x 的顺序 x_1，x_2，…，x_n 计算出的统计量序列，给定显著性水平 α，若 $|UF_i| > U_\partial$，则表明序列存在明显的趋势变化。

按照时间序列 x 逆序 x_n，x_{n-1}，…，x_1，再重复上述过程，同时使 $UB_k = -UF_k(k = n, n-1,\cdots,1)$，$UB_1 = 0$。

8.3.2.3　山本(Yamamoto)法

山本方法是从气候信息与气候噪声两部分来讨论突变问题的。

对于时间序列 x，人为设置某一时刻为基准点，基准点前后两段子序列 x_1 和 x_2 的样本分别为 n_1 和 n_2，两段子序列平均值为 $\bar{x}_1$ 和 $\bar{x}_2$，标准差分别为 s_1 和 s_2，定义信噪比为：

$$R_{SN} = \frac{|\bar{x}_1 - \bar{x}_2|}{s_1 + s_2} \tag{8.13}$$

式(8.13)的含义是，两段子序列的均值差的绝对值为气候变化的信号，而它们的变率(用标准差表示)则视为噪声。

在 t 检验中，我们曾假定两段子序列样本相同，即 $n_1 = n_2 = I_H$。那么，比较式(8.7)和式(8.13)，可以得到：$t > R_{SN}\sqrt{I_H}$。若取 $I_H = 10$，$R_{SN} = 1.0$，相当于 $|t| > 3.162$，$t_\alpha = t_{0.01} =$

2.878，$|t|>t_\alpha$，超过 $\alpha=0.01$ 显著性水平，说明两段子序列的均值存在显著性差异，认为在基准点发生了突变。显然，$R_{SN}>2.0$，相当于 $t>6.324$，超过 $\alpha=0.001$ 显著性水平，表明在基准点出现了强的突变。

8.3.3 周期分析

周期分析常用的方法主要有功率谱（Power Spectrum）、最大熵谱（Maximum Entropy Spectrum）、小波分析（Wavelet Analysis）、谐波分析和经验模态分解（Empirical Mode Decomposition，EMD）。

8.3.3.1 功率谱

功率谱分析是以傅里叶变换为基础的频域分析方法，其意义为将时间序列的总能量分解到不同频率上的分量，根据不同频率波的方差贡献诊断出序列的主要周期，从而确定周期的主要频率，即序列隐含的显著周期。

方法概述：对于一个样本量为 n 的离散时间序列 x_1，x_2，…，x_n，可以使用下面两种完全等价的方法进行功率谱估计。

①直接使用傅里叶变换。序列 x_t 可以展成傅里叶级数

$$x_t = a_0 + \sum_{k=1}^{\infty}(a_k\cos\omega kt + b_k\sin\omega kt) \tag{8.14}$$

式中，a_0, a_k, b_k 为傅里叶系数。它们可以由以下方程求得：

$$\begin{cases} a_0 = \dfrac{1}{n}\sum\limits_{t=1}^{n} x_t \\ a_k = \dfrac{2}{n}\sum\limits_{t=1}^{n} x_t\cos\dfrac{2\pi k}{n}(t-1) \\ b_k = \dfrac{2}{n}\sum\limits_{t=1}^{n} x_t\sin\dfrac{2\pi k}{n}(t-1) \end{cases} \tag{8.15}$$

式中，k 为波数，$k=1,2,\cdots,[n/2]$，[ ]表示取整数。不同波数 k 的功率谱值为：

$$\hat{S}_k^2 = \frac{1}{2}(a_k^2 + b_k^2) \tag{8.16}$$

②根据谱密度与自相关函数互为傅里叶变换的重要性质，通过自相关函数间接做出连续功率谱估计。对一时间序列 x_t，最大滞后时间长度为 m 的自相关系数 $r(j)(j=0,1,2,\cdots,m)$ 为：

$$r(j) = \frac{1}{n-j}\sum_{t=1}^{n-j}\left(\frac{x_t-\bar{x}}{s}\right)\left(\frac{x_{t+j}-\bar{x}}{s}\right) \tag{8.17}$$

式中，$\bar{x}$ 为序列的均值；s 为序列的标准差。

由下列得到不同波数 k 的粗谱估计值：

$$\hat{s}_k = \frac{1}{m}\left[r(0) + 2\sum_{j=1}^{m-1} r(j)\cos\frac{k\pi j}{m} + r(m)\cos k\pi\right] \quad (k=0,1,\cdots,m) \tag{8.18}$$

式中，$r(j)$ 表示第 j 个时间间隔上的相关函数。在实际计算中考虑端点特性，常用下列形式：

$$\begin{cases}\hat{S}_0 = \dfrac{1}{2m}[r(0)+r(m)]+\dfrac{1}{m}\sum\limits_{j=1}^{m-1}r(j) \\ \hat{S}_k = \dfrac{1}{m}\left[r(0)+2\sum\limits_{j=1}^{m-1}r(j)\cos\dfrac{k\pi j}{m}+r(m)\cos k\pi\right] \\ \hat{S}_m = \dfrac{1}{2m}[r(0)+(-1)^m r(m)]+\dfrac{1}{m}\sum\limits_{j=1}^{m-1}(-1)^m r(j)\end{cases} \tag{8.19}$$

最大滞后时间长度 m 是给定的。在已知序列样本量为 n 的情况下，功率谱估计随 m 的不同而变化。当 m 取较大值时，谱的峰值就多、但这些峰值并不表明有对应的周期现象，而可能是对真实谱的估计偏差造成的虚假现象。当 m 取太小值时，谱估计过于光滑，不容易出现峰值，难以确定出主要周期。因此最大滞后长度的选取十分重要，一般 m 取为 $n/3 \sim n/10$ 为宜。

上述两种方法得到的谱估计都与真实谱存在一定误差。因而对粗谱估计需要作平滑处理，以便得到连续性的谱值。常用汉宁平滑系数来进行平滑。

$$\begin{cases}s_0 = 0.5\hat{s}_0 + 0.5\hat{s}_1 \\ s_k = 0.25\hat{s}_{k-1} + 0.5\hat{s}_k + 0.25\hat{s}_{k+1} \\ s_m = 0.5\hat{s}_{m-1} + 0.5\hat{s}_m\end{cases} \tag{8.20}$$

8.3.3.2 最大熵谱

1967 年 Burg 提出了一种称之为“最大熵”谱估计的方法，从而将谱估计推进了一个新的阶段。最大熵谱的基本思想是，以信息论中熵的概念为基础，选择这样一种谱估计——在外推已知时间序列的自相关函数时，其外推原则是使相应的序列在未知点上取值的可能性具有最大的不确定性，也就是不对结果做人为的主观地干预，因而所得信息最多。最大熵谱估计是以确定时间序列的参数模式——自回归模型有关的方法，是一种参数谱估计。最大熵谱具有分辨率高等优点，尤其适用于短序列，因此受到人们的广泛重视。

方法概述：假定研究的随机事件只有 n 个相互独立的结果，它们相应的概率为 $P_i(i=1,2,\cdots,n)$，且满足 $\sum\limits_{i=1}^{n} P_i = 1$。已经证明，可以用熵 H 来度量随机事件不确定性的程度：$H = -\sum\limits_{i=1}^{n} P_i \lg P_i$ 。

对均值为 0，方差为 σ^2 的正态分布序列 x 有：

$$f(x) = \frac{1}{\sqrt{2\pi\sigma}}\mathrm{e}^{-x^2/2\sigma^2} \tag{8.21}$$

则有：

$$H = \ln\sigma\sqrt{2\pi\mathrm{e}} \tag{8.22}$$

由信息论可知，随机事件以等概率可能性出现时，熵值达到极大。由式(8.26)可知，熵谱越大，对应的方差 σ^2 越大。将式(8.22)推广，且考虑方差与功率谱的关系，则有

$$H = \int_{-\infty}^{\infty}\ln s(\omega)\mathrm{d}\omega \tag{8.23}$$

功率谱与自相关函数间有下列关系：

$$r(j) = \int_{-\infty}^{\infty} s(\omega)e^{i\omega j}\mathrm{d}\omega \tag{8.24}$$

式(8.24)表明，自相关函数 $r(j)$ 与谱密度 $s(\omega)$ 按傅里叶变换一一对应。然而对有限的样本序列，只有有限个 $r(j)$ 估计值代替 $r(j)$ 。因此，关键的问题在于如何利用 $r(j)$ 提供的信息去估计谱密度 $s(\omega)$ 。利用泛函分析中拉格朗日乘子法可以证明，欲使谱估计满足式(8.24)，且使熵谱为最大，则其谱密度：

$$S_H(\omega)=\frac{\sigma_{k_0}^2}{\left|1-\sum_{k=1}^{k_0} a_k^{(k_0)} e^{-i\omega k}\right|^2} \tag{8.25}$$

式中 k_0 为自回归的阶数；$a_k^{(k_0)}$ 为自回归系数；$\sigma_{k_0}^2$ 为预报误差方差估计。由上述方程可见，最大熵谱估计实质上是自回归模型的谱。

最大熵谱最流行的算法是由伯格设计的。伯格算法的思路是，建立适当阶数的自回归模型，并利用式(8.25)计算出最大熵谱。在建立自回归模型中，必须根据某种准则截取阶数 k_0 ，并递推算出各阶自回归系数。

变量 x 的自回归模型为：

$$x_t = a_1 x_{t-1} + a_2 x_{t-2} + \cdots + a_k x_{t-k} + \varepsilon_t \tag{8.26}$$

式中 ，$a_1, a_2, \cdots, a_k$ 为自回归系数；ε_t 为白噪声。在线性系统中，将自回归模型看作预报误差滤波器，输入为 x_t 输出为 ε_t ，式(8.26)可以写为：

$$\varepsilon_t = x_t - a_1 x_{t-1} - a_2 x_{t-2} - \cdots - a_k x_{t-k} \tag{8.27}$$

假设均值为 0，k 阶预报误差滤波器输出方差为 σ_k^2 ，则相应的系数为 $a_{k_1}, a_{k_2}, \cdots, a_{k_k}$ 。那么，零阶（ $k=0$）预报误差滤波器输出方差的估计值为：

$$\sigma_k^2 = \frac{1}{n}\sum_{t=1}^{n} x_t^2 = r(0) > 0 \tag{8.28}$$

根据尤尔-沃克(Yule-Walk)方程可以推出 $k=1$ 时预报误差滤波器输出方差的估计值为：

$$\begin{cases} r(1) = a_{11}\sigma_0^2 \\ \sigma_1^2 = (1-a_{11}^2)\sigma_0^2 \\ a_{11} = 2\sum_{t=2}^{n} x_t x_{t-1} \Big/ \sum_{t=2}^{n}(x_t^2 + x_{t-1}^2) \end{cases} \tag{8.29}$$

当 $k=2$ 时，$r(2) = a_{11} r(1) + a_{11}\sigma_1^2$ 则：

$$\begin{cases} \sigma_2^2 = \sigma_1^2 - a_{22}[r(2) - a_{11} r(1)] = (1-a_{22}^2)\sigma_1^2 \\ a_{21} = a_{11} - a_{22} a_{11} \\ a_{22} = \dfrac{\sum_{t=3}^{n}(x_t - a_{11}x_{t-1})(x_{t-2} - a_{11}x_{t-1})}{\sum_{t=3}^{n}[(x_t - a_{11}x_{t-1})^2 + (x_{t-2} - a_{11}x_{t-1})^2]} \end{cases} \tag{8.30}$$

由归纳法可以导出递推公式，在 $a_{kj}(j=1,2,\cdots,k)$ 已知情况下，$r(k+1) = \sum_{j=1}^{k} a_{kj} r(k+1-j) + a_{k+1,k+1}\sigma_k^2$ ，可以求 $a_{k+1,k+1}$ ：

$$\begin{cases} \sigma_{k+1}^2 = (1 - a_{k+1,k+1}^2)\sigma_k^2 \\ a_{k+1,j} = a_{kj} - a_{k+1,k+1}\, a_{k,k+1-j} \\ a_{k+1,k+1} = \dfrac{2\sum\limits_{t=k+2}^{n}\left(x_t - \sum\limits_{j=1}^{k} a_{kj}\, x_{t-j}\right)\left(x_{t-k-1} - \sum\limits_{j=1}^{k} a_{kj}\, x_{t-k-1+j}\right)}{\sum\limits_{t=3}^{n}\left[\left(x_t - \sum\limits_{j=1}^{k} a_{kj}\, x_{t-j}\right)^2 + \left(x_{t-k-1} - \sum\limits_{j=1}^{k} a_{kj}\, x_{t-k-1+j}\right)^2\right]} \end{cases} \tag{8.31}$$

由上面递推过程可以看到，伯格算法巧妙之处在于直接从序列来计算谱密度中的参数，不必提前算出自相关函数。

确定自回归模型的阶数 k_0 可以采用下面几种准则：

(1)最终预测误差(FPE)准则

这一准则的含义为：如果用由过程的一组采样所算出的自回归模型来估计同一过程的另一组采样，则会有预测均方误差，该误差在某一个 k 值时最小。当过程的均值为 0 时，k 阶自回归模型的 FPE 定义为：

$$FPE(k) = \frac{n+k}{n-k}\sigma_k^2 \qquad (k = 1,2,\cdots,n-1) \tag{8.32}$$

由于 σ_k^2 随 k 的增加而减少，而 $\frac{n+k}{n-k}$ 项随 k 的增加面增大，所以在某一个 k 值时，$FPE(k)$ 将出现最小值。根据最终预测误差准则，这个 k 值就定义为自回归模型的最佳阶数。

(2)信息论准则(AIC)

AIC 准则是将统计学中极大似然原理估计参数的方法加以改进而提出来的。AIC 准则定义为：

$$AIC(k) = \ln\sigma_k^2 + \frac{2k}{n} \tag{8.33}$$

由方程可以看出，AIC 准则是通过预测均方误差与模型阶数的权衡来确定模型的。显而易见，以 AIC 值达到最小为准则确定自回归模型的阶数。从数学上可以证明，在一定条件下 FPE 与 AIC 是等价的。

(3)自回归传输函数准则(CAT)

CAT 准则是由帕森(E. Parzen)提出的。按照这个准则，当自回归模型与估计自回归模型二者均方误差之差的估计值为最小时，自回归的阶数就是最佳阶。CAT 准则定义为：

$$CAT(k) = \frac{1}{n}\sum_{j=1}^{k}\frac{n-j}{n\,\sigma_j^2} - \frac{n-k}{n\sigma_k^2} \tag{8.34}$$

8.3.3.3 小波分析

小波分析(Wavelet Analysis)亦称多分辨率分析(Multi resolution Analysis)，被认为是傅里叶分析方法的突破性进展。其既保持了博里叶分析的优点，又弥补了某些不足。原则上讲，过去使用傅里叶分析的地方，均可以由小波分析取代。

小波分析实际上是将一个一维信号在时间和频率两个方向上展开，这样就可以对信号的时频结构作细致的分析，提取有价值的信息。小波系数与时间和频率有关，可以将小波分析结果绘制为二维图像。这样将不同波长的结构进行了客观的分离，使波幅一目了然地展现在一张图上。当然，对结果的分析还需凭借对研究对象的系统认识。小波变换结果可以作以下几方面的分析：①利用分辨率调的特性，对感兴趣的细小部分进行放大，可以十分细致地分析系统的局部结构和任一点附近的振荡特征，如分析某一波长振荡的强度等。②在小波系数呈现振荡之处分辨局地的奇异点，确定序列不同尺度变化的时间位置，提供突变信号，由此可以作序列的阶段性分析。③从平面图上同时给出的不同长度的周期随时间的演变特征，认识不同尺度的扰动特性，由此判断序列存在的显著周期。④利用小波方差可以更准确地诊断出多长周期的振动最强。另外，从分段的小波方差中推断某一时段内多长周期的振动最突出。在气候诊断中，广泛使用的傅里叶变换可以显示出气候序列变化的尺度，还可以显现出变化的时间位置。后者对于气候预测是十分有用的。

用小波分析研究气候序列周期的步骤如下：

①根据研究问题的时间尺度确定出频率参数 α 的初值和 α 增长的时间间隔。

②选定并计算母小波函数。

常用的母小波函数有墨西哥帽状小波、Morlet 小波等。

墨西哥帽状小波：

$$\psi(t)=(1-t^2)\frac{1}{\sqrt{2\pi}}e^{\frac{-t^2}{2}},-\infty<t<\infty \tag{8.35}$$

Morlet 小波：

$$\psi(t)=\pi^{\frac{1}{4}}\ e^{\frac{t^2}{2}}e^{-i\omega_0 t},-\infty<t<\infty \tag{8.36}$$

式中，$\omega_0=6.0$ 为非空间化频率。

③将确定的频率 α 和研究对象序列 $f(t)$ 及母小波函数 $\psi(t)$ 代入下式：

$$\omega_f(a,b)=|\alpha|^{-\frac{1}{2}}\Delta t\sum_{i=1}^{n}\int_R f(i\Delta t)\bar{\psi}\left(\frac{t-b}{a}\right)\mathrm{d}t \tag{8.37}$$

式中，$\bar{\psi}$ 为 ψ 的复共轭函数；Δt 为取样间隔。

④计算小波方差并作显著性检验。

定义 $E=|\omega_{f(a,b)}|^2$ 为小波功率谱，$\mathrm{var}(a)=\sum_{n=0}^{N-1}\left|\,|\omega_{f(a,b)}|^2\right|$ 为小波方差。小波功率谱和小波方差可用相应的噪声标准谱检验。

8.3.4 气候变化影响评估

8.3.4.1 气候变化对水资源的影响、脆弱性和适应性评估

气候变化对水文与水资源影响的研究基本上都遵从“未来气候情景设计—水文模拟—影响研究”的模式，具体来说可以归纳为：①设计或选定未来气候变化情景；②选择、建立并验证水文水资源模型；③以气候变化情景作为水文模型输入，计算并分析区域水文循环过程和水文变量；④评估气候变化对水文水资源的影响，提出相应的对策和措施。

研究方法和技术路线：

(1)通过收集现有的各类资料(遥感信息、国土资源集、流域地形图、土壤植被图、社会经济发展规划、土地利用规划、水利工程及长期供水计划等自然和社会经济资料)，调查采访、实地考察等方法获得近 50 年来流域气候、水文、土地利用/土地覆盖变化、蓄水引水等水利工程资料、流域规划及社会经济资料，并在地理信息系统支持下按地形、土壤、植被、土地利用、水文气候数据、水利工程分布、水系网络、水文地质参数、社会经济统计数据和行政区划等专题组织建

立数据库。

(2)根据近50年来流域气候与土地利用变化资料,分析气候与土地利用变化对流域水循环与水量平衡和洪水干旱的影响。根据各类统计资料及实地调查采访评估水资源短缺及洪涝灾害对社会经济造成的损失,应用统计分析方法定量区分气候变化与土地利用和土地覆盖变化及蓄水引水工程对流域水量平衡和洪水干旱频率与强度变化的贡献。

(3)根据各流域地貌、地质和土壤等自然条件并兼顾行政区划、经济发展水平等因素将流域划分成若干既相互独立又有着联系的基本单元,在地理信息系统支持下进行地表水、地下水联合调度及供需双方可供水量和所需水量的计算。利用该模型进行流域水资源脆弱性和水资源管理对策分析。

(4)应用人口与劳动力预测模型进行未来人口增加、人口迁移和劳动力预测;应用灰色系统、多目标规划等方法并结合现有的流域社会经济发展规划、土地利用规划、水利规划对未来50年流域土地需求量变化和社会经济发展速度与产业结构变化进行预测;在未来土地利用变化预测基础上应用林窗模型、草地生态模型等模拟未来土地覆盖变化。在此基础上建立未来50年流域水资源供需本底。

(5)应用时间序列分析方法以及旱涝序列和现代气候观测资料,分析气候变化的显著周期,以此为基础生成未来气候情景;应用大气环流模式CO_2倍增数值试验结果生成未来气候情景;结合气候自然变化和温室效应生成未来气候情景。

(6)未来气候情景与未来流域需水情景及流域地表水地下水、联合调度模型相结合,进行未来气候变化流域水资源供需平衡与脆弱性及水资源管理对策、适应性分析。

(7)应用系统动力学方法,在分析水资源开发对经济发展的正反馈关系、生产能力与水资源待开发利用量间的负反馈关系、工业能力与农业生产能力之间的正反馈关系、工农业生产能力与社会生产性积累的正反馈关系、社会消费对国民收入的正反馈关系及生产能力与生态环境之间的负反馈关系的基础上,构建社会总产值和国民收入的形成与分配、人口与劳动力、水资源开发及分配利用、工业经济、农业经济、第三产业、区域人口承载力和生态环境污染与保护等子模型。通过调查收集研究地区的有关资料,确定系统有关参数。利用系统动力学专用模拟语言,建立研究地区经济与资源开发和生态环境系统动力学模型。应用该模型模拟近50年来的气候变化对社会经济的影响,并与历史资料比较,对模拟结果进行检验。将模型与未来气候情景相结合,模拟未来气候变化对研究地区社会经济的可能影响,并运用该模型进行资源开发和经济同生态环境协调发展弹性方案仿真模拟调控,探讨可持续发展响应对策。

(8)地理信息系统与专业分析模型相集成,根据资料的空间分辨率将流域网格化,通过GIS(地理信息系统)对空间数据的管理建立分布式水文模型。以土壤水分运动方程和圣维南方程组为控制方程,结合下垫面网格数据并运用数值计算方法进行水流行为数值模拟。模型求解时,可结合水文学洪水预报方法进行适当简化,以便应用于资料少而面积较大的流域;地理信息系统—水文模型—土壤侵蚀和泥沙运移输送模型相集成模拟泥沙迁移、沉积过程;地理信息系统—水文模型—水质模型相集成,模拟污染物迁移转化过程。在此基础上分析评价气候变化与土地利用/土地覆盖变化对洪水和水土流失等方面的影响。

8.3.4.2 气候变化对农业的影响、脆弱性和适应性评估

农业可能是对气候变化反应最为敏感的产业之一。国际上与农业有关的综合评估模型有:①RegIS,Regional Climate Change Impact and Response Studies in East Anglia and North

West England，其不仅考虑了对产量的影响，还考虑了农民调整作物的相应措施；②IMAGE，Integrated Model to Assess the Greenhouse Effect，考虑了肥料和技术改进；③AIM，Asian-Pacific Integrated Model，研究气候变化条件下的水资源对农业的影响，还将作物产量和粮食贸易模型和宏观经济模型相连接；④ICAM，Integrated Climate Assessment Model。考虑了适应气候变化的能力；⑤MINK，美国区域影响评估研究(包括 Missouri、Iowa、Nebraska 和 Kansas)；⑥CLIMPACTS 模型，空间分辨率高达 1 km。

8.3.4.2.1 影响及适应性研究

(1)近年来我国先后引进了美国佛罗里达州立大学和夏威夷大学主持研制的 CERES 系列作物模式，其中包括小麦、水稻、玉米、大豆等作物模型，并在某种程度上作了这些作物模型在我国的适应性分析研究。金之庆等(1994)利用美国环保局改进后的可以用于气候变化影响研究的美国佛罗里达州立大学 Jones 等人的 SOYGRO 作物模型，分析了气候变化对我国大豆生产的利弊。

(2)吴连海(1995)以 CERES 小麦模型原形为基准，小麦群体的光合作用和吸收作用模型采用荷兰 Wageningen 大学 SUCROS 模式，对参数进行了修正，其模拟结果和北京、河南的田间实验结果基本一致，即适宜品种在强冬性和弱冬性品种之间变化，气候变化不会超过此范围；小麦的适宜播种期，随秋季温度的提高而推迟。

(3)张宇等(1995)对国际水稻研究所和荷兰 Wageningen 大学理论生产生态系共同研制的 ORYZAI 水稻模型在我国的应用效果进行了研究。试验田选在江西和湖南，从 1992—1993 年在 3 个试验田进行早、中、晚稻共 7 个品种 20 个播种期的实验，结果说明该模式是一个比较原始、基本的模式，它对群体分布、光合作用、呼吸各器官生长的模拟有较好的理论性和适用性，就一定地区来说只要输入气象资料即可模拟作物整个生长过程，各要素的时间变化趋势与实测值比较一致，但有较大的平均相对误差，有待完善和改进。

(4)高素华等(1992)根据 1951—1987 年的农作物产量和气象资料，采用多元回归模式，建立了主要农作物气象产量的预测模型，结果表明：华北冬小麦有减产趋势，而西北有增产趋势；水稻在各生产区均有增产趋势；东北、华北、西北和西南地区的玉米有增产趋势，长江中下游和华南有减产趋势。

(5)田展等(2006)在研究气候变化对中国黄淮海农业区小麦生产影响时，提出了基于 CERES-Wheat 模型的气候变化对小麦生产的影响评估方法(图 8.2)。

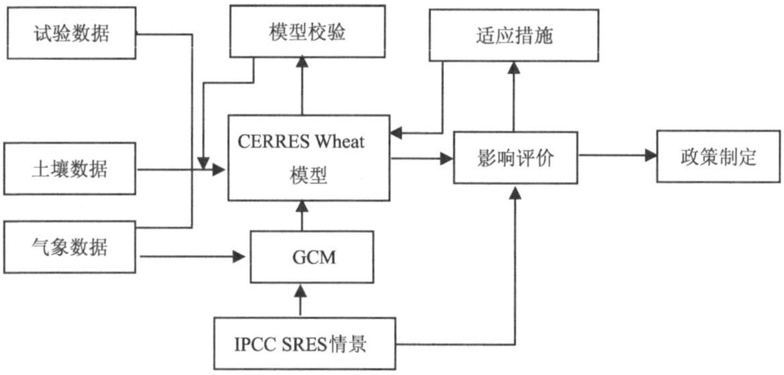

图 8.2 基于 CERES-Wheat 模型的气候变化对小麦生产的影响评估流程

8.3.4.2.2 脆弱性研究

脆弱性研究一般是通过寻找特定的研究群体或单元(无耕地的农民,农业等),识别研究单元承受多种胁迫造成的负面结果的风险程度,以确定一系列减缓或适应胁迫的措施。根据评价单元和目标的差异,数据的可利用性以及社会经济情景差异,脆弱性的研究方法主要包括以下几种:

(1)实地调查法。当可用资料缺乏时,直接咨询和田间调查相结合的方法是评价农业气候变化脆弱性的最好方法。这种方法主要是通过选取容易获取的指标进行实地咨询调查,再进行综合定性分析确定农业的脆弱性。可选指标很多,如作物产量、人均收入、营养水平、作物的管理措施、收入来源及减缓措施等。在进行农业气候变化脆弱性研究中,可以采用农户随机抽样、问卷调查、座谈及讨论等方法获取所需信息,结合经济状况、农事活动、种植机制等信息,从中选出调查地区的主要胁迫因子,利用叠加制图的方法对研究地区的气候脆弱性进行了研究。

(2)产量分析法。作物对气候变化最直接的响应主要反映在作物产量的变化上。通过作物产量变化分析进行农业脆弱性研究,主要是将气候波动期的作物产量与正常年份的作物产量进行比较,根据作物产量的变化情况,进一步分析农业的敏感性和脆弱性。因为作物产量的历史记录数据或异常年份的产量数据可靠性大,使得研究结果相对比较准确。

(3)相似分析法。可分为时间相似法和空间相似法两种。时间相似法主要是在时间序列数据不足的情况下,采用模型进行相似模拟得到所需数据。空间相似法用来预测在未来气候变化条件下,哪些地区的气候特征与目前另一些地区的气候特征相似从而预先采取一定的适应措施。空间相似法能提供未来气候对农业影响的一些信息,对新品种引入、种植制度调整等有借鉴意义。通过这些信息可以评价地区的适应能力,进行脆弱性评价。相似分析法主要用来填充脆弱性研究信息的不足。

(4)案例研究法。气候变化影响和适应评估组织(AIACC)已在全球进行了多个农业脆弱性的案例研究,可以选择国家、区域或地区等不同尺度。由于案例研究选择目标的不同,如果评价目标是特定事件的敏感性、脆弱性以及适应性时,进行综合案例研究比较适宜。王馥棠等(2003)进行的黄土高原地区农业生产对气候变化的脆弱性研究就是典型的案例研究。他们通过实考察、问卷调查等结果,选择了敏感性指标(气候敏感指标、环境敏感指标和土壤敏感指标)和适应能力指标(社会经济条件、农业基础条件和资源环境条件),采用专家评分和AHP层次分析法分配指标权重,计算脆弱性,确定了黄土高原陕甘宁区农业生产的气候变化脆弱性分布状况。

(5)统计模型法和物理模型法。由于计算机技术的发展,利用计算机进行模拟研究已成为热点。作物模型有作物产量统计模型和作物生长/土壤/大气机理模型两种。气候情景数据可以由GCMs或RCMs输出,也可利用相似的历史数据。将作物模型和气候情景模型相结合,利用作物产量、生长期等的变化,研究农业的气候变化敏感性和脆弱性。还可以将作物模型输出的产量数据输入到经济模型中,通过产量的变化研究气候变化下农户收入、国际贸易等的敏感性和脆弱性。模型研究需要建立一个全面、可靠的信息数据库,但数据库建立的难度较大。

(6)综合评估法。综合评估方法主要包括气候情景设计、敏感性分析、脆弱性指标确定、适应对策的调查统计、适应能力测定和气候脆弱性评价6个部分。目前,很多研究都采用综合评估方法进行脆弱性评估。如殷永元(2004)通过选择关键性指标、确定指标临界值、确定指标对系统脆弱性和适应能力的相对重要性,运用模糊形态分类模型对我国西部黑河流域的气候脆弱性和适应能力进行了综合评价，是该方法的一个典型的例子。

8.3.4.3 气候变化对自然生态系统的影响、脆弱性和适应性评估

气候变化对自然生态系统已造成并将继续产生明显影响。全球气候变暖对全球许多地区的自然生态系统已经产生了影响，如海平面升高、冰川退缩、冻土融化、河湖冰迟冻与早融、中高纬生长季节延长、动植物分布范围向极区和高海拔区延伸、某些动植物数量减少、一些植物开花期提前，等等。随着气候变化频率和幅度的增加，遭受破坏的自然生态系统在数目上会有所增加，其地理范围也将增加。

研究方法和技术路线：

生态系统对气候变化的响应，必须确定“正常”气候状况下生态系统的基准态；弄清气候变化过程、生物响应过程、环境基础和人类活动对生态系统影响的机理及程度；确定衡量生态系统适应性的指标，应该从生态系统的结构、功能、生产力三个方面进行，而生产力是最为直接和最容易定量估算的指标；此外，还必须对生态系统的适应性进行评价，以确定生态系统是否达到不适应气候变化的状态(图 8.3)。

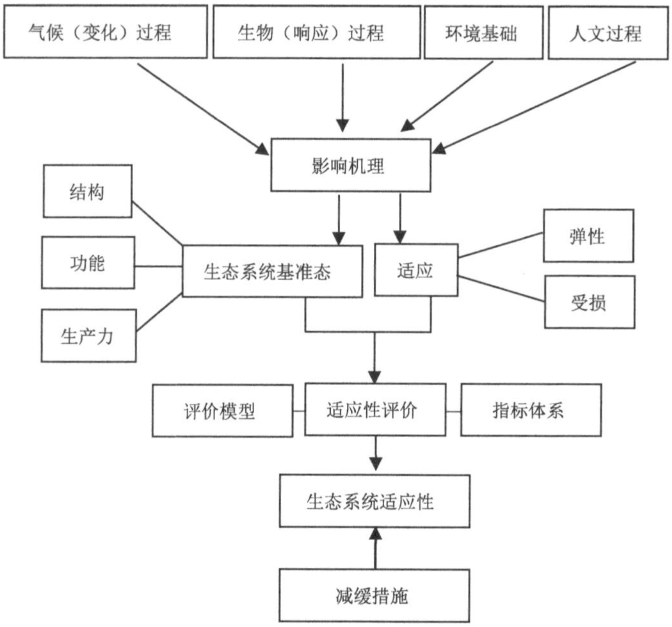

图 8.3 生态系统对气候变化的响应

定量评价自然生态系统的影响、脆弱性等是目前气候变化研究领域紧迫而重要的任务之一。由于自然生态系统的影响、脆弱性是一种很难预见的现象，对其进行定量评价存在诸多困难。尽管如此，定量或半定量的评价工作仍在不断进行之中。评价中应用的方法包括：情景分析、生态模型模拟和综合指标法。情景分析为脆弱性评价提供气候背景数据，是驱动生态模型最重要的因子之一；生态模型模拟是自然生态系统脆弱性评价的基础，其模拟效果的好坏直接影响评价结果，因此选择一个好的模型，将使脆弱性定量评价获得更可信的结果；综合指标法是定量评价气候变化下自然生态系统脆弱性的主要研究方法，应用非常广泛，其中指标的选取、指标权重的确定和生态参照基准或气候变化下生态阈值的确定是最为关键的三个问题。

(1)情景分析

情景分析又称为前景描述,是在不确定环境下解读未来的方法,有利于我们了解复杂动态系统的未来可能发展。由于人类还无法准确预测未来的气候状态,因此,目前的脆弱性评价工作多基于气候情景分析。

(2)生态模型模拟

生态模型模拟是预测生态系统对气候变化响应的有效手段。生态模型较多,应用于生态系统响应气候变化的模型主要有经验回归模型和过程模型。经验回归模型大多是基于植被与气候之间关系的经验回归关系,如 Thornthwaite Memorial 模型、Chikugo 模型、Holdridge 的生命地带模型等。传统的经验模型是根据简化的气候变化计算得来的,并未考虑植物的生理反应与复杂生态系统的功能变化,同时也未考虑植被对气候变化响应的滞后性,重要的是没有考虑 CO_2 浓度倍增后大气环流的影响及其响应,因此在生态系统对气候变化的响应研究中有一定的局限性。过程模型考虑生态生理、生物物理过程和这些过程确定的植被的空间和时间特征,描述碳、水、营养元素在植被不同部分之间以及在土壤和大气之间的流量和动态。过程模型又可分为生物地球化学模型和生物地理模型。前者可以模拟生态系统功能的变化,但无法模拟气候变化对植被再分布所产生的可能影响,陆地生态系统模型(TEM)、CENTURY 模型、DOLY 模型、BIOME2BGC 模型、CEVSA 模型以及我国自主开发的 AVIM 模型都属于该种类型。后者既可模拟生态系统功能的变化,也可模拟生态系统结构的变化(包括地理分布与物候),可用于潜在的植被类型研究,代表性模型有 BIOME 模型、MAPSS 模型等,已用于估算自然生态系统对大气 CO_2 浓度倍增及相关气候变化在区域和全球尺度上的平衡响应。目前在脆弱性评价研究领域虽然应用较多的是生物地球化学模型,但生物地理模型的应用是发展的必然趋势。我国学者季劲钧等(2005)建立的 AVIM 模型是国内比较完善的一个生物地球化学模型,在气候变化脆弱性评价中取得了较为客观的结果。该模型已实现了与国家气候中心正在研发的新一代气候系统模式的耦合。Cao 等(1998)开发完善的 CEVSA 模型经改进可同时模拟生态系统类型的潜在分布和生态系统功能的变化,正在向生物地理模型方向发展,是我国生态系统脆弱性评价的有力工具之一。我国应更多地引进国外优秀的生态过程模型,并加快本土化进程,同时加强自主开发适合我国生态状况的动态过程模型,为脆弱性评价提供支撑工具。

(3)综合指标法

指标的选取:由于气候变化的影响涉及生态系统的方方面面,因此反映生态系统变化的指标也是多种多样的。到目前为止,对于采用哪些指标来衡量生态系统的脆弱性还没有统一标准。李克让等(1996)选取林地质量、林龄结构、森林灾害、薪材供应情况、薪材类型变化、生产力变化、森林火险等指标,构造我国森林脆弱性综合指标来衡量我国森林的现实脆弱性和未来脆弱性情况;李双成等(2005)选取了可以反映生态系统结构、功能和生境状况的指标(物种多样性、群落盖度、净第一性生产力、建群种年生长量、地表干燥度、土壤碳密度),研究了我国自然生态系统的脆弱性变化趋势。与脆弱性评价研究相类似的生态系统健康评价,也多从系统的活力、组织结构和恢复力等几个确定能够反应系统健康状况的特征指标进行评价,可以为生态系统的脆弱性评价提供借鉴。在众多生态系统脆弱性评价研究中,常见的指标有生产力、植被覆盖度、生物量、物种多样性、能量流、营养循环、食物链、种群优势度、外来种入侵率等。此外还有脆弱性形成的成因指标、表示系统适应能力的结果表现指标等。脆弱性指标选取中应尽量选择可以客观反映自然生态系统特征变化且数据可获取性强的指标。由于不同生态系统对气候变化响应有其独特性，因此，应根据生态系统类型的不同特征而选用不同指标，如森林生态系统与草原生态系统的脆弱性评价应选用不同的指标体系。

评价指标的权重赋值及脆弱性等级划分：生态系统脆弱性评价指标的权重赋值方法很多，有专家打分法、层次分析法、主成分分析法、人工神经网络、模糊逆方程法、灰色关联法等诸多方法，其中以专家打分法和层次分析法较为常见，神经网络法以其减少主观性的优势也越来越多地被应用。划定各指标不同脆弱性等级，通常是以系统的生态基准或阈值作为基础的。生态基准类似环境科学中的"环境本底"，是指自然生态系统在适宜环境条件下的原始状态和特征值。生态基准的确定有两种途径：①根据生态系统关键成分的生理幅度，计算其基础生态位，并以生态系统的基础生态位作为生态基准，该途径主要用于确定不同生态系统类型空间地理位置的分布；②取某类生态系统在某区域或全球长期的平均特征值作为生态基准，用来确定生态系统结构、功能的生态基准。生态阈值是指生态系统从一种稳定状态快速转变为另一种稳定状态的点或区域，是一个很难定量化的概念，因此，生态系统响应气候变化脆弱性研究领域中生态阈值还没有统一的数据。AIR2CLIM 项目评价气候变化对欧洲自然生态系统脆弱性的影响情况时，将第一性生产力(NPP)作为生态系统响应气候变化的指标，以 NPP 的变化量不超过多年平均的 10%作为划分系统脆弱与否的标准，若 NPP 的变化超出 10%，此时的气候条件即为危险的气候条件，其思想是将多年平均的 NPP 作为生态基准，将 10%的变化量作为划分系统脆弱与否的阈值。吴绍洪等(2005)在研究中国自然生态系统响应气候变化脆弱性时，以不同类型生态系统的全球长期平均值确定生态基准，并根据全球各类生态系统的研究成果，划分不同生态脆弱等级的状态阈值，以 NPP 为例，减少 40%、60%、80%和 100%划分生态系统的状态分别为轻微不适应(轻微脆弱)、中度不适应(中度脆弱)、严重不适应(重度脆弱)和完全不适应(系统崩溃)。其研究表明，我国自然生态系统基本上处于基准、轻度和中度脆弱状态，其模拟和评价结果尚未发现生态系统完全不适应气候变化的情况，但不同气候情景下不同的区域可能有不同的响应状态。

8.3.4.4 气候变化对能源和社会经济的影响、脆弱性和适应性评估

IPCC 第四次评估报告第二工作组报告指出，在一些温带和极地地区，气候变化对工业、人居环境和社会的影响是正面的，而对其他大部分地区则是负面的，但总体而言，气候变化越剧烈，负面影响就越大。

研究方法和技术路线：

(1)王灿等(2005)应用一个综合描述中国经济、能源、环境系统的递推动态"可计算一般均衡"(Computable General Equilibrium，CGE)模型，分析在中国实施碳减排政策的经济影响。CGE 模型假设，生产者和消费者分别根据利润最大化和效用最大化原则，在资源约束和预算约束下，进行最优投入决策和支出决策，用一组隐含了上述优化决策过程的方程来描述经济系统中的供给、需求以及市场关系。模型一般由商品的价格与数量、生产要素的价格与数量、政策变量(如政府制定的税率)、技术进步变量、宏观变量等五类变量组成。

(2)冯相昭等(2007)选取对气候变化敏感并且脆弱性较高的农业领域为研究对象，采用生产效应法对其由于极端气候事件而产生灾害(干旱、洪涝和热带气旋)的直接经济损失进行评估，采用社会调查法对人员和房屋损失进行估算，并简单分析了目前的农业灾害风险救助体系。生产效应法，又称为生产率变动法，事实上是一种环境损害与效益的价值评估方法。这种方法主要通过衡量环境变化对受体造成影响的物理效果和范围，估计该影响对成本或产出造

成的影响，进一步估算产出或者成本变化的市场价值。

(3)张永勤等(2001)采用经济学上著名的“投入—产出”分析方法，结合气候变化对工业影响的统计模型和对农业产量影响的计算机模拟系统，建立了气候变化对区域经济影响的投入—产出模型，预测了未来不同气候变化情景对经济部门国内生产总值和总产出量的影响，分析了当气候变化对工业、农业部门的生产和产品发生影响时，导致的国民经济其他部门生产和产品的改变、部门间需求的变化和各部门间投入产出流量的变化，为决策者提供了一些适应气候变化的相应对策研究结果，为实现气候变化情景下区域经济的平衡与协调发展，以及制定区域经济的发展规划提供了理论依据。

(4)丑洁明等(2006a)选择在经济研究中运用较为成熟的柯布-道格拉斯生产函数(简称C-D生产函数模型)作为研究的起点。这一模型是数学家柯布(Cherles Cobb)与经济学家道格拉斯(Paul Dauglas)于1928年首先合作提出的，经过其他经济学家不断的修改和完善，一直沿用至今，在经济学生产函数模型中仍占有重要的地位。C-D生产函数模型比其他函数形式更适合描述粮食投入产出的过程，可以用它连接经济指标，进行经济分析。丑洁明等(2006b)在C-D生产函数模型的基础上建立一个经济—气候模型，即在模型中添加气候变化因子，以此研究气候变化对粮食产量的影响。现在通常用的C-D模型有三个输入因子：土地、劳动力、资金投入，这三个因子在某一地区和某一时间段内不变，在此将可变的气候因子也作为输入因子，以求用这个新模型从总体上评价、分析和预测气候变化对中国粮食产量影响。

8.3.4.5 气候变化对人体健康的影响、脆弱性和适应性评估

气候变化将影响人类居住环境，尤其是江河流域和海岸带低地地区以及迅速发展的城镇居民，受气候变化影响最普遍最直接的威胁是洪涝和滑坡。人类居住目前所面临的水资源和能源短缺、垃圾处理和交通等环境问题也可能因高温多雨而加剧。

研究方法和技术路线：

(1)各种气候变化都会导致人体机体极为复杂的直接反应和间接反应。气候要素对人体的影响一般是通过神经感受器、下丘脑、植物神经系统、内分泌腺等几种方式。人类要适应环境，只有保持与气候变化之间的动态平衡，才能正常地从事各种活动。周后福(1999)把气候要素作用于人体的影响程度分为几大类，即大多数人感觉舒适、稍不舒适、不舒适、极不舒适。考察每个要素对人体影响的经验关系式。选择对人体健康影响较为密切的气候要素，即大气温度、大气化学物质、气压、湿度、太阳辐射、大气电现象、风、雾等要素。设气温、大气化学物质、气压、湿度、太阳辐射、大气电现象、风、雾等，建立上述气候因子影响人体健康的经验关系式，来评价气候变化对于人体健康的影响。

(2)徐敬林(2008)通过对气候和土壤湿度变化的评估得到对疟疾风险变化的评估，建立了疟疾模式评估框架。模式主要包括孢子生殖与温度之间的关系以及表明带菌者气候响应的生态气候指数。

8.3.4.6 气候变化与适应性措施的综合评估

气候变化影响和适应对策方法评估，可以从以下四点出发：①明确和评价当前气候影响和胁迫力；②确定未来气候变化状况下，可能变得更为严重的气候影响和胁迫力；③评价适应当前气候的措施、政策和行为；④召开研讨会以选择未来适应气候变化的政策方案。气候变化影响和适应对策方法评估的研究目的，主要是希望通过建立和应用先进的、有效的分析工具和方

法对气候变化脆弱性和适应方式进行科学评估。

各种评价工具对两类不同的适应对策评价所采取的方式和分析过程是不相同的。适应科学的研究通常运用两种途径来评价适应对策：一种途径利用气候变化影响评价模型测试短期、即时或者自发适应措施的有效程度或功能；另一种途径主要是评价预期的或者规划的适应战略和政府政策，因此评估工具总与政策评价和分析有关。

8.3.4.6.1　气候变化影响评价工具

由于在气候变化适应对策评估中，那些影响人类和生态系统的重要气候参数都得考虑，因此实际的评价分析相当复杂，使建立气候变化适应政策或者战略成为一项非常复杂的工作。联合国环境规划署（UNEP）组织一个在气候变化影响评价和适应战略领域的专家组，共同编写了一部评价气候变化影响和适应对策的使用手册。该手册对不同的方法进行了综述，内容覆盖了几个关键经济部门。与IPCC的技术指导书相比，它提供了更为详细的步骤用以评价气候变化影响和适应对策。

到目前为止，大部分气候变化影响和适应对策评价研究都采用所谓的“方案驱动”的研究方法。该方法由七个步骤组成：①定义问题（明确研究区域、选择敏感的部门等）；②选择适合大多数问题的评价方法；③测试方法/进行敏感分析；④选择和应用气候变化情景；⑤评价对生物、自然和社会经济系统的影响；⑥评价自发的调整措施；⑦评价适应对策。

其中第④步是整个评价过程中关键的一个步骤。上述七个评估途径代表了常规的步骤，需要使用大量的时间、精力和资源进行气候变化情景的选择和应用以及影响评价，实际中往往没有足够的时间和经费从事适应对策评估研究。另外，从提高政策分析水平的角度看，“气候变化情景驱动”的研究方法存在一些缺陷。首先，适应性相对于许多从其他研究领域转到气候变化影响研究项目中的研究者来说，是一个新的概念。因而在研究设计过程中，往往缺乏对适应措施和政策评价的考虑。其次，有些时候适应对策评价的考虑是放在影响评价完成之后，但所剩时间和资源的有限性，制约了进一步对适应对策能力的详细评价。第三，为了使新的适应对策能够更为有效，这些政策必须建立在掌握足够的气候变化对生态、经济和社会的影响信息基础上。然而，气候影响研究者们却很难从研究工作中得到足够的关于气候变化对人类和生态系统的定量影响信息。

8.3.4.6.2　政策分析适应评价工具

鉴于常规评价途径的局限性，气候变化研究需要一些新的研究方法和工具来进行适应对策评价、选择和制定决策。适应评价工具必须能评价不同的措施和政策，这一点是许多影响评价方法所不及的。需要指出的是，这些决策分析工具一般来说并非是近期开发的新技术，它们在多个学科已有广泛的应用，如决策理论学科、管理科学学科、资源管理学科和系统工程学科等。虽然这些工具只能够进行适应对策选项的一般评价，但是它们很容易能够被转用到不同的区域和不同的状况，也能够和其他一些部门的特定工具结合使用，以形成综合评价系统。

初始调查工具包括专家会诊、适应对策筛选和适应决策矩阵。这些方法适宜于确定潜在的适应策略或者缩小合适对策的数目。它们的分析过程相对地不太正式，费用也不高，定性判断多于定量数据判断。基于Excel或者Lotus的适应决策矩阵（Adaptation Decision Matrix，ADM）用于分析适应措施的费用效益，帮助研究者比较费用和效益。研究者在矩阵上部列出政策目标（例如保护海岸带设施财产），而在矩阵下部列出适应策略（包括不采取任何措施）。通过专家诊断、研究和分析对每个适应政策赋值（1～5），以表示其在各种适应策略下的能够达到特定目标的满意程度。研究者在评价过程中也有权限给每个政策目标设定不同的权重值。然后，对这些值进行加权求和，从而可以计算效益增加一个单位时的费用。在政策目标被满足而产生的许多效益很难货币化或者不能统一单位的时候，这种方法很有用。然而，进行深入研究需要详细的研究和分析结果来提供基础信息给研究者作为进行评价打分的依据，否则打分过程将过于依赖于主观判断。

经济分析工具包括财务分析工具、费用效益分析工具、费用效率分析工具和风险效益/不确定分析工具。这些工具专门用来确定哪一个对策是最为经济有效的。一旦在最终选择的对策清单确定后，可以帮助研究者决定最合适的对策。

8.3.4.6.3 多标准评价工具

对于适应对策评价过程中多标准、多团体参与的特性，多标准评价工具是较好的分析技术，可以用来作为评估适应对策的有效工具。通过它，各种适应策略可以进行相互比较并被有序地和系统地评价。当给定一系列能够被用来处理生物自然和社会经济方面气候脆弱性的可能适应政策，多标准评价工具能够在这些可选方案中确定满意的政策。虽然大部分多标准评价工具在开发时的最初目的，并不是为了气候变化影响评估和/或者适应对策评价研究，但下面所介绍的模型和工具都与增进了解气候变化脆弱性直接相关。许多在决策科学、多标准评价以及系统分析领域开发和建立的方法和工具也可以被用于适应措施的评价，它们能够有效地将气候变化影响评估与区域可持续能力联系在一起。这些工具包括目标规划(GP)、模糊模式识别(FPR)、神经网络技术(NN)以及多层次分析过程技术(AHP)。

GP:综合土地评价研究方法(ILAF)。ILAF的目标规划模型，在政策分析方面可以用于估计潜在的适应政策对实现区域可持续目标的可能效果，从而使规划人员或者是决策者在政策贯彻之前明确掌握其是否恰当以及效率如何。在政策分析过程中，一种潜在的适应政策可以被设定为一个政策情景，在模型中则通过调整模型参数或者结构来表示这一政策情景的条件，并通过考察各种政策对许多相关目标(指标)的各种影响，对其进行评价。为了评估不同适应政策对实现区域可持续性的效率，通常与保持区域现状条件不变的基准方案作比较。通过加入一些特定的气候变化适应措施到基准方案中，就可以产生替代对策情景。评估模式分别计算政策情景和基准方案的结果，对给定一系列不同的政策情景方案，通过反复运行评估模型，针对这系列政策情景的计算结果进行对比，从而确定各种不同评价政策是否与规定的可持续性目标或者指标相吻合，进而确定满意的或比较满意的政策或者适应措施，确保在气候变化条件下区域的可持续能力。然而，目前还没有真正地在气候变化适应政策评价方面的模型应用实例。

FPR:如何确定适应措施以便有效地解决与气候变化有关的问题，是一项极富挑战性的工作。基于气候变化研究工作中的不确定性，以模糊集合理论为基础的模糊模式识别技术，被尝试用来将各种适应措施进行分类以反映这些措施的效率。模糊模式识别方法被用于多标准评估，在众多可持续性指标的基础上，提供可行的方法对一系列适应对策进行总体能力水平的综合分析，从而给决策者提供科学信息用来挑选更满意的和更有效的措施以实现可持续的水资源发展。

NN:神经网络技术是又一种可用来确定满意的适应对策的评估方法。神经网络技术试图模仿人类大脑的计算结构以提供智能功能，如学习和形态识别。神经网络由许多非线性处理单元(神经元或者是节点)组成以并行方式运作。这些节点以权重的方式连接。在神经网络训练学习期间，可以调整权重从而提高神经网络的性能。一般神经网络的基本结构由一些各种处理单元之间的关系组成，这些关系通过数学公式来表达。

在适应对策评估中，运用神经网络模型的步骤首先是由决策专家用驯化算法驯化神经网络，来自数据库驯化数据并行输入神经网络。通过随机选择权重值和内部阈值，对神经网络进行驯化，然后依次用驯化数据进行驯化。在神经网络的另一侧指定相应的适应对策，对每一驯化数据进行实验，不断调整权重直到权重收敛。当连续几次输出不再变化而且最后一次时相对于最可能的选项的输出为优先值，其他的输出为低时，就认为神经网络收敛的。应用神经网络于环境参数和气候变化适应对策，国外已有许多案例。

AHP 评价法：结合多种标准，多层次过程分析法（AHP）也能够有效地用于确定满意的适应对策。AHP 已经被广泛地应用在资源规划中的不同政策评价、资源配置，开展灵敏度分析等方面。另外，在发达国家和发展中国家的工程项目区位选择方面也有应用。当应用于适应对策评价时，AHP 要求决策者提供每个对策对于每一个标准的相对重要性的判断。AHP 的结果是一个有着优先级顺序的适应对策系列表。该系列表指出决策者对各个适应对策的偏好程度排列，决策者一次比较两个选项（逐步成对比较），根据每一个选项对实现整体目标的贡献来确定其相对重要性。

8.4　气候变化业务系统

建立气候变化业务系统平台的目标是：建成气候变化业务所需的专业数据库和产品库；建立完善的气候变化业务、服务和产品的研发机制，形成气候变化事实、检测和影响评估等方面的气候变化业务数据产品的开发和制作规范，确立部分业务子系统的业务流程和指标体系；开发气候变化业务产品发布与资源共享平台；借助学科交叉和业务互助，逐步实现各级业务部门之间指导与反馈信息畅通的气候变化业务系统。云南省气候变化业务相关功能主要是集成到云南省气候业务平台统一使用，主要分为三个部分：数据管理、气候变化趋势分析、气候变化影响及评估。

8.4.1　气候业务数据管理

气候业务数据管理功能模块主要是实现气候变化相关业务数据的存储、查询及管理。系统可以实现逐日气象要素的实时入库，入库的方式有 CIMISS 数据同步、MDOS 数据同步、数据导入等方式。同步及导入功能可以实现日、旬、月、年数据的单要素及多要素同时导入，既可以实现实时数据的同步、导入也可以实现历史数据的导入。另外，系统提供了日志功能，可以存储和查询数据处理的操作记录。系统的操作较为简单，选取菜单条，勾选对应的日期及要处理的要素即可（图 8.4）。

8.4.2　气候变化趋势分析

气候变化趋势分析主要包括年际变化分析、年代际变化分析、正负距平频次年际变化分析等。年际变化分析主要是统计分析不同气候要素任意区域、任意时段统计值的年际变化特征，通过折线图和表格的形式输出要素原始值、距平值、距平百分率的逐年变化，并显示倾向率、相关系数等（图 8.5）。

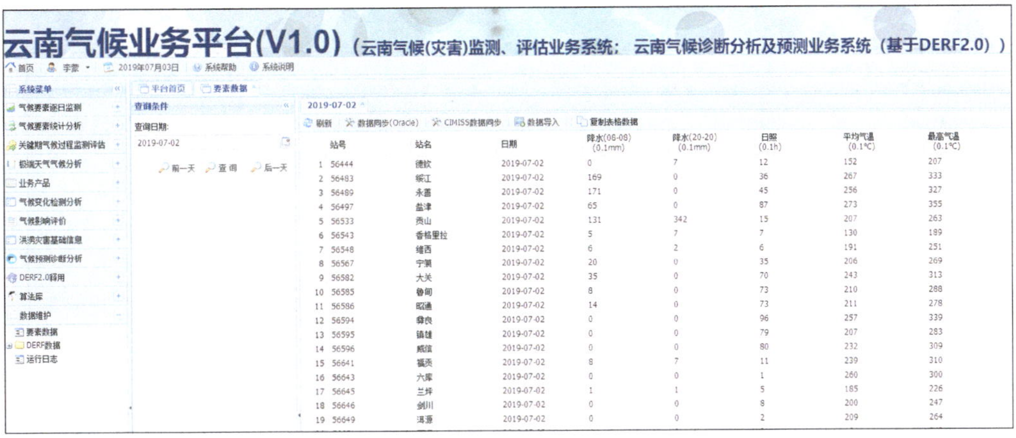

图 8.4 气候变化数据处理

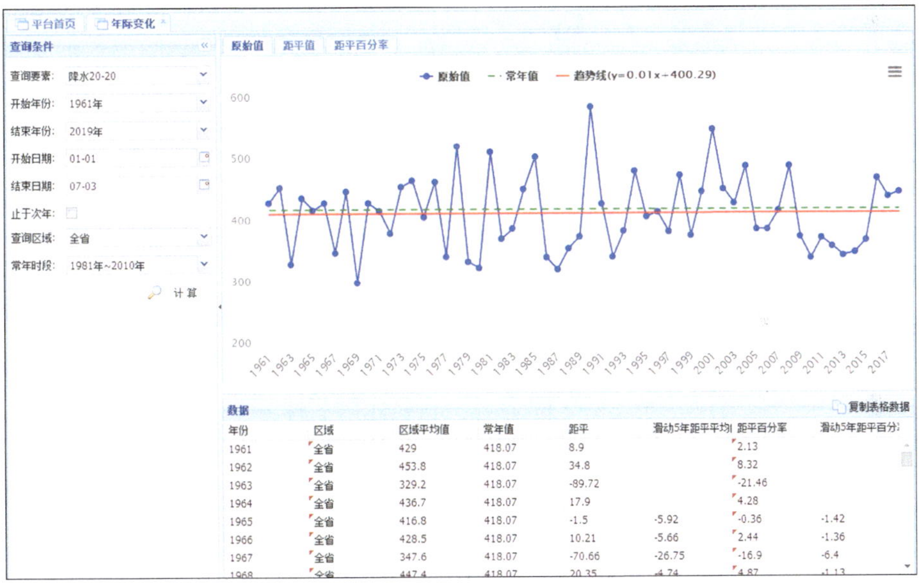

图 8.5 气候要素年际变化分析

年代际模块主要是实现不同区域、不同要素、不同年代统计值的变化特征分析，主要以折线图和表格的形式输出统计数据，展现变化趋势，并且可以实现图形的下载以及数据的导出（图 8.6）。

正负距平频次年际变化主要是实现不同区域内逐年任意时段、不同气候要素正负距平站点数的变化特征。可以输出逐年正距平站次、负距平站次、区域平均值、常年值等信息，并且可以直接下载分析图形和表格数据（图 8.7）。

8.4.3 气候变化突变分析

气候变化突变分析模块主要是基于 MK 突变检验的方法实现单站、区域不同时段、不同要素的突变检验分析，以表格和图形的方式输出突变特征。表格输出的主要内容有要素逐年

图 8.6　气候要素年代际变化分析

图 8.7　正负距平频次年际变化

的 UB、UF 值以及要素原始值，数据可以直接导出下载。图形主要展现 UB、UF 变化曲线，要素原始值的柱状图以及显著性检验直线，图形可以直接下载使用(图 8.8)。

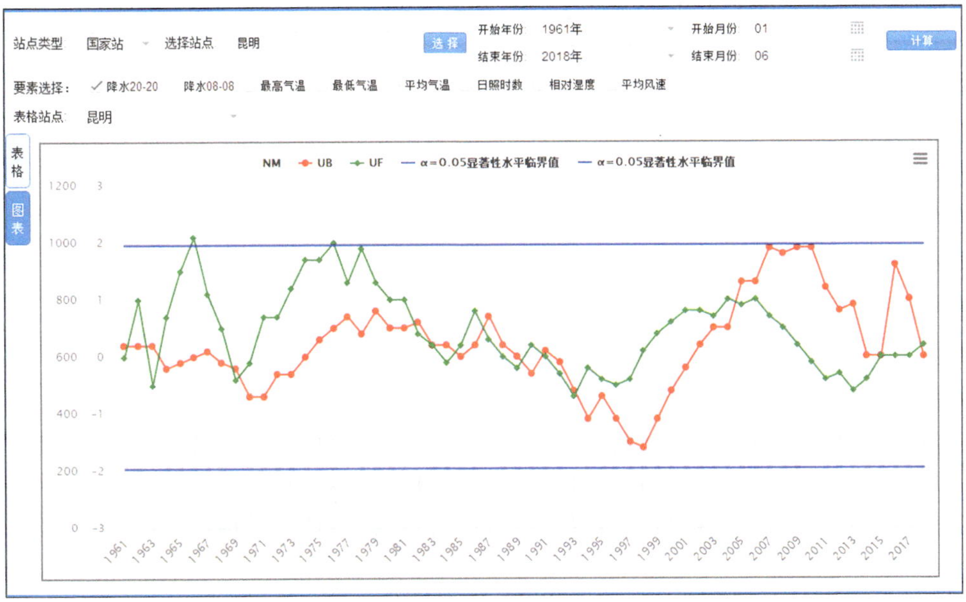

图 8.8 突变检验分析

8.4.4 气候变化影响评估

气候变化影响评估模块主要集成了一些气候变化影响评估和预估的研究成果、结论，供日常气候变化业务和服务参考使用。主要包括了 RCP4.5 及 RCP8.5 两种情景下云南省各站点降水量、可利用降水量、水资源量的变化趋势预估以及水资源承载力预估等内容（图 8.9）。

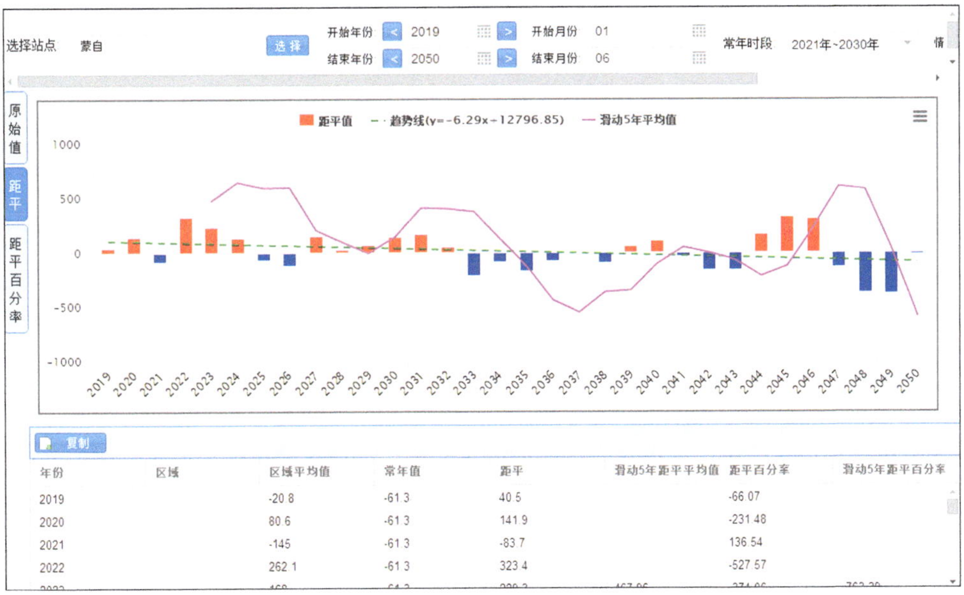

图 8.9 气候变化影响评估和预估

参考文献

陈伯民，信飞，沈愈，等，2013. 月内重要天气过程与气候趋势预测系统及应用进展[J]. 气象科技进展，2013(1)：46-51.

陈丽娟，李维京，刘绿柳，等，2008. 中国区域月气候预测方法和预测能力评估[J]. 高原气象，27(4)：838-843.

陈正洪，王海军，张小丽，2007. 深圳市新一代暴雨强度公式的研制[J]. 自然灾害学报，16(03)：29-34.

程炳岩，李永华，唐红玉，等，2012. 重庆市气候业务技术手册[M]. 北京：气象出版社.

程建刚，王学锋，范立张，等，2009. 近 50 年来云南气候带的变化特征[J]. 地理科学进展，28(1)：18-24.

程建刚，王学锋，黄玮，等，2014. 云南延伸期天气预报业务系统[M]. 北京：气象出版社.

丑洁明，董文杰，叶笃正，2006a. 一个经济—气候新模型的构建[J]. 科学通报，51(14)：1735-1736.

丑洁明，叶笃正，2006b. 构建一个经济—气候新模型评价气候变化对粮食产量的影响[J]. 气候与环境研究，11(3)：347-355.

戴卫帮. 2015. 南亚高压异常对云南汛期降水的影响[J]. 贵州气象，39(4)：27-31

邓培德，2006. 城市暴雨两种选样方法的概率关系与应用评述[J]. 给水排水，30(6)：39-42.

邓小花，翟盘茂，袁春红，2010. 国外几套再分析资料的对比分析[J]. 气象科技，38(1)：1-8.

丁一汇，2004. 我国短期气候预测业务系统[J]. 气象，30(12)：11-16.

丁一汇，王绍武，郑景云，等. 2013. 中国气候[M]. 北京：科学出版社.

冯相昭，邹骥，马珊，2007. 极端气候事件对中国农村经济影响的评价[J]. 农业技术经济，2：19-26.

高素华，陈隆勋，潘亚茹，等，1992. 大气中 CO_2 上升后的温室效应对我国粮食作物产量的可能影响[J]. 中国环境科学，12(6)：427.

耿全震，1997. 短期气候预测研究的意义、现状与未来发展趋势[J]. 国际地震动态，(Z1)：6-9.

顾骏强，陈海燕，徐集云，2000. 瑞安市暴雨强度概率分布公式参数估计研究[J]. 应用气象学报，11(3)：355-363.

郭广，张静，马守存，等. 2015. 1961—2010 年青海省人体舒适度指数时空分布特征[J]. 冰川冻土，37(03)：845-854.

郭建平，2015. 气候变化对中国农业生产的影响研究进展[J]. 应用气象学报，26(1)：1-11.

郭志荣，江如燕，彭丽霞，等. 2014. 5 月南亚高压与云南地区夏季降水的关系[J]. 气象科学，34(4)：397-403.

黄嘉佑，2004. 气象统计分析与预报方法[M]. 北京：气象出版社.

季劲钧，黄玫，刘青. 2005. 气候变化对中国中纬度半干旱草原生产力影响机理的模拟研究[J]. 气象学报，63(3)：257-266.

贾小龙，陈丽娟，高辉，等，2013. 我国短期气候预测技术进展[J]. 应用气象学报，24(6)：641-655.

金家明，2010. 城市暴雨强度公式编制及应用方法[J]. 中国市政工程(1)：38-39.

金之庆，葛道阔，陈华，等. 1994. 全球气候变化影响我国大豆生产的利弊分析[J]. 大豆科学，13(4)：302-311.

柯宗建，张培群，董文杰，2009. 最优子集回归方法在季节气候预测中的应用[J]. 大气科学，33(5)：994-1002.

李克让，陈育峰. 1996. 全球气候变化影响下中国森林的脆弱性分析[J]. 地理学报，62(S1)：40-49.

李清泉，孙丞虎，袁媛，等，2013. 近 20 年我国气候监测诊断业务技术的主要进展[J]. 应用气象学报，24(6)：666-676

李蕊，姚愚，黄玮，2016. 基于 DERF2.0 的两种降尺度方法在云南延伸期预测中的应用[C]. 2016 年云南省气象学术年会.

李双成，吴绍洪，戴尔阜. 2005. 生态系统响应气候变化脆弱性的人工神经网络模型评价[J]. 生态学报，25(3)：621-626.

李维京，张培群，李清泉，等，2005. 动力气候模式预测系统业务化及其应用[J]. 应用气象学报，16(b03)：1-11.

李永华，卢楚翰，徐海明，等. 2011. 夏季青藏高原大气热源与西南地区东部旱涝的关系[J]. 大气科学，35(3)：422-434.

廖捷，胡开喜，江慧，等，2018. 全球大气再分析常规气象观测资料的预处理与同化应用[J]. 气象科技进展，8(1)：133-142.

刘博文，师丽娜，2018. 云南省地面气象站站址环境与变动情况分析[J]. 气象研究与应用，39(3)：106-11.

刘长征，杜良敏，柯宗建，等，2013. 国家气候中心多模式解释应用集成预测[J]. 应用气象学报，24(6)：677-685.

刘建华，2006. 中国气象灾害大典・云南卷[M]. 北京：气象出版社.

刘杰，况雪源，张耀存，2010. 对流层上层东半球副热带西风急流与副热带(南亚)高压的关系[J]. 气象科学，2010，30(1)：34-41.

刘梅，于波，姚克敏，2002. 人体舒适度研究现状及其开发应用前景[J]. 气象科技，30(1)：11-14.

罗勇，2012. 气候变化业务[M]. 北京：气象出版社.

彭贵芬，刘瑜，2009. 云南各量级雨日的气候特征及变化[J]. 高原气象，28(1)：214-219.

秦剑，解明恩，刘瑜，等，2000. 云南气象灾害总论[M]. 北京：气象出版社.

全国气候与气候变化标准化技术委员会，2020. 气候可行性论证规范　极值概率统计分析：QX/T 529—2019[S]. 北京：气象出版社.

全国气候与气候变化标准化技术委员会，2018. 气候可行性论证　规范报告编制：QX/T 423—2018[S]. 北京：气象出版社.

全国气候与气候变化标准化技术委员会，2018. 气候可行性论证规范　资料收集：QX/T 426—2018[S]. 北京：气象出版社.

全国气候与气候变化标准化技术委员会，2018. 气候可行性论证规范　抗风参数计算：QX/T 436—2018[S]. 北京：气象出版社.

全国气候与气候变化标准化技术委员会，2018. 气候可行性论证规范　现场观测：QX/T 449—2018[S]. 北京：气象出版社.

全国气候与气候变化标准化技术委员会，2019. 气候可行性论证规范　气象观测资料加工处理：QX/T 457—2018[S]. 北京：气象出版社.

全国气候与气候变化标准化技术委员会，2019. 气候可行性论证规范　总则：QX/T 469—2018[S]. 北京：气象出版社.

全国气象防灾减灾标准化技术委员会，2012. 人居环境气候舒适度评价：GB/T 27963—2011[S]. 北京：中国标准出版社.

全国气象防灾减灾标准化技术委员会，2015. 太阳能资源等级　总辐射：GB/T 31155—2014[S]. 北京：中国标准出版社.

上海市建设和交通委员会，2006. 室外排水设计规范：GB 50014—2006(2014 年版)[S]. 北京：中国计划出版社.

邵尧明，何明俊，2008. 现行规范中城市暴雨强度公式中有关问题探讨[J]. 给水排水，24(2)：99-102.

宋连春，李伟，2008. 综合气象观测系统的发展[J]. 气象，34(3)：3-9.

宋连春，肖风劲，李威，2013. 我国现代气候业务现状及未来发展趋势[J]. 应用气象学报，2013，24(5)：513-520.

田广生，1999. 中国气候变化影响研究进展[J]. 南京气象学院学报，22：472-480.

田展，刘纪远，2006. 气候变化对中国黄淮海农业区小麦生产影响模拟研究[J]. 自然资源学报，21(4)：

598-608.

王斌，周天军，俞永强，等，2008. 地球系统模式发展展望[J]. 气象学报，66(6)：857-869.

王灿，陈吉宁，邹骥，2005. 基于 CGE 模型的 CO_2 减排对中国经济的影响[J]. 清华大学学报(自然科学版)，45(12)：1621-1624.

王馥棠，刘文泉，2003. 黄土高原农业生产气候脆弱性的初步研究[J]. 气候与环境研究，8(1)：91-100.

王文东，2010. "芭玛"登陆海南京津出现降雪[J]. 气象，36(1)：119-123

王学锋，郑小波，黄玮，等，2010. 近 47 年云贵高原汛期强降水和极端降水变化特征[J]. 长江流域资源与环境，19(11)：1350-1355.

王学锋，朱勇，范立张，等，2009. 1961—2007 年云南太阳总辐射时空变化特征[J]. 气候变化研究进展，5(1)：29-34.

魏凤英，2006. 气候统计诊断与预测方法研究进展——纪念中国气象科学研究院成立 50 周年[J]. 应用气象学报，17(6)：736-742.

吴连海，1995. 小麦生长模型研制研究报告[R]. 北京：农业大学农业气候资源与农业减灾中心.

吴绍洪，尹云鹤，赵慧霞，等. 2005. 生态系统对气候变化适应的辨识[J]. 气候变化研究进展，1(3)：115-118.

吴统文，宋连春，刘向文，等，2013. 国家气候中心短期气候预测模式系统业务化进展[J]. 应用气象学报，24(5)：533-543.

肖子牛，孙绩华，李崇银. 2000. El Nino 期间印度洋海温异常对亚洲气候的影响[J]. 大气科学，24(4)：461-469

肖子牛，晏红明. 2001. EL Nino 位相期间印度洋 SSTA 对中国南部初夏降水及初夏亚洲季风影响的数值模拟研究[J]. 大气科学，25(2)：172-183.

肖子牛，晏红明，李崇银. 2002. 印度洋地区东西海温的偶极振荡与中国汛期降水的关系[J]. 热带气象学报，18(4)：335-344.

肖子牛，2010. 我国短期气候监测预测业务进展[J]. 气象，36(7)：21-25.

谢善驹. 1996. 我国大气污染系数研究进展[J]. 中山大学学报(自然科学版)，35(S1)：244-248.

解明恩，和文农，2018. 云南近代气象台站创建历史述略[J]. 云南气象，38(1)：78-84.

徐安伦，李建，2017. 大理国家气候观象台综合气象观测和研究[J]. 气象科技进展，7(5)：8-14.

徐敬林，2008. 气候变化影响评估与适应研究[J]. 气象软科学，1：163-182.

许小峰，2012. 现代气象业务丛书-气象防灾减灾[M]. 北京：气象出版社.

严力蛟，蒋莹，李华斌，2013. 气候模式研究进展[J]. 安徽农业科学，41(3)：5867-5871.

严小冬，2006. DERF 模式产品在贵州冬季气温和降水中的释用[C]. 中国气象学会"气候变化及其机理和模拟"分会场.

晏红明，谢应齐，等，2000a. 近 50 年热带印度洋海温距平场的时空特征分析[J]. 气候与环境研究，15(2)：180-188.

晏红明，肖子牛，2000b. 印度洋海温异常对亚洲季风区天气气候影响的数值模拟研究[J]. 热带气象学报，16(1)：19-27.

晏红明，杞明辉，肖子牛，2001a. 云南 5 月雨量与热带海温异常及亚洲季风变化的关系[J]. 应用气象学报，12(3)：369-376.

晏红明，严华生，谢应齐，2001b. 中国汛期降水的印度洋 SSTA 信号特征分析[J]. 热带气象学报，17(2)：109-116.

晏红明，肖子牛，王灵，2003. 孟加拉湾季风活动与云南 5 月雨量[J]. 高原气象，22(6)：624-630.

晏红明，王灵，等，2007a. 云南夏季旱涝与前期冬季环流变化的关系[J]. 应用气象学报，18(3)：340-349.

晏红明，杨辉，李崇银，2007b. 赤道印度洋海温偶极模气候影响的数值模拟研究[J]. 海洋学报，29(5)：31-39.

晏红明，李崇银，2007c. 赤道印度洋纬向海温梯度模及其气候影响[J]. 大气科学，31(1)：64-76.

晏红明，李崇银，周文，2009. 南印度洋副热带偶极模在 ENSO 事件中的作用[J]. 地球物理学报，52(10)：

2436-2449.

晏红明,周文,杨辉,等,2009. 东亚冬季风指数的定义及其年际年代际异常[J]. 大气科学学报,32(3):367-377.

晏红明,袁媛. 2012. 印度洋海温异常特征及其影响[M]. 北京:气象出版社.

晏红明,孙丞虎,王灵,等,2018a. 孟加拉湾夏季风爆发的判断指标及其年际特征[J]. 地球物理学报,61(11):4356-4372.

晏红明,李清泉,王东迁,2018b. 云南雨季变化的气候特征及其影响因子[J]. 热带气象学报,34(1):12-22.

晏红明,王灵. 2019. 西北太平洋副高东西变动与西南地区降水的关系[J]. 应用气象学报,30(3):360-375.

么枕生,1963. 气候统计[M]. 北京:科学出版社.

殷永元,2004. 气候变化对中国西部地区影响的脆弱性和适应性综合评价(AS25 项目)[J]. 世界环境,3:25-27.

云南省气象局,2013. 风电场风能资源测量技术规范:DB 53/T469—2013[S]. 昆明:云南省质量技术监督局.

云南省气象局,2013. 风电场风能资源测量数据处理及评估技术规范:DB 53/T470—2013[S]. 昆明:云南省质量技术监督局.

云南省气象局,2013. 风电场风能资源评估报告编制规范:DB 53/T471—2013[S]. 昆明:云南省质量技术监督局.

张家诚,林之光,1985. 中国气候[M]. 上海:上海科学技术出版社:472-473.

张磊,王春燕,潘小多,2018 基于区域气候模式未来气候变化研究综述[J]高原气象,37(5):1440-1448.

张万诚,郑建萌,解明恩,2000. 最优子集回归模型在低纬高原雨季开始期预报中的应用试验[J]. 气象,26(11):24-26.

张耀存,况雪源,2008. 东亚副热带西风急流位置变化与亚洲夏季风爆发的关系[J]. 暴雨灾害,27(2):97-103.

张永勤,彭补拙,缪启龙,2001. 气候变化对江苏省经济的影响研究[J]. 长江流域资源与环境,10(1):8-14.

张宇,王馥棠,1995. 气候变暖对我国水稻生产可能影响的数值模拟试验研究[J]. 应用气象学报,6(增刊):19-25.

张增海,2009. 江南高温华北阴雨热带风暴影响频繁[J]. 气象,35(12):144-149

张志富,2009. 国外气候资料整编方法介绍[J]. 干旱气象,27(4):395-401.

章大全,陈丽娟,柳艳菊,等,2018. 2016 年 10 月我国降水预测失败的原因分析[J]. 气象,44(1):189-198.

赵天保,符宗斌,柯宗建,等,2010,全球大气再分析资料的研究现状与进展[J]. 地球科学进展,25(3):242-254.

郑建萌,张万诚,陈艳,等,2015. 2009—2010 年云南特大干旱的气候特征及成因[J]. 气象科学,35(4):488-496.

中国工程建设标准化协会,2012. 建筑结构荷载规范:GB 50009—2012[S]. 北京:中国建筑工业出版社.

中国气象局,2004. 地面气候资料 30 年整编常规项目及其统计方法:QX/T 22—2004[S]. 北京:气象出版社.

周德丽,晏红明,周建琴,2014. 1970 年代以来云南气象干旱的时空变化分析[J]. 贵州气象,38(2):34-37

周广胜,何奇瑾,汲玉河,2016. 适应气候变化的国际行动和农业措施研究进展[J]. 应用气象学报,27(5):527-533.

周后福,1999. 气候变化对人体健康影响的综合指标探讨[J]. 气候与环境研究,4(1):121-126.

周建琴,王学锋,黄玮,等,2013. 近 50 年云南气温序列的均一性检验与订正实验[J]. 云南大学学报(自然科学版),35(4):516-522.

周天军,邹立维,吴波,等,2014. 中国地球气候系统模式研究进展[J]. 气象学报,72(5):892-907.

周玉文,翁窈瑶,张晓昕,等,2011,应用年最大值法推求城市暴雨强度公式的研究[J]. 给水排水,37(10):40-44.

朱勇,王学锋,范立张,等,2013,云南省风能资源及其开发利用[M]. 北京:气象出版社.

CAO M K, WOODWARD F, 1998. Dynamic responses of terrestrial ecosystem carbon cycling to global climate change[J]. Nature, 393: 249-252.

GAO X J, SHI Y, GIORGI F, 2016. Comparison of convective parameterizations in RegCM4 experiments over China with CLM as the land surface model [J]. Atmospheric and Oceanic Science Letters, 9: 246-254.

GIORGI F, COPPOLA E, SOLMON F, et al, 2012. RegCM4: model description and preliminary tests over multiple CORDEX domains [J]. Climate Research, 52: 7-29.

IPCC, 2013. Climate Change 2013: The Physical Science Basis. Contribution of Working Group I to the Fifth Assessment Report of the Intergovernmental Panel on Climate Change[R]. Cambridge, UK: Cambridge University Press: 20-21.

KISTLER R, KALNAY E, COLLINS W, et al, 2001. The NCEP/NCAR 50 years reanalysis: Monthly means CD-ROM and documentation[J]. Bull Amer Meteor Soc, 82(2): 247-267.